山东省自然科学基金重大基础研究项目（ZR2019ZD13）资助
国家自然科学基金青年科学基金项目（52304095）资助
国家自然科学基金面上项目（52374097）资助
国家自然科学基金面上项目（52274086）资助

远场顶板断裂能量释放传递机理及调控研究

张鹏飞　赵同彬　郭伟耀　著

中国矿业大学出版社
·徐州·

内 容 提 要

本书以远场顶板断裂为研究背景，主要介绍了顶板断裂型冲击地压的能量释放机理及传递衰减机制，探究了顶板能量源储能及释能特性、层状组合顶板结构破坏及能量演化机理、顶板断裂能量传递及衰减机制、远场能量源调控方法及应用效果等内容。

本书适合作为高等院校采矿、力学、岩土工程等专业的研究生或本科生进行煤岩动力灾害研究阅读，也可供相关工程技术人员参考。

图书在版编目(C I P)数据

远场顶板断裂能量释放传递机理及调控研究 / 张鹏飞，赵同彬，郭伟耀著. — 徐州 ：中国矿业大学出版社，2024. 11. — ISBN 978 - 7 - 5646 - 6567 - 8

Ⅰ. TD322

中国国家版本馆 CIP 数据核字第 2024WU0633 号

书　　名　远场顶板断裂能量释放传递机理及调控研究
著　　者　张鹏飞　赵同彬　郭伟耀
责任编辑　何晓明　何　戈
出版发行　中国矿业大学出版社有限责任公司
（江苏省徐州市解放南路　邮编 221008）
营销热线　(0516)83885370　83884103
出版服务　(0516)83995789　83884920
网　　址　http://www.cumtp.com　**E-mail**:cumtpvip@cumtp.com
印　　刷　苏州市古得堡数码印刷有限公司
开　　本　787 mm×1092 mm　1/16　**印张** 13.5　**字数** 264 千字
版次印次　2024 年 11 月第 1 版　2024 年 11 月第 1 次印刷
定　　价　58.00 元

前　言

长期以来，冲击地压一直是威胁我国煤炭资源安全高效开发的重大灾害之一。其中，顶板断裂型冲击地压具有波及范围大、释放能量多、发生强度高等特点。本书以远场顶板断裂为研究背景，围绕顶板断裂能量释放机理及传递衰减机制，探究了顶板能量源储能及释能特性，建立了层状组合顶板结构弯曲力学模型，探讨了层状组合顶板结构破坏及能量演化机理，揭示了顶板断裂能量传递及衰减机制，提出了远场顶板能量源预裂调控方法，为远场顶板断裂诱发型冲击地压机理及防治研究提供了理论基础。

本书编写分工如下：第1章和第6章由张鹏飞编写，第2章和第3章由张鹏飞、赵同彬共同编写，第4章和第5章由张鹏飞、郭伟耀共同编写。全书由张鹏飞负责统稿、定稿，赵同彬负责校对，郭伟耀负责插图处理。

本书在编写过程中，得到了山东科技大学谭云亮、公绪飞、尹延春、于凤海、邢明录、赵志刚、房凯、张玉宝、邱月、谷雪斌、张东晓、马兴印、谭彦、王志奇，聊城大学张巍，辽宁工程技术大学傅知勇，开滦（集团）有限责任公司田秀国、尹宝杰，济宁二号煤矿刘体军、程传超、赵子浩等的帮助，在此向他们及参考文献的作者表示衷心的感谢。

本书的出版得到了山东省自然科学基金重大基础研究项目(ZR2019ZD13)、国家自然科学基金项目(52304095、52374097、52274086)和山东省泰山学者工程项目(tstp20221126)的支持,在此表示感谢。

由于水平有限,书中不妥和疏漏之处在所难免,恳请广大读者批评指正。

著　者

2024 年 8 月

目　录

第1章　绪　论

1.1　研究背景及意义

当前，在全球能源革命和数字革命的双重驱动下，能源科技创新进入持续高度活跃期，可再生能源、非常规油气、核能、氢能、智慧能源等一大批新兴能源技术正以前所未有的速度加快迭代，引领世界能源消费结构呈现非化石能源、煤炭、石油、天然气“四分天下”的局面[1]。但长期以来，我国“富煤、贫油、少气”的资源赋存形势，导致我国形成了以煤炭为主的能源消费结构[2]。图 1-1 所示为我国化石能源储量占比情况。截至 2021 年年底[3]，我国煤炭储量 2 078.85 亿 t，占已探明化石能源储量的 95%左右。煤炭作为我国的基础能源，虽然在能源消费中的比重正逐步降低，但其在一次能源结构中仍处于主要位置。据统计[4-5]，2021 年全国能源消费总量 52.4 亿 t 标准煤，其中煤炭消费量占全国能源消费总量的 56.0%。因此，煤炭作为我国能源供应的“稳定器”和“压舱石”，在未来相当长的时间内主体能源地位不会改变，在我国经济发展中的战略地位依旧不可动摇。

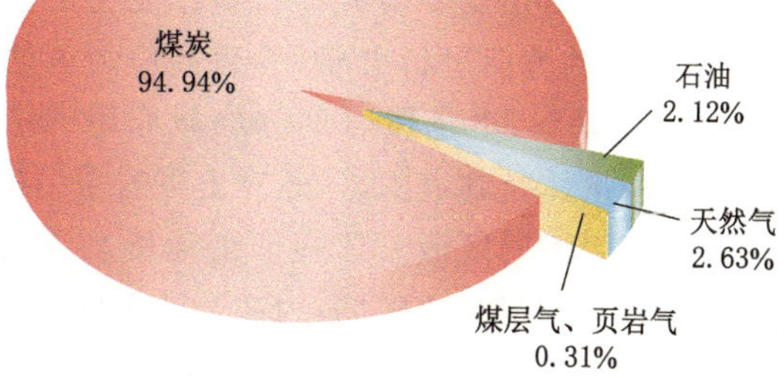

图 1-1　我国化石能源储量占比统计

同时，我国也是世界上煤矿灾害最严重的国家之一[6]。2021 年，全国煤矿共发生事故 91 起、死亡 178 人[7]。近年来，我国煤矿井工开采的智能化程度逐渐提高，煤矿安全形势也保持了稳中向好的态势，2021 年煤矿百万吨死亡人数已降至 0.045 人，同比下降 23.7%，2022 年这一数字进一步降低[4,8-9]。但是，国内煤炭企业仍普遍采取工人井下作业的生产模式，煤矿安全问题仍是制约我国煤炭工业快速发展的关键一环，我国煤矿安全状况仍与欧美澳等发达国家存在一定的差距[10-11]。

长期以来，冲击地压一直是威胁我国煤炭资源安全高效开发的重大灾害之一[12-14]。2010 年以来，我国煤矿累计发生 27 起冲击地压事故，共造成 126 人死亡、134 人受伤。2021 年，全国煤矿发生 2 起冲击地压事故：2021 年 10 月 7 日，黑龙江鹿山优质煤有限公司二井发生冲击地压事故，造成 3 人死亡；2021 年 10 月 11 日，陕西煤业化工集团彬长矿业胡家河煤矿发生冲击地压事故，造成 4 人死亡、6 人重伤、20 人轻伤。随着浅部资源逐步开发与枯竭，我国煤矿开采深度以 8～25 m/a 的速度向深部延伸[15-16]，目前平均采深已达 700 m 左右。随着采深增加、开采强度加大，冲击地压灾害防治将面临更加严峻的挑战[17-18]。目前，国家层面已将冲击地压防治作为“十四五”阶段的重要任务，其中，《“十四五”国家安全生产规划》将冲击地压作为重点关注的矿山灾害，提出了“实施冲击地压等煤矿重大灾害超前精准治理”等指导方针；《“十四五”矿山安全生产规划》要求从完善灾害治理工作机制、推广灾害治理技术和加强科技攻关三个层面加强冲击地压防治；《“十四五”能源领域科技创新规划》将“冲击地压智能防控技术”作为该阶段集中攻关的重点任务之一。由此可见，冲击地压灾害能否有效控制已成为制约我国煤炭资源开发的瓶颈，开展冲击地压研究势在必行。

由于冲击地压发生条件不同、表现形式复杂多样，因此国内外学者[19-23]先后提出了多种冲击地压发生理论，形成了以应力为核心的理论判据体系[24-26]，有效指导了我国浅部矿井冲击地压灾害防治。但随着开采深度的不断增大，煤层初始应力已接近煤体强度，迫切需要研究冲击地压发生的能量作用过程。从冲击地压发生的力源作用机制方面进行分析，巷道高应力区的形成及煤体冲击显现，不仅与巷道围岩有关[27-29]，更是覆岩动静加载作用的结果[30-31]。冲击启动的参与对象，不单包括冲击体及巷道围岩，还有上覆岩层结构及运动作用。基于以上认识，根据采动空间中不同区域岩体在冲击地压发生过程中的参与作用不同，将巷道周边范围内不易发生结构破坏、为冲击地压的发生积蓄能量的岩体划分为近场围岩，将巷道临近工作面上方易发生断裂、给冲击地压提供能量的顶板划分为远场顶板，如图 1-2 所示。

远场顶板的力学特性及覆岩地质结构是冲击地压矿井划分的主要影响因

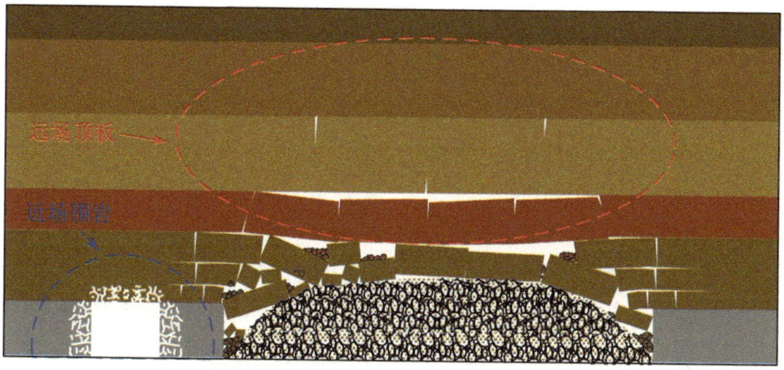

图 1-2　近场围岩和远场顶板

素，如兖州东滩、鲍店煤矿，新汶良庄、协庄、潘西煤矿，徐州三河尖煤矿，平顶山十一矿、十二矿，开滦唐山煤矿，鹤岗峻德、南山煤矿，七台河新兴煤矿，华亭煤矿受工作面上方坚硬厚层顶板影响；新汶华丰煤矿、义马千秋煤矿、铜川下石节煤矿、兖州济二煤矿、鲁西王楼煤矿受上覆巨厚岩层影响；抚顺老虎台煤矿、阜新孙家湾煤矿、邯郸观台煤矿、开滦赵各庄煤矿、新汶潘西煤矿主要受复杂地质构造影响[24]。不同影响因素主控下的矿井冲击地压诱冲机制及显现规律也不相同。当远场顶板破断作为能量源时，释放的震动能量经过不同煤系地层传递后到达冲击危险区，通过与近场能量源叠加可能诱发更为剧烈的冲击地压。该类冲击地压由于能量源众多、发生机理复杂，其冲击形式和强度更为不可控，为煤层安全开采带来极大安全隐患。因此，开展远场顶板断裂能量释放传递机理及调控研究，是完善顶板断裂诱发型冲击地压发生机理和防治措施的必然之选。

对于远场覆岩破断作为能量源诱发冲击地压的研究，既要弄清远场震动能量如何在远距离传递过程中发挥作用，还需要揭示远场能量源作用与冲击显现强度的内在联系，而该问题无法从传统应力角度给出定量解答。因此，以远场能量传递作用过程为研究切入点，从能量角度解释远场岩梁破断能量孕育释放—传播衰减—叠加诱冲的全过程，是从根源上解决这一问题的有效途径。鉴于上述认识，本书以远场顶板作为研究对象，拟分析顶板能量源储能及断裂释能特性，建立组合顶板储能及释能模型，揭示震源能量传递衰减作用机制，提出远场顶板能量源预裂调控方法，为远场顶板破断型冲击地压灾害防治提供理论支撑。

1.2 国内外研究现状

1.2.1 覆岩破坏及运动演化研究现状

煤层开采过程中的矿压显现根源在于采动引起的岩体运动[32]，上覆岩层性质、厚度、层位关系及构造情况不同，存在着多种多样的运动规律。岩层结构形式决定了顶板运动特征，同时也是决定顶板控制方式和方法的关键因素[33-35]。长期以来，国内外学者针对采场覆岩空间结构和采动岩层模型开展了广泛研究，并取得了一定的成果。

德国学者哈克和克里策尔于 1928 年提出了“压力拱”假说[36]，认为采场上方存在一个“前脚在工作面前方煤体、后脚在后方垮落岩石上”的拱结构，工作面处于应力降低区，并简明地阐述了采场围岩卸载的原因。德国学者施托克于 1916 年提出了“悬臂梁”假说[37]，认为采空区上方顶板可视为一端固定在煤壁上、另一端自由悬露或支撑在支架和垮落岩石上的梁，解释了采空区顶板下沉量和荷载的变化规律。苏联学者库兹涅佐夫于 1950—1954 年提出了“铰接岩块”假说[37]，认为工作面上覆岩层的破坏可分为不规则垮落带和规则移动带，进一步解释了直接顶与基本顶的平衡结构。比利时学者拉巴斯于 1954 年提出了“预成裂隙”假说[38]，揭示了顶板离层的原因，阐明了采场周围岩体内应力分布、变形及破坏规律。

随着国内外学者从不同视角对覆岩破坏结构的探索，近代矿压理论中形成了众多以梁[39-40]、板[41-42]、拱壳[43-44]为代表的覆岩结构假说，其中梁模型由于聚焦于边界条件、易于求解，被领域内的专家学者所广泛推崇。钱鸣高院士等[45-47]以开采后岩层移动实测数据为基础，建立了断裂岩块间的铰合关系，首次提出了描述层状矿体开采后岩层基本结构形式的“砌体梁”力学模型和描述上覆岩层活动中整体结构形态的“关键层”理论，为岩层移动和采场矿压研究提供了一种统一的思想和方法。宋振骐院士等[48-49]提出了传递岩梁的概念，认为直接顶受采动破坏后无法传递水平作用力，基本顶运动时对矿压显现影响明显，提出了采场四周煤壁支撑压力“内外应力场”的概念，创立了以岩层运动为中心的“实用矿山压力控制理论”。姜福兴等[50-51]基于“岩层质量的量变引起基本顶结构形式质变”的观点对基本顶的结构形式进行了研究，提出了基本顶存在的三种基本结构：类拱式、拱梁式和梁式，广泛应用于顶板控制设计和基本顶来压预报。鞠金峰等[52]通过理论分析与模拟试验，提出了大采高覆岩关键层“悬臂梁”结构的三种运动形式：直接垮落式、双向回转垮落式和交替式。黄庆享等[53]建立了采场基本顶周期来压的“短砌体梁”和“台阶岩梁”结构模型，揭示了工作面来压和顶板台阶下沉的机理是顶板结构的滑落失稳。

此外，国内学者针对不同地层条件和采煤方法，提出了诸如组合岩梁[54]、弹性地基梁[55]、悬顶岩梁[56]、两端固定岩梁[57]等模型，从不同角度回答了采场覆岩结构的问题。近年来，随着开采强度及深度不断增加，冲击地压等重大动力灾害逐渐增多。大量事故案例表明，应重新认识矿山压力和覆岩运动机理，因此推动了采动影响上覆岩层结构理论进一步发展，从动态视角描述覆岩破断过程的新理论模型陆续出现：于斌等[58]建立了特厚煤层开采大空间采场岩层结构演化模型，认为近场关键层为“竖 O-X”破断的悬臂梁＋砌体梁结构，远场关键层为“横 O-X”破断的砌体梁结构，同时提出远场三角板结构运动影响工作面矿压的理念。何富连等[59]建立了考虑煤体弹-塑性变形的基本顶板结构初次破断力学模型，依据有限差分原理和主弯矩破断准则，系统计算研究了弹-塑性基础边界基本顶板结构初次破断位置、破断顺序。谢生荣等[60]建立了弹性基础边界基本顶板结构初次破断扰动力学模型，计算了基本顶板结构初次破断时全区域反弹压缩场的基本形态特征以及基本顶破断长度、破断发展过程及破断程度对全区域反弹压缩场的影响。左建平等[61-63]建立了煤层附近顶板基岩破断与地表松散层沉降间的联系，提出了厚松散层条件下覆岩移动“类双曲线”力学模型，给出了基岩层的倒漏斗形和松散层的漏斗形移动的统一表达。刘建功等[64]在充填开采大量工程实践的基础上，提出了充填开采上覆岩层连续曲形梁理论模型，当密实充填率达到一定条件时顶板不会产生断裂，仅发生弯曲变形，形成连续曲形梁。

与此同时，开采空间不断增大导致覆岩破断结构更为复杂，两层甚至多层关键层破断特征被充分考虑，复合压力拱理论、拱-梁结构模型、砌体梁-半拱式结构等描述覆岩破断的新理论模型出现：王拓等[65]通过分析坚硬顶板岩梁结构，建立了初次来压双固支梁力学模型和周期垮落悬臂梁模型，获得了顶板初次垮落和周期垮落步距。王云广等[66]提出了高强度开采覆岩运移的“弹性薄板＋平行压力拱”复合机理模型，揭示了高强度开采覆岩的运移过程和机理。黄庆享等[67]通过物理模拟试验，发现浅埋煤层群开采时不同于单一煤层，存在双关键层结构。汪锋等[68-69]提出了松散层拱结构模型，认为松散层拱的破断和失稳会导致地表快速下沉。朱卫兵等[70]首次提出大空间采场覆岩远场关键层“横 O-X”破断的三角板结构力学模型，指明远场关键层三角板结构失稳是引发采场出现大周期强矿压显现的主要原因。

目前，国内外学者已初步形成一些共识，大空间覆岩低位、高位不同层位岩层破断失稳对矿压显现存在不同的作用[30-31,71]。现有研究对于近场围岩应力环境问题研究已较为透彻，支承应力、超前影响等矿压问题均得到了理论解释。但是，对于远场顶板的研究多聚焦于岩层结构特征，关于远场岩梁结构破断机理研究不够深入，尤其是煤系地层经过长期沉积叠加作用以及远场岩层破断与近场围岩应力相互影响更为复杂，亟须针对远场岩梁结构断裂特征及原理进一步研究探索。

1.2.2 冲击地压发生机理研究现状

冲击地压发生理论是冲击地压有效防治的基础。有记载的冲击地压，以英国最早，发生于 1738 年；我国最早记载的是 1933 年发生在抚顺胜利煤矿的冲击地压[72]。数十年来，国内外学者尝试从各种角度解释冲击地压发生机理，形成了能量理论[73-74]、强度理论[75-76]、刚度理论[77-78]、变形失稳理论[79-81]以及冲击倾向性理论[82-85]等早期冲击地压理论。后来，李玉生[86-87]将强度理论、能量理论和冲击倾向性理论结合起来提出了三准则理论，认为强度准则是煤岩体的破坏准则，能量准则和冲击倾向性准则是突然破坏准则，只有当这三个准则同时满足时，冲击地压才会发生。章梦涛等[88]认为，冲击地压和突出都是煤岩变形系统处于非稳定平衡状态下受到扰动发生的动力失稳过程，据此建立了这两种现象统一的失稳理论。

随着我国采矿科技的发展及工程实践的深入，人们对冲击地压又有了新的认识。齐庆新等[89-90]提出了冲击地压三因素理论，认为冲击倾向性是“内在因素”，高应力集中与动态扰动是“力源因素”，煤岩体中软层的存在是“结构因素”。潘俊锋等[91-92]提出了冲击启动理论，认为冲击地压发生依次经历冲击启动、冲击能量传递、冲击地压显现三个阶段，采动围岩近场系统内集中静载荷的积聚是冲击启动的内因，采动围岩远场系统外集中动载荷对静载荷的扰动、加载是冲击启动的外因。潘一山[93]提出了冲击扰动响应失稳理论，认为冲击地压是煤岩变形系统在扰动下响应趋于无限大而发生的失稳，并给出了冲击地压扰动响应失稳条件。窦林名等[94-95]系统地提出了动静载叠加诱冲理论，给出了动载与静载叠加诱发冲击矿压的能量和应力条件，分析了动静载叠加诱发高静载、强动载和低临界应力三种类型动力灾害原理。姜耀东等[96-97]基于非平衡态热力学和耗散结构理论，阐述了冲击地压孕育过程中“煤体-围岩”系统内能量集聚及耗散特征，研究煤体细观结构参数及有机组分分布等因素与煤体冲击倾向性的内在关系。谭云亮等[98-99]研究了煤体自身能量释放型和“煤体＋顶底板”共同能量释放型两类煤巷帮部失稳诱冲机理，揭示了深部煤巷帮部“卸-固”协同控制机理。姜福兴等[100-101]应用能量传递原理和能量守恒定律，结合对岩体性状组织损伤弱化的分析，提出了煤岩体发生冲击效应的理论。赵同彬等[102]建立了煤岩组合体力学模型，研究了煤厚变化对超前支承压力分布特征和能量演化规律的影响，揭示了煤厚变异区煤层开采冲击地压发生的力学机制。

近年来，国内学者根据能量来源不同将冲击地压划分为顶板断裂型、断层错动型、煤体压缩型三种类型，其中顶板断裂型冲击地压具有波及范围大、释放能量多、发生强度高等特点，受到了行业内学者的广泛关注，开展了大量研究。在理论模型方面，学者们提出了顶板型冲击地压地质模型[103]、岩层错动剪切梁模型[104]等，还有学者采用岩层厚度参数来描述顶板对冲击地压的影响程度[105-106]，并逐渐发展为坚硬岩层断裂突变模型[107-108]，对于坚硬岩层破断诱冲机理有了初步认识。在室内试验方面，学者从岩层性质[109]、厚度[110]及其组合方式[111]等角度系统研究了煤岩组合体力学特性，获得了煤岩体破坏失稳声、电、热等前兆信息[112-114]。随着研究深入，组合体分区能量演化规律已成为学者关注的重点[115-117]。在现场实测方面，谭云亮等[118]发现了工作面前方坚硬岩层断裂反弹现象，Patynska 等[119]分析了坚硬岩层厚度对巷道围岩及工作面矿压显现乃至冲击地压发生的影响，进一步验证了坚硬岩层破断是诱发冲击地压的重要因素。与此同时，该领域的研究不断尝试从覆岩破断承载结构[120-121]、岩层运动演化过程[122-123]、顶板裂隙发育过程[124-125]等角度探索顶板断裂诱发冲击地压机理，取得了多种新的认识。

目前，关于坚硬顶板破断型冲击地压机理研究大多关注构造应力和采动应力改变对冲击地压能量来源的影响，这种观点对于近场围岩诱冲机理给出了较好解答。但对于远场岩层破断诱发型冲击地压，由于作为能量源的顶板所处应力环境的不确定性和复杂性，同时顶板破断后还伴随震动能量传递衰减等问题，已无法从应力角度开展深入研究。

1.2.3　远场震动波传播衰减研究现状

震动波传播衰减研究最早起源于地下爆破和防护工程[126]，通常采用现场爆破震动试验开展震动波传播衰减规律研究，其优势是爆破震源激发能量和位移场具有各向同性的特点，震动能量传播衰减基本不受震源破裂类型影响。国内外学者针对传递路径[127]、传递距离[128]、空间裂缝[129]、采空区效应[130]及地震波参数[131]等对震动波传递衰减影响规律开展了大量研究，对于现场震动波传递特征有了初步认识：王恩元等[132-133]基于声电监测分析了地震波传播衰减频率特征，表明地震波主频率是影响波速幅值衰减系数变化的主要原因。曹安业等[134-135]通过井下爆破试验研究了采空区覆岩破裂范围对冲击震动波传播衰减影响，认为大范围采空区的存在增强了震动能量传播衰减效应。叶根喜等[136]借助矿山微震监测系统进行了井下爆破原位试验，研究了震动波沿穿层和顺层不同路径的传播衰减规律。高明仕等[137-138]采用微震信号采集系统研究了震动信号的衰减规律,发现震动能量随传播距离增加呈负指数函数关系衰减。

关于震源位置识别及能量监测,在工程现场通常采用原位微震监测技术[139-140]。冯夏庭院士团队长期致力于原位微震监测方面的研究,系统研究了微震监测的设备、采集方法及处理方法[141],创建了一套根据微震辐射能量对岩爆强度分类的新标准[142],并将微震监测应用到隧道开挖过程中岩爆风险分析中[143-145]。唐春安团队基于S变换和改进高斯混合模型提出了一种微震信号自动识别方法[146],并通过微震监测评估了水电站边坡稳定性[147-149]。Cai等[150-152]建立了微震多参数指标体系,将微震监测应用于煤矿冲击地压的监测。Xin等[153-155]将微震监测应用于煤矿采场覆岩破裂与采动应力场探测方面,揭示了采场围岩的空间破裂形态。曹安业等[156-157]围绕矿井采动煤岩冲击破裂的震动效应问题,研究了采动诱发煤岩震动的震源破裂机理。Lu等[158-159]针对厚层坚硬顶板垮落引发的动态应力波开展了相关研究,揭示了此类微震信号的频谱特征。Zhu等[160-161]深入研究了微震事件和能量在时序上的演化规律,为预测和评估岩爆提供了一种可行且有前途的方法。

覆岩破断引起震动波及能量向巷道围岩传递,进而导致巷道发生动力破坏。因此,岩层间的震动波和能量的传递过程是国内外学者揭示冲击地压发生机理的另一个视角和重要补充。Cook[162]早在1965年就提出了矿震产生的动载波可诱发冲击矿压,但不是每次矿震都能诱发冲击。窦林名等[163]指出动载作用下煤岩储能性能提高,破坏后剩余能量增大,可使冲击显现更强烈。Huang等[164]探讨了动力扰动机理及其对岩爆的影响,认为动力扰动不仅会触发岩爆,而且会影响其范围。左宇军等[165]应用突变理论探讨了动力扰动诱发煤层底板关键层失稳机制,给出了关键层在动力扰动下的失稳判据。于洋[166]根据沿空巷道受动载影响的变形特征,认为工作面顶板断裂是导致巷道及采场矿压显现的主要原因。姜耀东等[167]研究了爆破产生的震动波的传播,认为其能够降低围岩承载能力,容易诱发冲击地压。王恩元等[168-169]建立了坚硬顶板断裂过程的震源模型,分析了顶板断裂产生的震动能量大小。

在现场监测基础上,国内外学者借助各种研究手段,分别从能量的传播路径[170]、衰减幅度[171]、衰减速度[172]、耗散机制[173]、地质因素影响[174]等方面进行了系统的研究,解释了覆岩破断释放能量在地层中的传递机制。除现场大尺度原位爆破震动试验,国内外学者还采用理论分析和数值模拟方法研究了应力波在小尺度煤岩体中传递衰减规律[175-176],从节理数目[177]、倾角[178]及粗糙度[179]等角度分析了节理性质与变形对应力波透射及反射系数的影响,丰富了现有震动波传递衰减理论。此外,室内试验也是研究震动波传递衰减的重要方法,在试验对象方面，学者研究了震动波在不同介质中，如煤体[180]、砂岩[181]、锚杆[182]等的传递衰减过程；在试验加载方面，通过改变应力加载路径[183]、围压[184]、冲击速度[185]等对震动波传递衰减规律进行了研究；在试验监测方面，采用声发射[186-187]、数字激光动态焦散线[188-190]、电磁辐射[191]等监测技术从不同角度揭示了震动波传递衰减效应。

总的来说，采场中的覆岩破断特征决定了释放能量的大小，释放的能量改变了地层的承载结构分布，地层条件又影响着能量的传播衰减特性。现有研究对于近场围岩变形已有了较为清晰的认识，但是对于远场岩层的破断机理和能量释放机理等问题研究仍不够深入，尤其是采空区顶板岩层断裂释放能量与承载结构的相互作用极为复杂，亟须开展进一步研究。

1.2.4 顶板型冲击地压防控研究现状

我国煤矿冲击地压防控主要从支护和卸压两个方面展开研究和实践[192-194]。对于冲击地压巷道，支护的主要目的是缓冲吸能作用，必须采取加强支护措施，严禁采用刚性支护[195]。随着采深增加，冲击地压单一支护控制效果不理想，需联合卸压控制。巷道卸压分为巷道围岩卸压和远场切顶卸压两方面。巷道围岩卸压的目的是通过钻孔、注水、爆破等手段降低巷帮煤体强度，使巷道支承压力峰值向巷帮深处转移，主要技术措施有钻孔卸压、煤层爆破、煤层注水、水力压裂、水力割缝、CO_2相变致裂等。

针对采场坚硬顶板条件，目前国内普遍采用预裂断顶卸压的方式实现冲击地压防控。预裂断顶卸压是通过提前人工断裂悬顶实现顶板应力调整，防止悬顶距离过长、突然断裂产生巨大动载，传递到巷道围岩产生煤岩体冲击[196]。切顶卸压的主要方式包括深孔爆破预裂、水力切顶、CO_2气相爆破压裂等技术手段。

深孔爆破预裂在围岩卸压中应用较广，在卸压的同时可以兼顾巷道稳定性。其中具有代表性的是何满潮院士等[197-198]提出“切顶短壁梁”理论，以及在采空区侧定向爆破切顶，既减小了围岩应力集中带来的潜在冲击风险，又形成了自动成巷和无煤柱开采的完整技术工艺。孙晓明等[199]对薄煤层切顶卸压沿空留巷关键参数进行了研究。高玉兵等[200]提出一种深部巷道定向拉张爆破切顶卸压围岩控制技术，通过人为主动控制覆岩结构垮落位置，煤体内的应力峰值和应力稳定值均得到较好控制。张传玖等[201]通过深孔预裂爆破，有效降低了矿震诱发巷道变形的频次和强度。Zhang 等[202]提出了一种顶板聚能爆破的关键技术，使用碎胀岩体支撑顶板以达到保护回采巷道的目的。Zhang 等[203]针对多层坚硬顶板条件下煤层开采实施了 149 m 的超深孔预裂爆破工艺，实现了工作面的安全开采。Zhu 等[204]认为,次关键层的初次断裂是引发动载的主要原因,可采用爆破预裂关键层的方式实现顶板卸压。

水力切顶卸压是通过高压水在岩石中形成裂缝而弱化顶板使其能垮落和使围岩卸压的方法,最近几年在煤矿巷道卸压工程中得到越来越广泛的应用。康红普院士等[205-206]指出,水力压裂卸压技术主要用于坚硬顶板弱化和高应力巷道围岩卸压。吴拥政等[207-208]针对水力切顶卸压机理进行了系统全面的研究,提出了定向水力压裂留巷卸压技术,有效消除或减弱了坚硬顶板形成的悬顶效应。赵善坤等[209]采用钻孔窥视、应力监测、微震监测等多种监测手段,对比了顶板定向水压致裂的防冲效果。Li 等[210]基于室内试验和现场试验研究了水力导向裂缝尺寸对压裂效果的影响,并通过预制纵向导缝水力压裂技术成功保留了工作面的辅助运输巷。Liu 等[211]提出了一种利用水力压裂在坚硬顶板中产生垂直裂缝的新方法并成功应用,使压裂点出现在理想的拉伸应力区域。

针对顶板断裂型冲击地压的复杂性,近些年涌现了一些冲击地压综合防治技术。例如,针对坚硬煤岩体巷道,翁明月等[212]开发了顶板"钻-切-压"一体化释能减冲技术。针对不同冲击地压力源,潘俊锋等[213-214]提出了深部煤岩动力灾害多尺度分源防控技术,指出可通过控制坚硬顶板冲击地压矿井的空顶长度来防治冲击地压。针对巷道围岩高应力集中,祁和刚[215]提出了深孔预裂爆破、卸压巷与煤层钻孔卸压等综合卸压技术。为避免过度卸压造成支护失效,谭云亮等[216]提出了深部煤巷帮部失稳"卸-固"协同控制技术,揭示了深部煤巷帮部"卸-固"协同控制机理。针对煤矿千米深井、软岩、强采动巷道,康红普等[217]提出了"支护-改性-卸压"协同控制技术,井下试验与矿压监测表明巷道应力明显减小。针对深部冲击地压巷道高应力、强冲击造成的强矿压显现难题,吴拥政等[218]提出了深部冲击地压巷道"卸压-支护-防护"协同防控原理与技术,有效抵御了高动静叠加载荷。

大量工程实践证明,顶板断裂型冲击地压的能量来源于顶板,顶板深孔预裂卸压技术可有效调控坚硬顶板破断释能,改善巷道应力环境,减小甚至杜绝巷道冲击。冲击地压防治是以能量调控为主线的过程把控,顶板深孔预裂卸压符合防治大范围冲击地压源头治理的基本方针。因此,应结合远场顶板能量源的结构与释能特性,弄清远场顶板能量源作用传递机制,提出相应顶板深孔预裂卸压机理并指导工程设计,对煤矿冲击地压灾害防控尤为重要。

1.2.5 存在的问题及不足

综上所述,国内外学者针对顶板断裂型冲击地压发生机理及防治开展了大量研究工作,取得了显著的研究成果。但由于远场岩层结构的复杂地质工程条件和现有监测技术手段的局限性，亟待攻克如下三个关键问题：

① 远场顶板由于位置特殊、应力条件复杂，其释能诱冲机理无法单纯从应力角度进行解答。因此，以远场顶板储能—破断释能—传播衰减过程为研究主线，确定影响远场顶板储能主控因素，揭示远场顶板断裂原理及释能规律，建立远场顶板断裂释能计算模型，是需要攻克的关键问题之一。

② 远场顶板结构多样、变形破坏过程复杂，目前现有研究多针对单一岩层建立力学模型，分析顶板的变形及断裂过程，缺少以层状顶板结构为研究对象的力学机理及能量模型的研究。因此，以不同组合方式的远场组合顶板结构为研究入手点，分析远场顶板断裂能量源的典型破坏模式，提出远场震动能量源破裂模式及能量释放机制，揭示远场顶板断裂能量源供给方式，是需要攻克的关键问题之二。

③ 降低远场能量源存储和加速能量衰减是防控远场顶板断裂诱发型冲击地压的关键手段，而实现远场能量源调控的关键前提是获得能量源调控机理。因此，研究远场能量源释能影响因素，建立远场能量源调控机理及力学模型，实现远场能量源有效调控，是需要攻克的关键问题之三。

1.3　研究内容及技术路线

1.3.1　技术路线

本书以远场顶板为研究对象，在充分查阅国内外相关研究文献的基础上，综合运用现场调研、理论分析、数值模拟、室内试验及工程试验等研究手段，开展远场顶板断裂能量释放传递机理及调控研究。技术路线如图 1-3 所示。

1.3.2　研究内容

本书以远场顶板断裂为研究背景，在当前研究进展及现有研究手段的基础上，围绕远场顶板断裂能量释放传递机理开展研究，以理论分析、室内试验、数值模拟及工程试验为主要研究手段，探究了能量源储能及释能特性、层状组合顶板结构破坏及能量演化机理、顶板断裂能量传递及衰减机制、顶板能量源调控方法及应用效果等内容，具体研究内容如下：

（1）顶板能量源储能及释能特性

重新定义岩梁的岩性指标和尺寸指标，推导岩梁断裂临界状态储存最大弯曲应变能的计算公式；设计并开展不同岩性和尺寸岩梁的三点弯曲声发射试验，分析不同条件岩梁断裂的力学及声发射特性，根据多个声发射参量评估岩性和

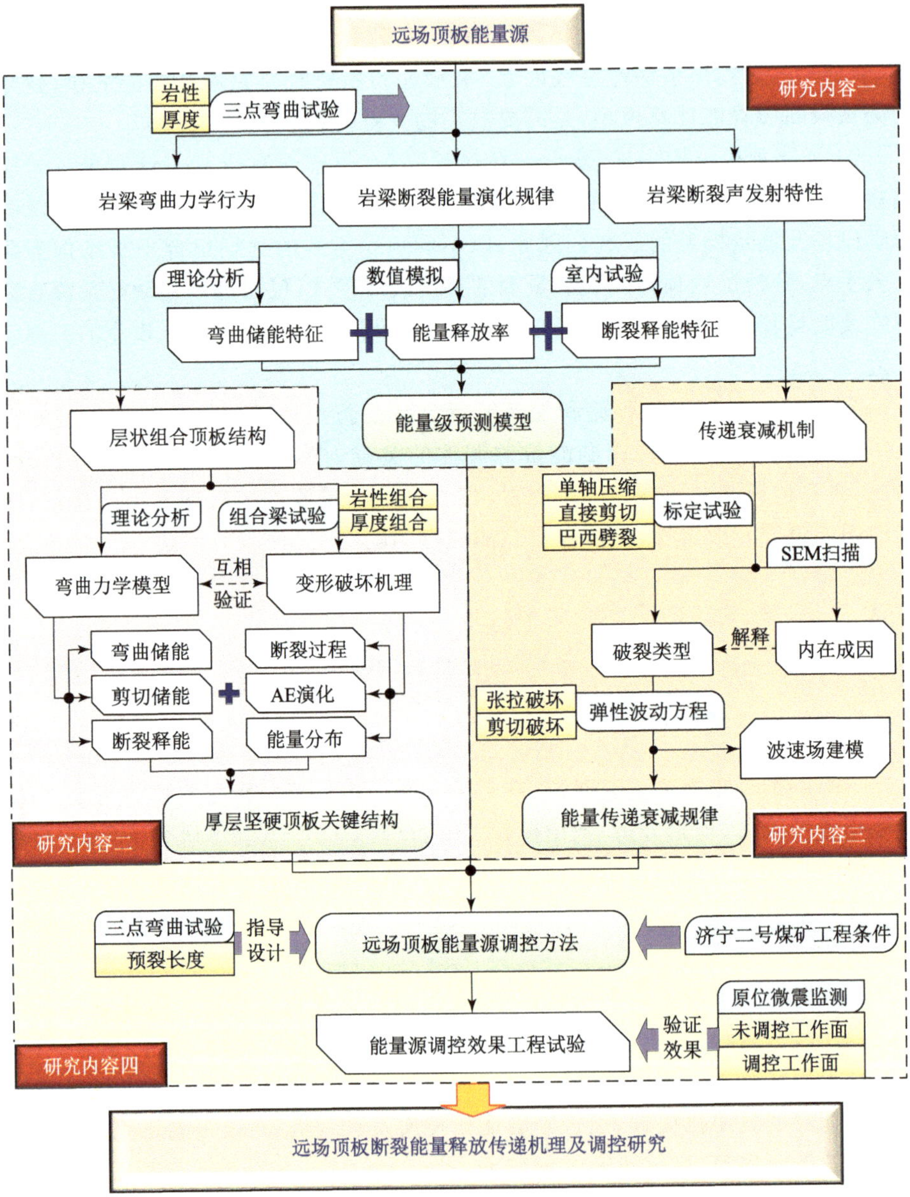

远场顶板能量源
研究内容一
岩性
厚度
三点弯曲试验
岩梁弯曲力学行为
岩梁断裂能量演化规律
岩梁断裂声发射特性
理论分析
数值模拟
室内试验
弯曲储能特征
能量释放率
断裂释能特征
能量级预测模型
层状组合顶板结构
理论分析
组合梁试验
岩性组合
厚度组合
弯曲力学模型
互相
验证
变形破坏机理
弯曲储能
剪切储能
断裂释能
断裂过程
AE演化
能量分布
厚层坚硬顶板关键结构
研究内容二
传递衰减机制
单轴压缩
直接剪切
巴西劈裂
标定试验
SEM扫描
破裂类型
解释
内在成因
张拉破坏
剪切破坏
弹性波动方程
波速场建模
能量传递衰减规律
研究内容三
三点弯曲试验
预裂长度
指导
设计
远场顶板能量源调控方法
济宁二号煤矿工程条件
原位微震监测
验证
效果
未调控工作面
调控工作面
能量源调控效果工程试验
研究内容四
远场顶板断裂能量释放传递机理及调控研究

图 1-3 技术路线图

尺寸对岩梁力学特性的影响；提出表征岩梁破坏时能量释放的剧烈程度指标（能量集中系数）和表征岩梁释能能力指标（能量释放系数），建立顶板断裂释能量级预测模型，为工程现场顶板断裂能量释放提供理论依据。

（2）层状组合顶板结构破坏及能量演化机理

基于材料力学和断裂力学基本原理，建立层状组合顶板弯曲力学模型，推导不同条件组合顶板结构的应力分布表达式和应变能计算公式；设计并开展不同岩性组合方式和不同厚度组合方式的组合顶板弯曲试验，结合声发射、数字散斑技术分析组合顶板变形失稳过程，揭示顶板岩层组合方式对组合结构能量释放和力学特性的影响并通过工程实测验证，从理论及试验角度揭示组合顶板储能及能量释放过程，为顶板断裂型冲击地压防治提供理论基础。

（3）顶板断裂能量传递及衰减机制

开展不同岩性的单轴压缩、巴西劈裂和直接剪切试验，分析获取三种加载方式下岩石的力学特性和声发射特征，基于获取的声发射信息采用多参量综合判别的方法划分获取拉伸和剪切两种能量源的典型声发射模式；建立不同震源类型的弹性波传播数值模型，分析不同类型震动波在地层中的传播衰减规律，评估传播衰减后的震动波参数对煤层的影响；分析远近场能量源共同参与条件下的冲击地压能量源供能关系，给出远场顶板供能的巷道围岩冲击失稳能量判据，揭示远场顶板破断释能诱冲机理。

（4）顶板能量源调控方法及应用效果

设计并开展不同预裂深度的岩梁三点弯曲试验，分析预裂深度对岩梁力学特性和断裂释能的影响；建立顶板岩梁的起裂判据和能量估算方法，据此提出远场顶板能量源调控设计流程，根据济宁二号煤矿十采区 $103_{下}03$ 工作面工程条件设计合理的调控参数，并通过数值模拟分析能量源调控对采场围岩应力场和变形场的调控效果；分析济宁二号煤矿十采区原位微震监测数据，通过能量源调控方法实施前后的微震原位监测数据对比，建立顶板预裂调控效果微震多指标评价体系，评估远场能量源调控方法的应用效果。

第2章　顶板能量源储能及释能特性

在对冲击地压的研究中，释放能量的大小是评价冲击地压剧烈程度的直接指标，岩梁的储能和释能特征是研究顶板断裂型冲击地压的基础，也是冲击地压领域关注的重点问题[219-220]。诸多研究表明[221-223]，顶板中的主要能量来源是上覆岩层加载使顶板弯曲所产生的弯曲应变能，顶板断裂所释放的能量也与顶板岩梁的尺寸和岩石力学参数密切相关。因此，以岩梁作为研究对象，开展不同岩性和尺寸岩梁的弯曲断裂特性研究，对揭示顶板储能及释能机理具有重要意义。基于此，本章开展了不同岩性的岩梁三点弯曲试验，获得了岩性和厚度对岩梁弯曲力学特性的影响，利用声发射监测中的多个参量描述了不同类型岩梁断裂的过程和特征，重新定义了表征岩梁属性尺寸和岩性指标，获取了尺寸和岩性指标对岩梁储能和释能特征的影响，并通过数值模拟定量分析了岩性指标对能量释放系数的影响，进而提出一种岩梁断裂释能预测方法，并通过数值模拟验证了释能预测方法的合理性。

2.1　顶板弯曲储能分析

煤层开采后，顶板逐渐失去下方煤层的支撑作用而悬露出来，地层中的应力重新调整，顶板在上覆岩层加载的作用下发生变形，当其内部的应力超过抗拉强度时将发生断裂失稳。在整个过程中，顶板发生以弯曲下沉为主的变形模式，在其内部储存弯曲应变能，这部分能量可以根据理论方法求得解析解[224]。在不考虑加载点与顶板岩层间摩擦力的条件下，可将顶板岩梁简化为一根横力弯曲岩梁，则弯曲应变能的计算公式为：

$$U_\varepsilon=\frac{1}{2}M_e\theta=\frac{M_e^2S}{2EI}\tag{2-1}$$

式中　M_e——上覆岩层施加的等效弯曲力偶；

θ——岩梁的最大回转角；

S——岩梁的跨距；

E——岩梁的弹性模量；

I——截面的惯性矩。

假设覆岩与受载岩梁间不发生相对运动，将受载岩梁简化为上表面中点受集中力的梁，如图 2-1 所示。该受力状态下，岩梁发生破断前储存的弯曲应变能根据式(2-2)计算。

$$U_\varepsilon = 2\int_0^{l/2} \frac{1}{2EI}\left(\frac{F}{2}x\right)^2 \mathrm{d}x = \frac{F^2S^3}{96EI} \tag{2-2}$$

式中　F——岩梁上部所受集中荷载。

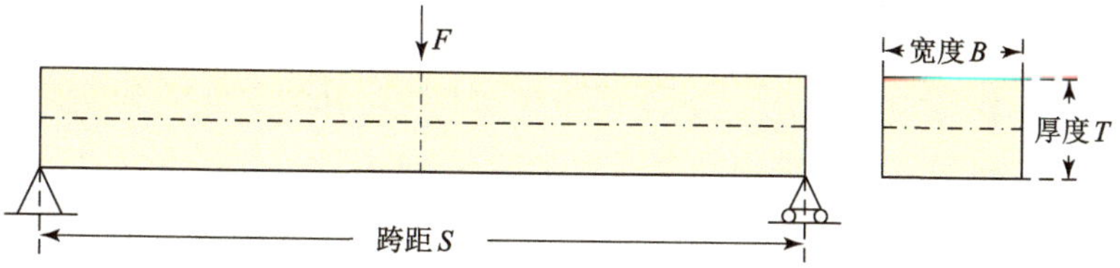

图 2-1　岩梁受力分析示意图

顶板岩梁受到覆岩荷载后发生弯曲变形，当梁内部的最大拉应力达到了岩层的抗拉强度后岩梁发生初次断裂。显然，岩梁内部的最大拉应力出现在岩梁下表面的中点处[225]。该截面上的拉应力为：

$$\sigma_x = \frac{My}{I_z} = \frac{3FSy}{BT^3} \tag{2-3}$$

式中　B——岩梁的宽度；

T——岩梁的平均厚度。

因此，岩梁破坏时的峰值荷载为：

$$q_b = \frac{2\sigma_b BT^2}{3S} \tag{2-4}$$

式中　σ_b——岩石的抗拉强度。

将式(2-4)代入式(2-2)，得岩梁储存的最大弯曲应变能为：

$$U_{\varepsilon\max} = \frac{\sigma_b^2 BTS}{18E} \tag{2-5}$$

由于地层中的岩梁并不是理想条件下的水平层状模型，因此在利用式(2-5)计算时，岩梁的厚度 T 取最大值 $T_{\max}$。

2.2 顶板岩梁力学特性及声发射规律

2.2.1 试验方案

2.2.1.1 岩样加工

为了研究岩性和尺寸对岩梁力学特性和能量释放特征的影响，本节开展了不同岩性和厚度岩梁的三点弯曲试验。为了增加试验中岩性参数的离散度，试验中共选择了 6 种岩性差别较大的岩块进行加工，分别为石灰岩、红砂岩、黄砂岩、黄锈岩、大理岩、花岗岩。其中，石灰岩岩样取自济宁二号煤矿 $3_{上}$ 煤层顶板，其他岩样取自山东济宁宇泽矿石场。相同岩性的岩样从同一岩块上取下，首先利用机械切割机分割成小岩块，其次利用线切割机将其加工为矩形截面梁试件，然后利用磨光机对试件的端面平整度再次加工，使其端面不平整度小于 0.2%，加工精度符合国际岩石力学学会（ISRM）的推荐标准，最后将加工完成的试样编号备用。试样加工过程如图 2-2 所示。

图 2-2　岩石试样加工过程

2.2.1.2 参数测试

试验开始前，首先对不同岩性的试样进行单轴压缩试验，测试其单轴压缩特性，参数测试的试样规格见表 2-1。图 2-3 为 6 种岩性的轴向应力-应变曲线。6 种试样的轴向应力-应变曲线离散性较好，满足试验对岩性参数离散度的要求。同时，对不同岩性的物理力学参数进行了测试，测试内容包括密度、单轴抗压强度、抗拉强度、弹性模量、横波和纵波波速。测试结果见表 2-2。

表 2-1　参数测试的试样规格

岩性	红砂岩	黄锈岩	大理岩	黄砂岩	花岗岩	石灰岩
长度/mm	49.89	49.94	50.07	49.11	51.01	50.50
宽度/mm	50.12	49.57	48.80	50.10	50.42	49.75
高度/mm	100.11	99.83	101.22	100.35	99.36	100.10

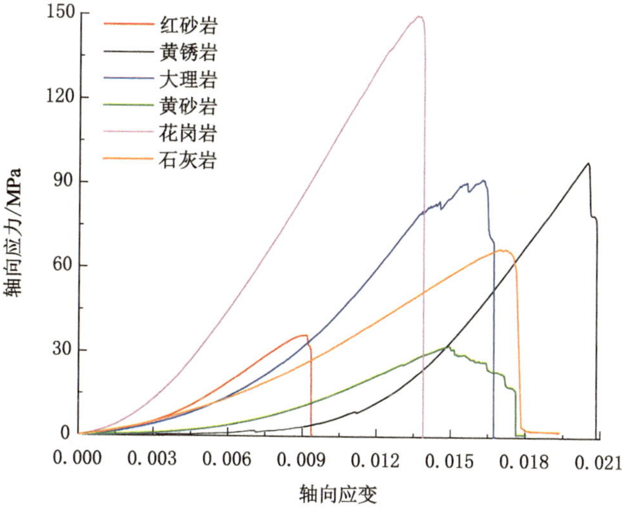

图 2-3　6 种岩石的轴向应力-应变曲线

表 2-2　6 种岩石的物理力学参数

岩性	密度 ρ /(g/cm³)	抗压强度 σ_c /MPa	抗拉强度 σ_t /MPa	弹性模量 E /GPa	横波速度 c_S /(m/s)	纵波速度 c_P /(m/s)
红砂岩	2.57	35.82	3.41	5.68	1 733.85	2 486.02
黄锈岩	2.81	98.40	9.32	12.31	3 304.15	3 805.90
大理岩	2.69	91.66	10.53	10.07	2 706.36	4 744.96
黄砂岩	2.47	36.15	1.22	4.13	2 301.50	3 593.89
花岗岩	2.87	149.72	14.87	14.13	3 802.28	4 722.55
石灰岩	2.39	62.45	5.62	5.38	2 203.17	3 223.75

2.2.1.3　试样制备

为了系统地研究不同条件岩梁的力学特性，试验中考虑了岩性和厚度两种变量，试样规格如图 2-4 所示。为确保试验结果的准确性，每种方案都准备了 3 块相同的试样，以排除试验结果的离散性误差。表 2-3 给出了每块试件的编号及参数信息。

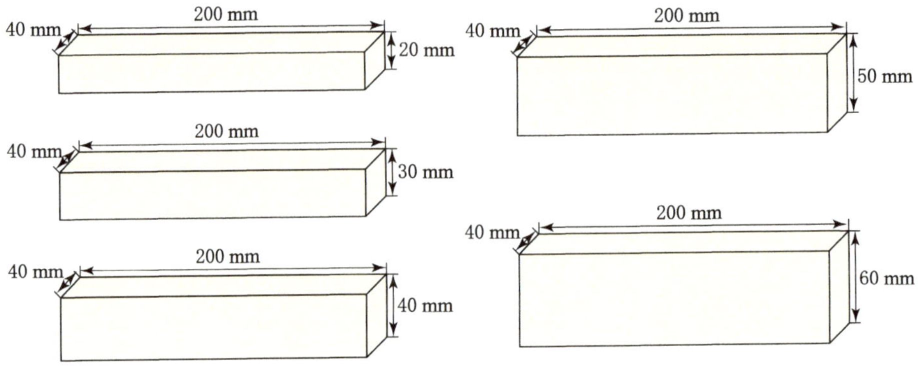

图 2-4　三点弯曲岩梁试样规格

表 2-3　三点弯曲试样规格

试样编号	岩性	长度/mm	宽度/mm	厚度/mm
1-1(2、3、4、5)	红砂岩	200	40	20、30、40、50、60
2-1(2、3、4、5)	黄锈岩	200	40	20、30、40、50、60
3-1(2、3、4、5)	大理岩	200	40	20、30、40、50、60
4-1(2、3、4、5)	黄砂岩	200	40	20、30、40、50、60
5-1(2、3、4、5)	花岗岩	200	40	20、30、40、50、60
6-1(2、3、4、5)	石灰岩	200	40	20、30、40、50、60

2.2.1.4　试验系统

试验中，在试件表面布置应变片和声发射探头，测试试验过程中试样的应变和声发射信号的变化，如图 2-5 所示。试验系统由加载系统、声发射测试系统和应变测试系统组成，如图 2-6 所示。

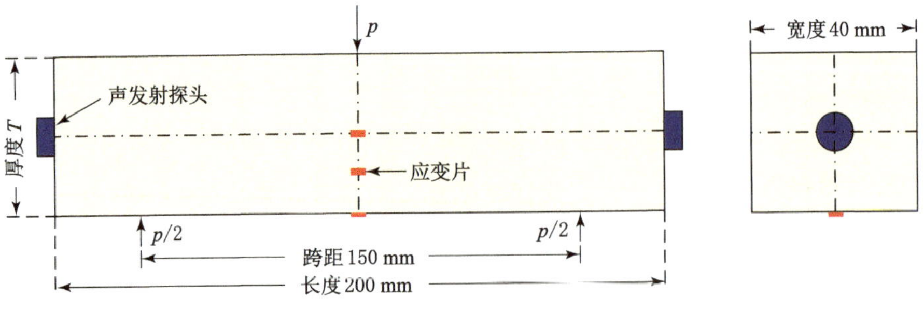

图 2-5　三点弯曲岩梁试样示意图

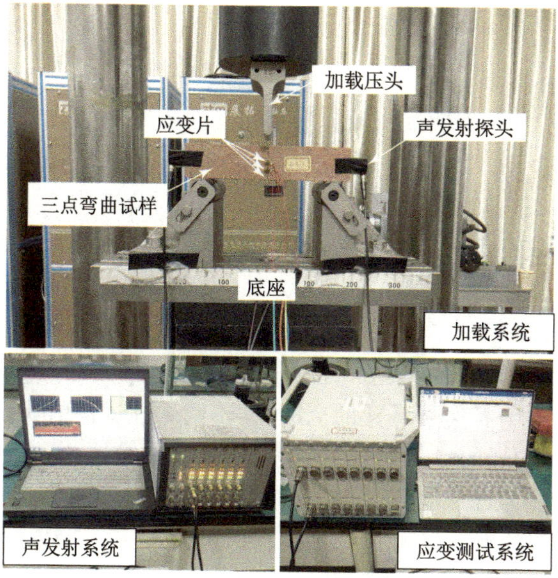

图 2-6　试验系统示意图

① 加载系统采用山东科技大学矿山灾害预防控制省部共建国家重点实验室培育基地的 RLJW-2000 型伺服控制岩石压力试验机，试验机可提供的最大轴向力为 2 000 kN，采样频率为 10 Hz，采样精度为±1%。试验中，加载速率设置为 0.05 mm/min。试验机配备有专用的三点弯曲试验压头和可调节的底座，跨距设置为 150 mm。

② 声发射测试设备为 Vallen 公司生产的 AMSY-6 型声发射系统，该设备包含 16 个声发射测试通道，可同时满足实验室和现场的声发射测试需求。采用的探头型号为 WS45-H，试验前将声发射探头固定于岩梁试样两侧端面上，在试样和探头间均匀涂抹凡士林，以提高传感器和样品之间的耦合作用，保证测试效果。试验中，采用双通道事件触发模式进行声发射采集，采样频率设置为 10 MHz，前置放大器增益 34 dB，阈值为 40 dB。

③ 应变测试系统采用东华公司生产的 DH3818Y 型静态应变仪，该设备包含 24 个测试通道，可实现多通道并行高速长时间连续采样。试验前，在设备的前断面中轴线上粘贴三个应变片，粘贴高度分别为 0、$T/4$、$T/2$，测量试样中轴线上的水平应变。试验中，应变片采用 1/4 桥连接，同时连接温度补偿片，抵消温度和材料对测试精度的影响。采样频率设置为 20 Hz，以匹配声发射与试验机的采样频率。

2.2.2 基本力学特性

2.2.2.1 试样破坏特征

图 2-7 给出了 6 种岩性试样的破坏形态。三点弯曲加载条件下,6 组试样的破坏形态近似,均为试样中部开裂,主裂纹为典型的Ⅰ型裂纹,裂纹面垂直于岩梁跨度方向。图 2-8 给出了岩梁试样加载过程中的荷载-挠度曲线。由图 2-8 可知,6 种岩石的峰值荷载由大到小为:花岗岩>黄锈岩>大理岩>石灰岩>红砂岩>黄砂岩。黄锈岩、大理岩和花岗岩为 6 种岩石中峰值荷载较高的 3 种,其中花岗岩强度最高,60 mm 厚的试样峰值荷载可达 9.58 kN;两类砂岩为 6 种岩石中峰值荷载较低的两种,其中黄砂岩的强度最低,60 mm 厚的黄砂岩试样峰值荷载仅为 0.75 kN,为花岗岩试样的 7.8%。不同岩性试样的荷载-挠度曲线形态存在差异性:两类砂岩的峰前荷载-挠度曲线近似呈线性,其余 4 种试样的峰前荷载-挠度曲线具有明显的上凹形特征。所有试样荷载-挠度曲线的峰后阶段均表现出了脆性断裂的特征,达到峰值后轴向荷载迅速跌落,残余荷载远小于峰值荷载。

图 2-7 三点弯曲岩梁断裂特征

试样的峰值荷载与厚度表现出明显的正相关关系。6 种岩性 20 mm 厚度的试样相比于同岩性 60 mm 厚度的试样,峰值荷载分别降低 85.0%、86.8%、83.9%、70.1%、83.8%、82.8%。同时,不同厚度岩梁试样的荷载-挠度曲线形态同样存在一定差异,随着试样厚度的减小,4 种中、高强度岩石的峰前荷载-挠度曲线逐渐由上凹状转变为线性,而低强度岩石的峰前荷载-挠度曲线仍保持为线性,说明峰前荷载-挠度曲线的线性特征是低强度梁所具备的特征,而高强度岩梁的峰前加载曲线具备斜率逐渐增大的上凹状特征。

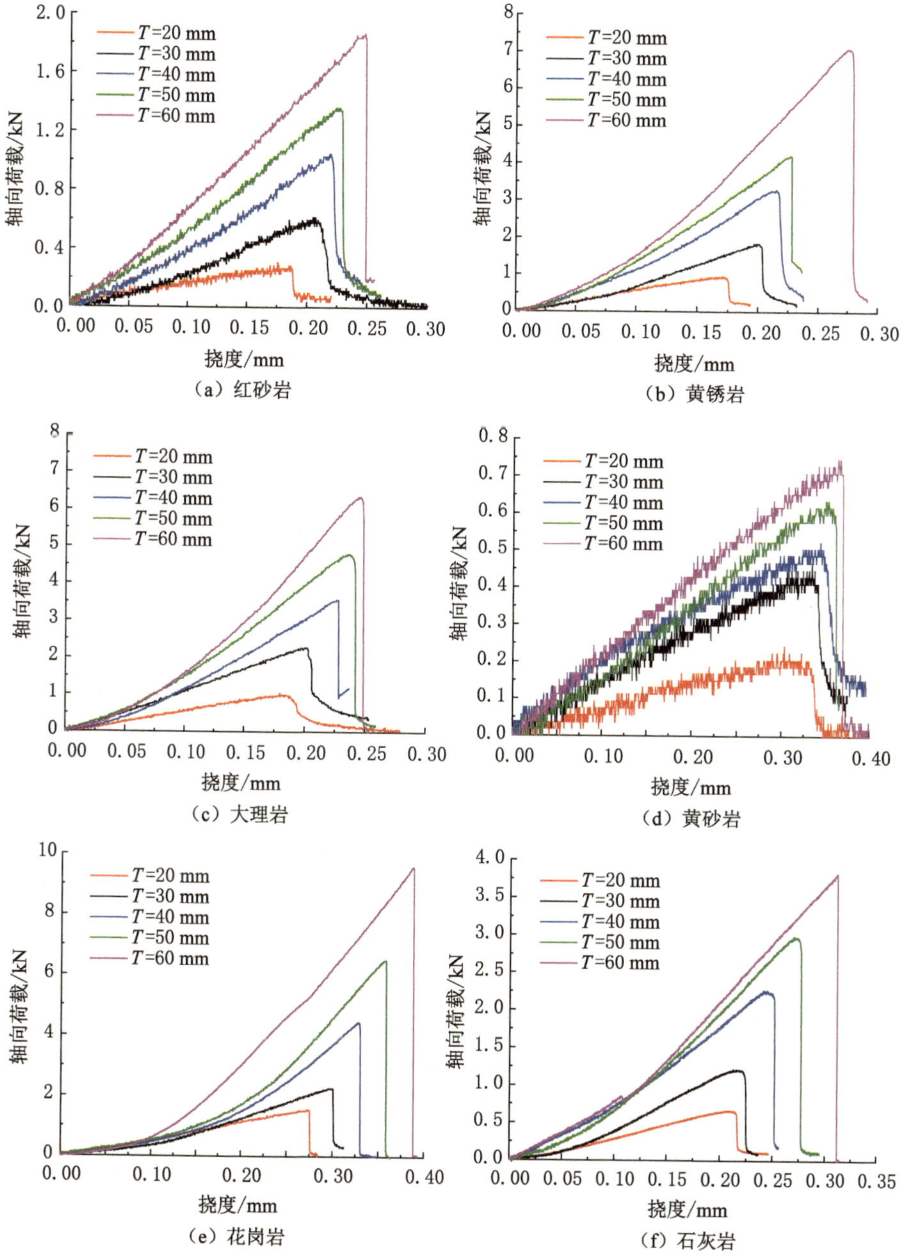

（a）红砂岩

（b）黄锈岩

（c）大理岩

（d）黄砂岩

（e）花岗岩

（f）石灰岩

图 2-8　三点弯曲岩梁荷载-挠度曲线

2.2.2.2　力学参数变化

图 2-9(a)给出了不同试样的峰值荷载。厚度和岩性同时决定了峰值荷载的大小。60 mm 花岗岩试样的峰值荷载最大，为 9.582 kN；20 mm 黄砂岩试样的峰值荷载最小，仅为 0.242 kN。随着厚度的增大，岩梁的峰值荷载逐渐增大，黄锈岩试样表现最为明显，60 mm 黄锈岩试样的峰值荷载为 20 mm 试样的 7.6 倍。图 2-9(b)给出了不同岩梁试件的抗拉强度。试样的岩性决定了抗拉强度的大小，两类砂岩的抗拉强度明显低于其他 4 种岩石，20 mm 花岗岩试样的抗拉强度为 16.61 MPa，而 20 mm 黄砂岩试样仅为 1.12 MPa。抗拉强度的变化表现出轻微的尺寸效应。随着厚度的增加，岩梁的抗拉强度呈波动式降低，在花岗岩试件上体现较为明显。20 mm 花岗岩试样的抗拉强度是 60 mm 试样的 1.28 倍。

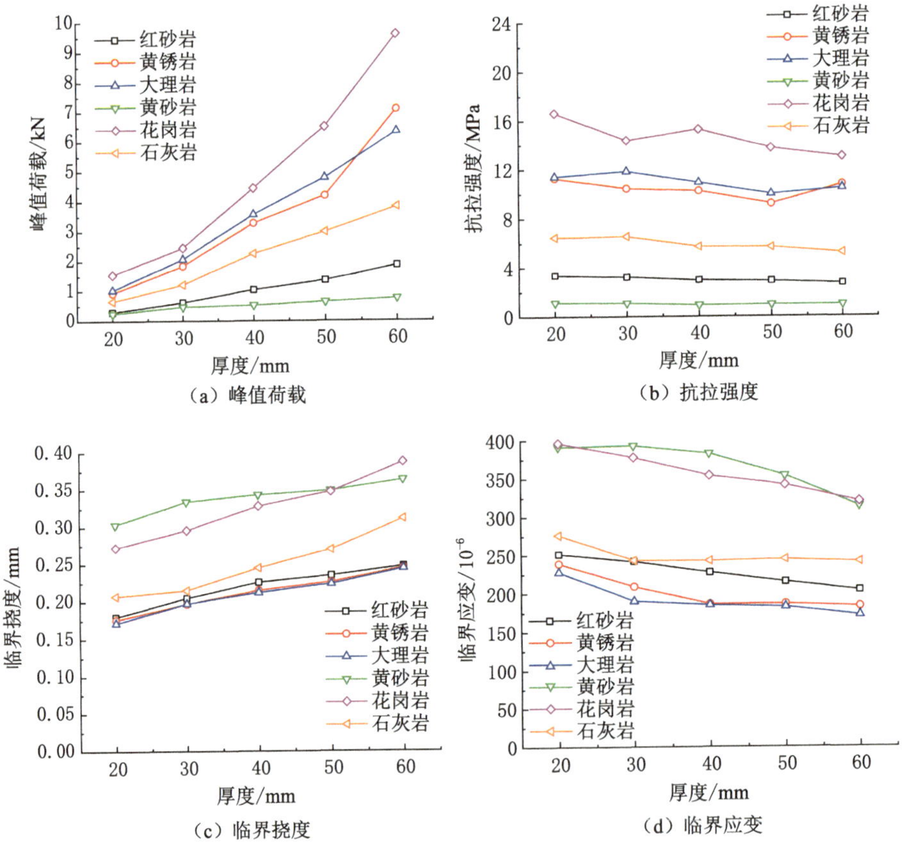

图 2-9　不同条件岩梁试件的力学参数

图 2-9(c)给出了不同条件下岩梁试样达到峰值荷载时的临界挠度。60 mm 花岗岩试样达到峰值荷载时的临界挠度最大，为 0.387 mm；20 mm 大理岩试样达到峰值荷载时的临界挠度最小，仅为 0.171 mm。临界挠度的大小与岩梁厚度呈正相关关系，说明厚度较大的岩梁需要达到更大的弯曲程度才会发生破坏。同时，岩性也会对临界挠度产生影响，黄砂岩和花岗岩试样的临界挠度明显高于其他 4 种岩性。图 2-9(d)给出了不同岩梁试件断裂时的临界拉伸应变。岩性对临界拉应变产生影响，黄砂岩和花岗岩的临界应变明显高于其他 4 种岩性，表明黄砂岩和花岗岩的抗弯性能优于其他 4 种岩梁。20 mm 花岗岩临界拉应变最大，约为 0.396×10^{-3}；60 mm 大理岩的临界拉应变最小，仅为 0.171×10^{-3}。岩梁的临界拉应变与岩梁厚度均呈负相关关系。

2.2.3 岩性对声发射特性的影响

2.2.3.1 声发射计数

岩梁加载过程中伴随着裂纹的萌生和扩展，不同阶段的活动特性可以通过声发射参数的变化反映出来。图 2-10 为声发射信号中各种参数的示意图，本小节分别对声发射计数、幅值、持续时间和能量进行分析。声发射计数是直观反映岩石声发射活动特性的参数，为了分析岩性对声发射特性的影响，图 2-11 给出了不同岩性厚度同为 50 mm 的试样的声发射计数演化曲线。分析过程中，对荷载和声发射数据进行了归一化处理。岩梁断裂过程中的声发射特征可以分为五个阶段特征，即：平静阶段、发育阶段、递增阶段、爆发阶段和残余阶段。① 平静阶段：岩梁中几乎无超过阈值的声发射计数出现，岩梁整体处于应力调整阶段；② 发育阶段：声发射计数出现少量累计，计数增长速率接近匀速，累计计数曲线近似为线性，此阶段包含岩梁加载的弹性阶段；③ 递增阶段：声发射计数增长速率明显加快，累计计数曲线斜率逐渐增大；④ 爆发阶段：声发射计数出现爆发式增长达到峰值，累计计数曲线斜率激增，岩梁达到峰值荷载；⑤ 残余阶段：声发射计数曲线大幅回落，累计计数曲线斜率趋于平缓，岩梁达到峰后加载阶段直至失去强度。

不同岩性的岩梁均在达到峰值荷载时出现声发射激增的现象，但在峰值荷载之前的声发射特征略有不同。两种砂岩的声发射发育阶段持续时间较长，与岩石本身存在的大量微小裂隙、需要更长的时间完成自身的压密和应力调整有关。弹性模量大的岩梁在声发射特征上表现出更明显的脆断特征，加载前期的声发射递增阶段持续时间较短，花岗岩试样甚至没有出现明显的递增阶段，试件破坏时爆发出大量的声发射信号。如花岗岩试样达到峰值荷载时瞬间出现的声发射计数可达到前期累计总量的 2.6 倍以上，表明弹性模量大的岩梁破坏程度

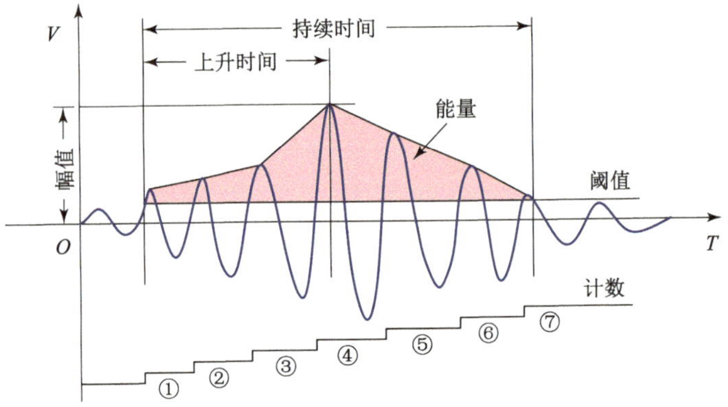

图 2-10 声发射参数示意图

更为剧烈。

2.2.3.2 声发射幅值

声发射幅值是指一个声发射完整信号的最大振幅，直接反映了声发射信号的强度。图 2-12 为岩梁断裂过程中声发射幅值的分布图。6 种岩性岩梁的声发射幅值分布差异性非常大，大致可以分为"低-低-低""高-低-高""低-高-高"三类。

① "低-低-低"型：该类岩梁以砂岩和石灰岩为代表，断裂过程中幅值分布相对均匀，主要集中于 40～60 dB，说明岩梁内部裂纹扩展释放出的声发射信号较弱，以幅值小于 60 dB 的低幅值信号为主。

② "高-低-高"型：该类岩梁以黄锈岩和花岗岩为代表，除了在低幅值区有较多声发射事件出现外，在幅值大于 90 dB 的高幅值区同样出现了大量声发射事件的集中分布，前文的分析中已说明该两种岩性的岩梁在断裂时表现出了更强的脆性特征，这与试件加载过程中的幅值分布规律相匹配。

③ "低-高-高"型：该类岩梁以大理岩为代表，在 55～100 dB 的幅值区间分布有大量的声发射信号，但在 40～55 dB 的幅值区间声发射信号分布较少，说明岩梁加载过程中一直伴有强声发射现象，这些声发射信号大部分来源于岩梁内部的裂纹扩展、晶体颗粒间的摩擦等。

2.2.3.3 声发射持续时间

声发射持续时间是指一个完整声发射信号超过设定阈值部分持续的时间，可反映声发射信号的活动性。图 2-13 给出了不同岩性岩梁的声发射持续时间分布图。由图 2-13 可知，大部分声发射信号的持续时间大于 100 μs。其中，砂岩和石灰岩试样的声发射持续时间集中于 100～1 000 μs。而强度较大的另外

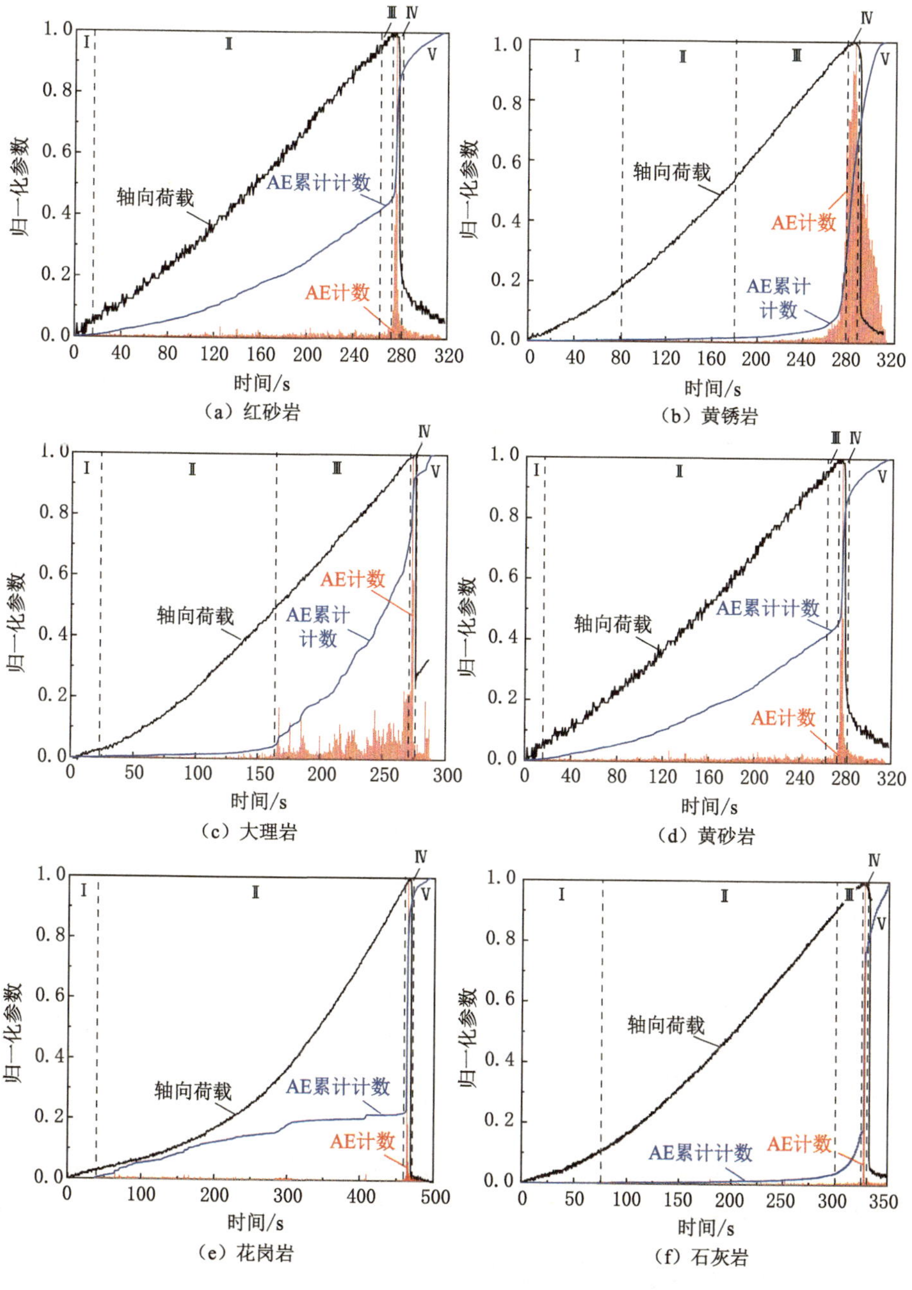

图 2-11　不同岩性三点弯曲岩梁的声发射演化特征

三种岩石，声发射信号的持续时间更多分布在 1 000～10 000 μs 之间，同时声发射计数也明显多于砂岩和石灰岩，表明高强度岩梁的声发射强度更大，声发射信号持续时间也更长，岩石内部活动更为剧烈。

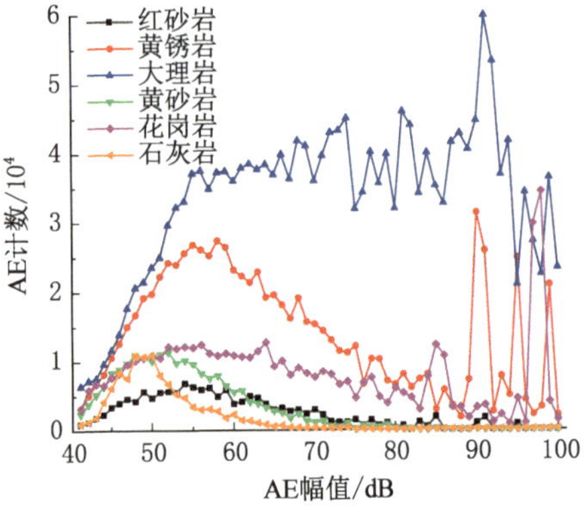

图 2-12　不同岩性三点弯曲岩梁声发射峰值振幅

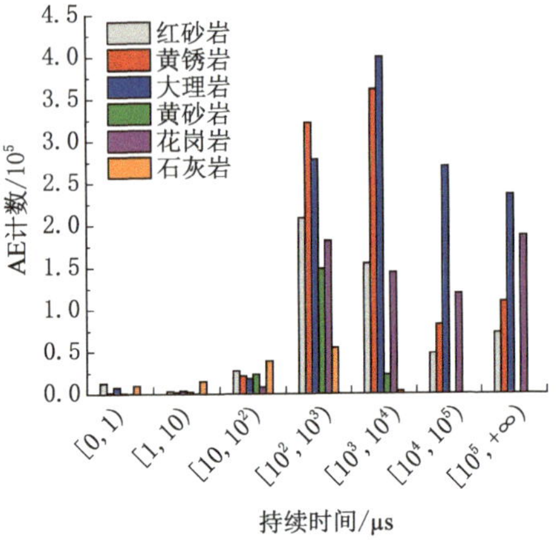

图 2-13　不同岩性三点弯曲岩梁声发射持续时间

2.2.3.4　声发射能量

试样加载过程中，储存在岩梁内部的能量会随着裂纹的发育和扩展而释放，释放能量的大小可以通过声发射信号包络线的面积反映，称为声发射能量。图 2-14(a)给出了不同岩性试样的能量释放过程，岩梁断裂的能量释放过程均呈阶跃式增长。砂岩的能量释放过程相对缓和，红砂岩和黄砂岩试样释放的声发射总能量分别为 2.40×10^{9} ms・mV 和 1.77×10^{9} ms・mV。强度较大的岩梁试样破坏时的能量增幅明显，如花岗岩声发射总能量为 3.98×10^{10} ms・mV，是黄砂岩试样的 22.5 倍。不同岩性的声发射能量分布同样存在差异，如图 2-14(b)所示。两种砂岩的声发射信号以中、低能量事件为主，集中分布于 100～1 000 ms・mV，而花岗岩和大理岩的声发射信号以高能量事件为主，集中于 10^{6} ms・mV 以上，表明低强度岩梁不仅断裂过程中释放的总能量较少，单一声发射信号的能量同样较少。

2.2.4　厚度对声发射特性的影响

2.2.4.1　声发射计数

为了分析岩梁厚度对声发射特征的影响，图 2-15 给出了不同厚度的黄锈岩

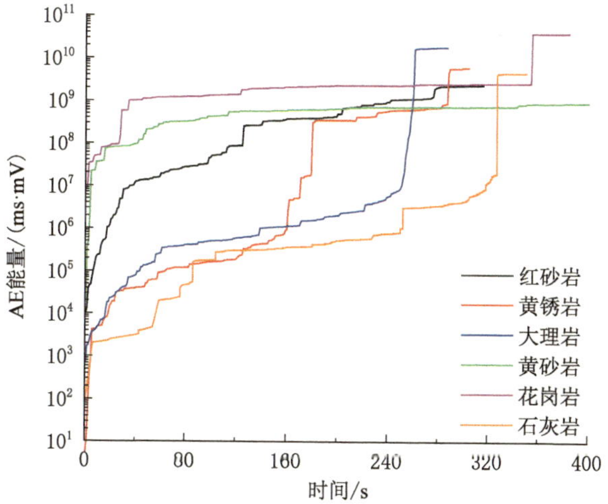

（a）声发射能量演化过程

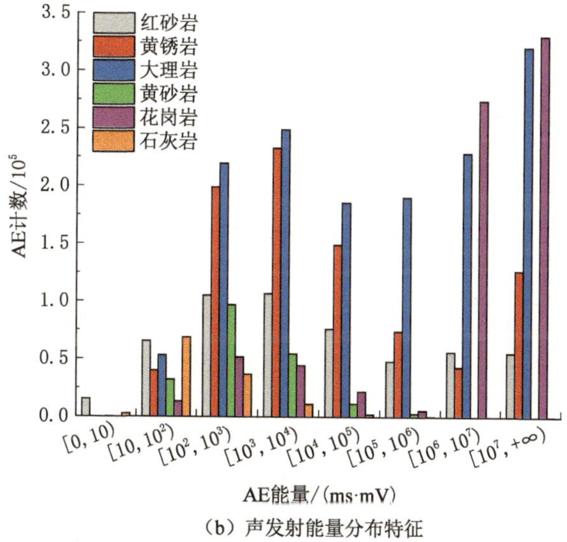

（b）声发射能量分布特征

图 2-14　不同岩性三点弯曲岩梁的声发射能量特征

试样的声发射计数演化图。数据处理过程中，对数据进行了同 2.2.3 小节的归一化处理和阶段划分。

岩梁加载过程中声发射的 5 个阶段与荷载-挠度曲线的演化过程基本一致。声发射平静阶段对应岩梁的裂隙压密阶段，该阶段几乎没有声发射事件产生。

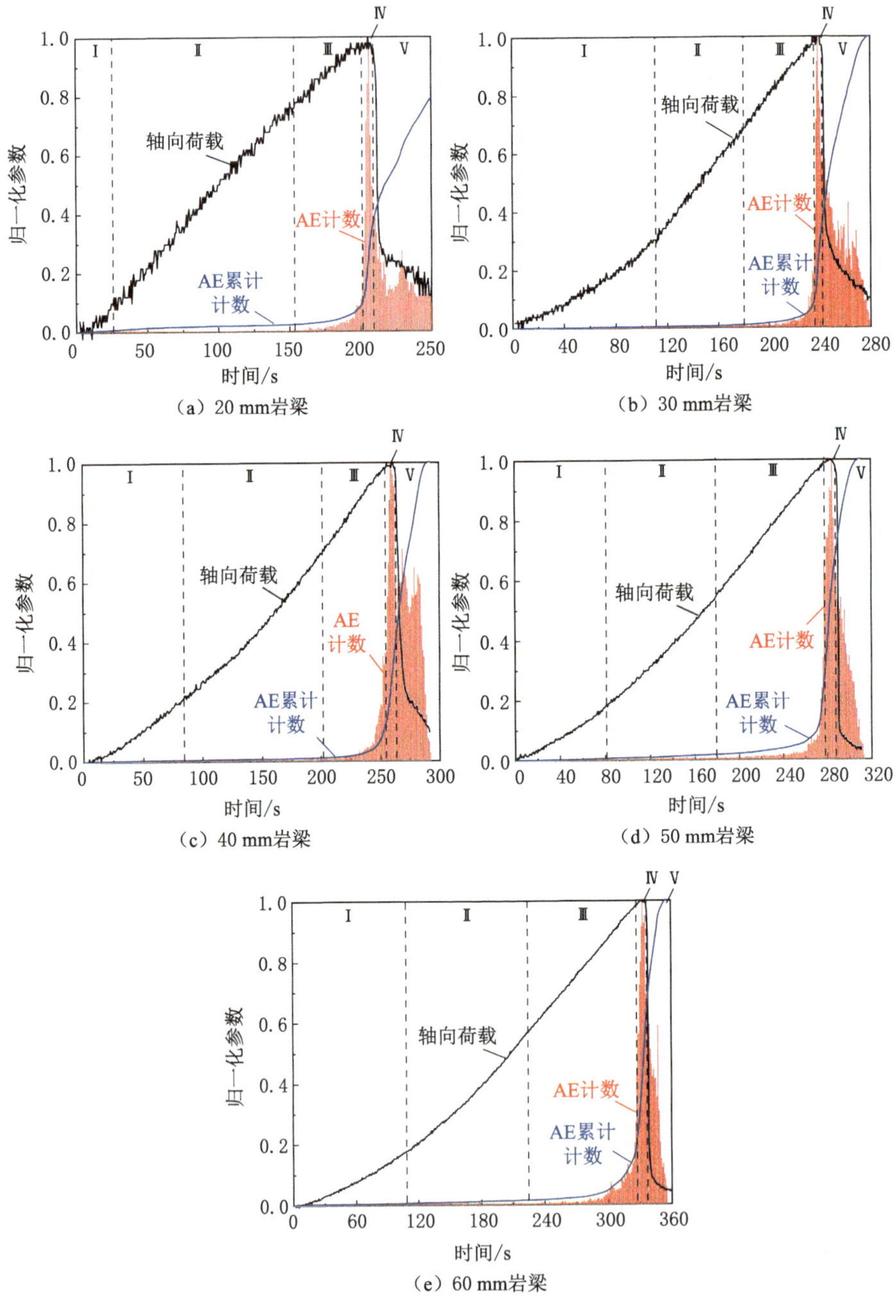

（a）20 mm岩梁

（b）30 mm岩梁

（c）40 mm岩梁

（d）50 mm岩梁

（e）60 mm岩梁

图 2-15　不同厚度三点弯曲岩梁的声发射演化特征

岩梁经过弹性变形阶段和裂纹稳态扩展阶段后，声发射计数持续增多，在此期间岩梁内部的微裂隙开始发育，声发射经历发育阶段和递增阶段。当岩梁内部裂纹发育达到一定程度后，岩梁进入裂纹非稳态扩展阶段，荷载达到峰值，同时声发射计数激增并进入爆发阶段。在此之后，岩梁发生失稳断裂，由于裂纹断面的摩擦，所以该阶段仍会产生部分声发射进入残余阶段，但总体趋势是声发射的产生速率逐渐降低。

2.2.4.2　声发射幅值

图 2-16 为不同厚度黄锈岩岩梁的声发射幅值分布图。厚度会对岩梁的声发射幅值分布产生影响。当岩梁厚度为 20 mm 时，出现声发射事件最多的幅值区间为 50～65 dB。当岩梁厚度为 30 mm 时，出现声发射事件最多的幅值区间变为 55～70 dB。当岩梁厚度为 60 mm 时，出现声发射事件最多的幅值区间已经为 90～100 dB。这表明随着厚度的增加，岩梁破坏的声发射信号具备更高的幅值，岩梁破坏更加剧烈。

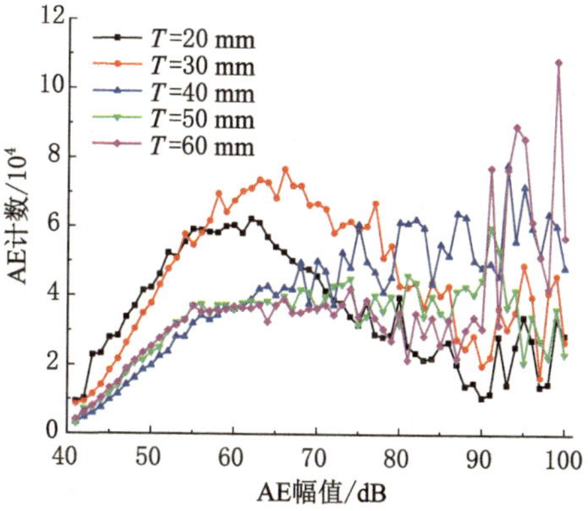

图 2-16　不同厚度三点弯曲岩梁声发射峰值振幅

2.2.4.3　声发射持续时间

图 2-17 给出了不同厚度黄锈岩试样的声发射持续时间分布图。由图 2-17 可知，不同厚度岩梁的声发射持续时间分布规律大致相同，$10^3 \sim 10^4$ μs 之间出现的声发射事件最多。随着岩梁厚度的增大，持续时间小于 100 μs 和大于 100 μs 的区间出现了几乎相反的趋势。大于 100 μs 的区间声发射计数逐渐增多，而在小于 100 μs 的区间内声发射计数逐渐减少，表明随着岩梁厚度的增大，声发射信号整体逐渐向高持续时间分布演化，岩石内部的声发射活动性增强。

2.2.4.4　声发射能量

图 2-18(a)给出了不同厚度黄锈岩试样的声发射能量释放过程。不同厚度

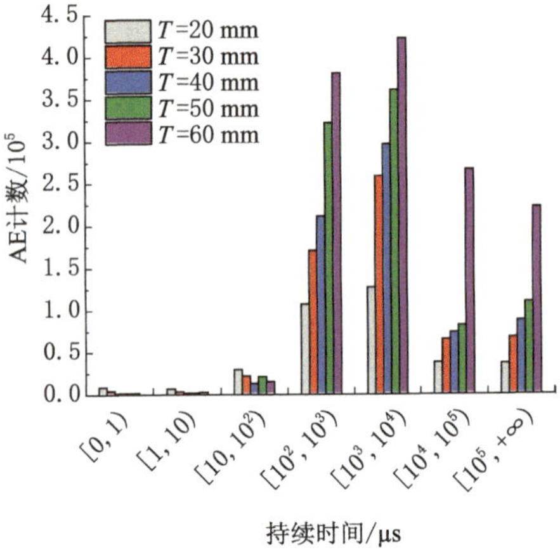

图 2-17 不同厚度三点弯曲岩梁声发射持续时间

岩梁的声发射能量释放过程大致相似，均在加载前期基本不变，试件破坏时激增。随着岩梁厚度增加，释能过程的爆发阶段相对滞后，释放的能量逐渐增长。20 mm 和 60 mm 岩梁试样释放的声发射总能量分别为 4.01×10^{9} ms · mV 和 1.07×10^{10} ms · mV，增幅 166.8%。不同厚度岩梁的声发射能量分布变化具有一定的规律性，如图 2-18(b)所示。20 mm 岩梁声发射事件最多的能量区间为 $10^{3}\sim10^{4}$ ms · mV，随着厚度的逐渐增加，更多的声发射事件逐渐分布于高能量区间，当厚度增大至 60 mm 时，声发射能量 10^{7} ms · mV 以上的区间成为声发射事件分布最多的区间。这说明随着岩梁厚度的逐渐增加，岩梁的声发射事件向高能量区间集中，更多携带高能量的声发射事件出现，岩梁破坏过程中释放的总能量也更多。

2.2.5 岩梁弯曲储能计算

2.2.5.1 理论计算

根据式(2-5)，岩梁断裂前储存的弯曲应变能由地层岩性(σ_b、E)和岩梁尺寸(B、T、S)共同决定。为了方便地表征岩梁参数对自身储能特征的影响，定义岩梁的岩性指标和尺寸指标为：

$$M_b=\frac{\sigma_b^2}{E} \tag{2-6}$$

$$G_b=B\cdot T\cdot S \tag{2-7}$$

则式(2-5)可简化为：

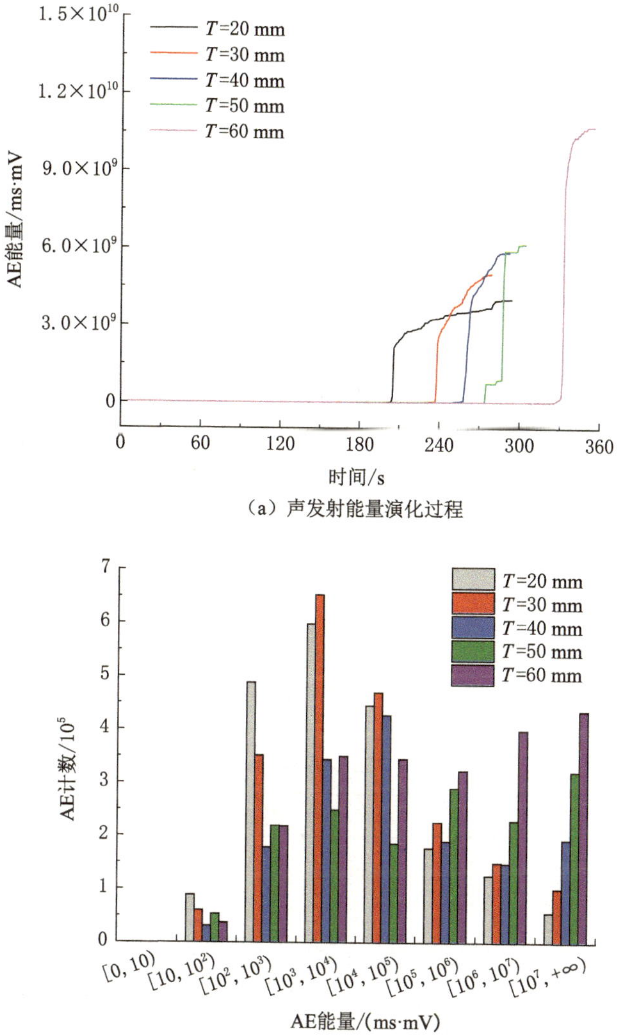

(a) 声发射能量演化过程

(b) 声发射能量分布特征

图 2-18　不同厚度三点弯曲岩梁的声发射能量特征

$$U_{\varepsilon\max}=\frac{M_{b}G_{b}}{18} \tag{2-8}$$

图 2-19 给出了式(2-8)中岩性指标和尺寸指标对应变能计算结果的影响。根据岩性指标和尺寸指标的取值,可以表征岩梁能量储存的特征。由图 2-19 可知,理论上岩梁断裂前储存的弯曲应变能与岩性指标和尺寸指标均呈正相关关系,

随着岩性指标和尺寸指标的增大，岩梁中储存的弯曲应变能会相应地增大。

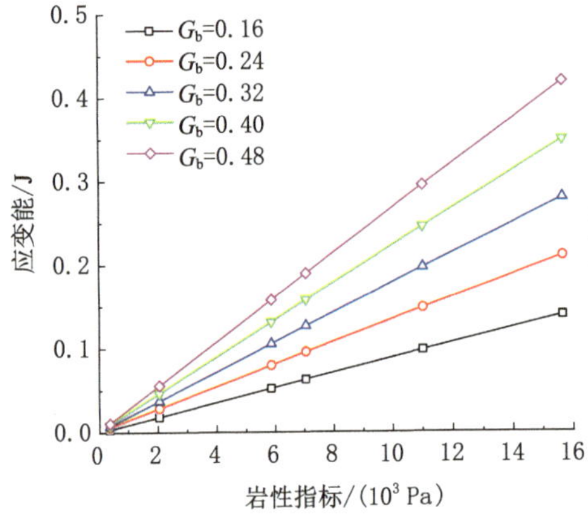

(a) 岩性指标对应变能的影响

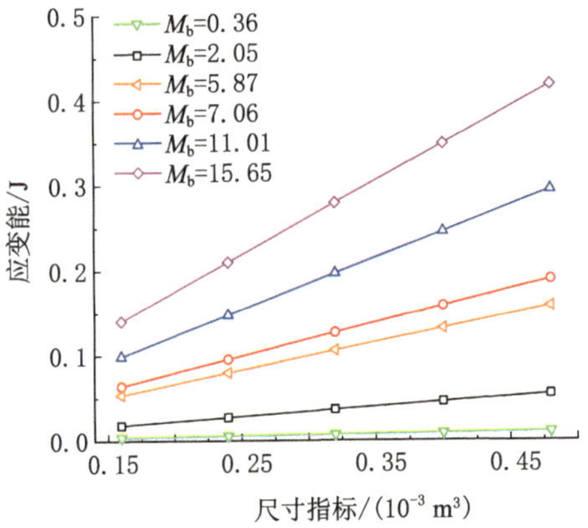

(b) 尺寸指标对应变能的影响

图 2-19　应变能影响因素

2.2.5.2　试验结果

为了计算岩梁断裂前内部储存的弯曲应变能，根据式(2-6)及式(2-7)，将本次试验中的试样参数计算为岩性指标和尺寸指标，计算结果见表 2-4。

表 2-4　三点弯岩梁试样参数

方案	岩性	岩性指标/(10^3 Pa)	厚度/mm	尺寸指标/(10^{-3} m^3)
1	红砂岩	2.05	20、30、40、50、60	0.16、0.24、0.32、0.40、0.48
2	黄锈岩	7.06	20、30、40、50、60	0.16、0.24、0.32、0.40、0.48
3	大理岩	11.01	20、30、40、50、60	0.16、0.24、0.32、0.40、0.48
4	黄砂岩	0.36	20、30、40、50、60	0.16、0.24、0.32、0.40、0.48
5	花岗岩	15.65	20、30、40、50、60	0.16、0.24、0.32、0.40、0.48
6	石灰岩	5.87	20、30、40、50、60	0.16、0.24、0.32、0.40、0.48

图 2-20 给出了不同岩性指标和不同尺寸指标岩梁储存的最大弯曲应变能。其中，弯曲应变能根据式(2-5)计算，公式中的变量从真实的试验结果中取值。岩梁试样储存的弯曲应变能为 0.004～0.469 J，60 mm 花岗岩试样储存的弯曲应变能最大，20 mm 黄砂岩试样储存的弯曲应变能最小。当岩性指标从 0.36 增大至 15.65 时，弯曲应变能增大 34.04～60.94 倍，当尺寸指标从 0.16 增加至 0.48 时，岩梁储存的弯曲应变能增大 2.15～3.51 倍。因此，两种指标对岩梁储能特征

的影响可以简要总结为：随着岩性指标和尺寸指标的增大，岩梁内部储存的总能量均呈上升趋势，由于不同岩性间的岩性指标变化幅度更大，因此岩性对岩梁储能具有更明显的影响。

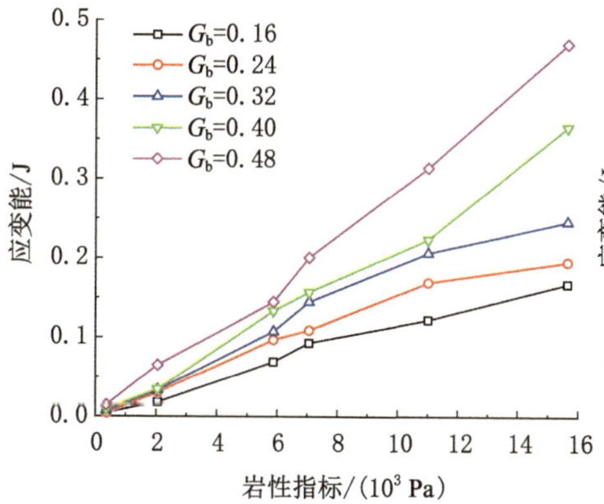

(a) 不同岩性指标

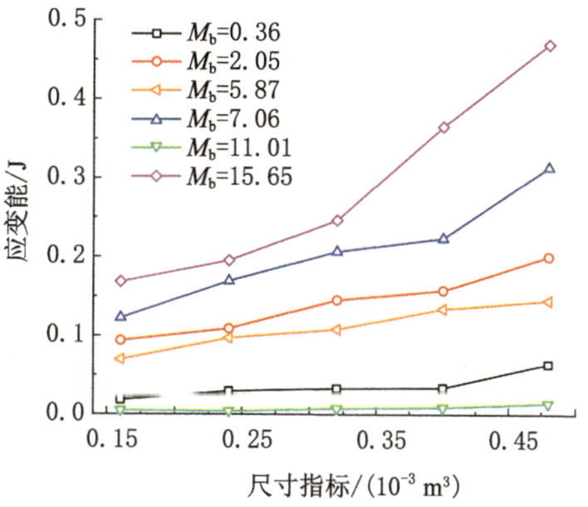

(b) 不同尺寸指标

图 2-20　不同参数岩梁储能曲线

2.3　岩梁断裂释能量级预测方法

2.3.1　岩梁断裂能量释放特征

图 2-21(a)、(b)分别给出了不同岩性指标和尺寸指标的岩梁断裂过程中释放的声发射能量。不同的岩梁释放出的声发射总能量范围为 $4.31\times10^8\sim7.50\times10^{10}$ ms·mV。随着岩性指标和尺寸指标的增大，岩梁断裂释放的声发射能量逐渐增大，这种关系在半对数坐标系中近似为线性。因此，岩梁的岩性指标和尺寸指标的取值将对岩梁断裂时释放的能量产生明显的影响。

为了表征岩梁破坏时能量释放的剧烈程度，定义试件破坏过程中的声发射能量集中系数为：

$$k=\frac{V_{rp}}{V_r} \tag{2-9}$$

式中　V_{rp}——试样单位时间内释放声发射能量的峰值；

V_r——试样释放的声发射总能量。

根据式(2-9)，计算不同岩性及尺寸指标岩梁的能量集中系数，计算结果如图 2-22 所示。随着厚度的增大，不同岩性试样的能量集中系数均表现出了不同

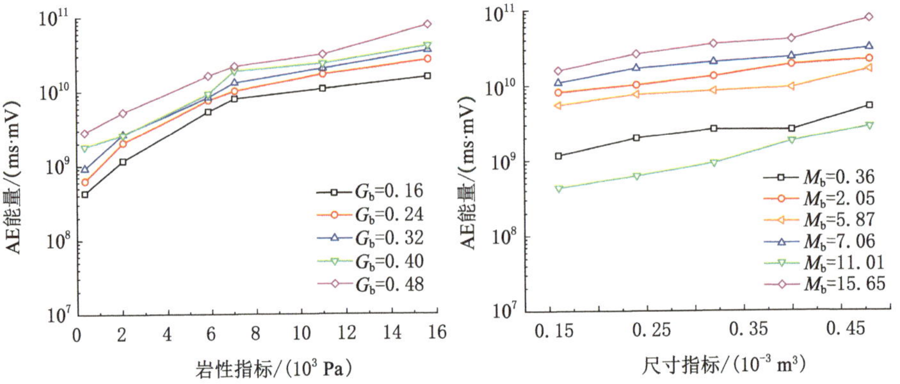

(a) 不同岩性指标　　(b) 不同尺寸指标

图 2-21　三点弯曲岩梁断裂释放声发射能量

程度的增大。当尺寸指标由 0.16 增大至 0.48 时，岩梁的能量集中系数增大 15.9%～68.9%。不同岩性岩梁的能量集中系数有较大差异，分布范围为 17.12%～89.27%。6 种岩性能量集中系数的平均值分别为 32.73%（黄砂岩）、36.09%（红砂岩）、49.11%（石灰岩）、56.82%（黄锈岩）、70.30%（大理岩）、75.44%（花岗岩），与岩石的岩性指标大致呈正相关关系。因此，可以认为，岩性指标和尺寸指标的增大会导致岩梁断裂时释放更多的能量。

2.3.2　岩梁释能量级的参数表征

为了表征岩梁释放能量的能力，提出岩梁的能量释放系数为：

$$w = \frac{U_r}{U_\varepsilon} \tag{2-10}$$

式中　U_r——试件释能总量；

U_ε——试件断裂前储存的最大弯曲应变能。

由于三点弯曲试验中，储存的弯曲应变能可通过试验机监测的数据计算得到，断裂释放的能量可通过声发射监测得到，因此为了方便表征，提出岩梁的相对能量释放系数为：

$$\eta = \frac{w}{w'} \tag{2-11}$$

式中　w——试件的能量释放系数；

w'——厚度为 60 mm 的花岗岩试件的能量释放系数，在该公式中作为参照量。

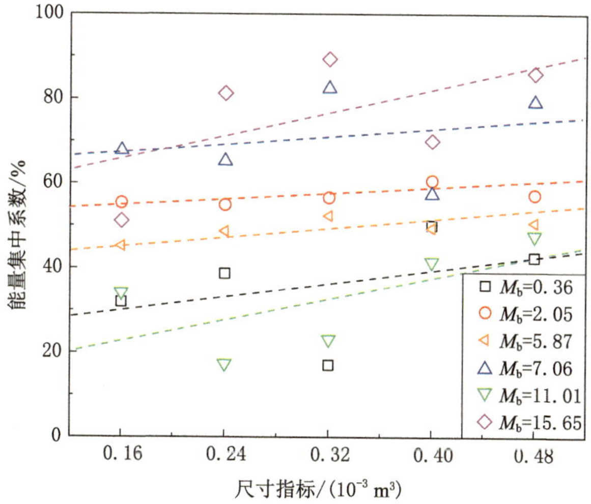

图 2-22　不同条件岩梁的能量集中系数

图 2-23 给出了不同条件岩梁的相对能量释放系数。不同岩性指标的岩梁相对能量释放系数差异性较大，最小值为 0.612，最大值为 1.078。随着岩性指标的增大，相对能量释放系数近似为线性增大，说明岩梁的能量释放能力与岩性指标之间存在联系。岩梁的尺寸指标与相对能量释放系数之间没有明显的影响关系，随着尺寸指标的增大，相对能量释放系数在平均值上下波动，表明岩梁的尺寸对能量释放的能力几乎不产生影响。

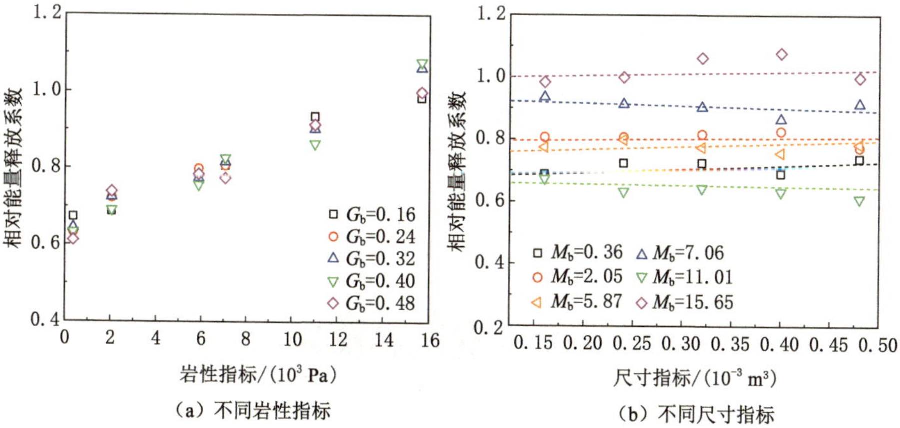

图 2-23　不同条件岩梁的相对能量释放系数

2.3.3 能量释放系数的确定

2.3.2 小节的分析结果表明，岩梁的岩性指标与其释放能量的能力之间呈正相关关系。为了研究岩性指标对其释能能力的影响，本小节通过数值模拟的方法进行定量研究。首先，建立 PFC 2D 三点弯曲梁的数值模型，如图 2-24 所示。模型尺寸为 200 mm×40 mm，下部加载点之间的跨距为 150 mm。模型共生成 15 117 个颗粒，接触模型为平行黏结模型。其次，选取红砂岩作为数值模拟中的基础材料，根据三点弯曲试验的结果，标定数值模拟中的材料参数，如图 2-25 所示，标定后的模拟参数见表 2-5。然后，根据标定的材料参数，设置数值模拟的对照组，使材料的抗拉强度和弹性模量达到模拟方案中的数值，见表 2-6。最后，将模型加载至完全断裂，提取模型破坏后的能量曲线进行分析。

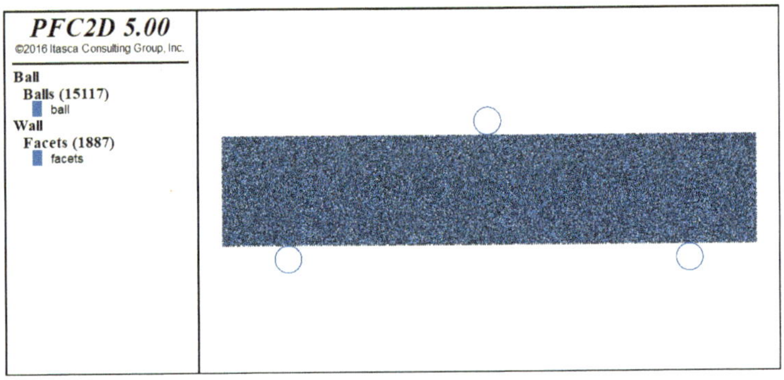

图 2-24 PFC 2D 数值模型

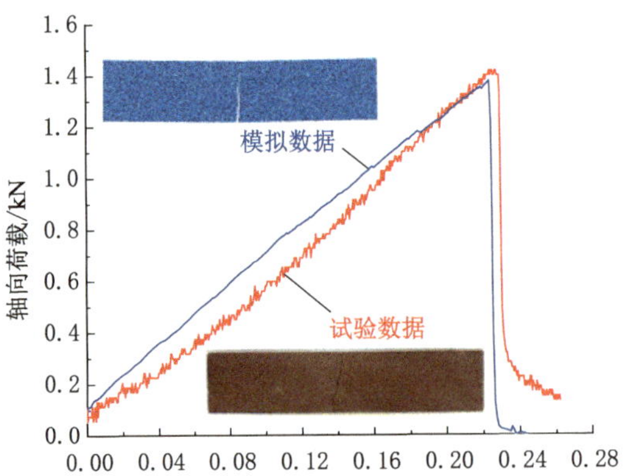

图 2-25 参数标定曲线

表 2-5　数值模拟参数取值

参数	取值
pb m_e mod	2.4×10^{9}
pb m_krat	2.0
pb m_fric	0.8
pb m_be mod	2.4×10^{9}
pb m_bkrat	2.0
pb m_ten	19.4×10^{6}
pb m_coh	35×10^{6}
pb m_fa	37

表 2-6　数值模拟变量

方案	抗拉强度/MPa	弹性模量/GPa	岩性指标/(10^3 Pa)	尺寸指标/(10^{-3} m^3)
Ⅰ	10.5	5.68	19.41	0.16
				0.24
				0.32
				0.40
				0.48
Ⅱ	8.7	3.79	19.97	0.32
		5.68	13.33	
		7.57	10.00	
		9.27	8.17	
		11.43	6.62	
		14.99	5.05	
Ⅲ	1.4	5.68	0.35	0.32
	3.4		2.04	
	6.1		6.55	
	8.7		13.33	
	10.5		19.41	
	13.3		31.14	

图 2-26 给出了岩梁尺寸指标对能量释放系数的影响，能量释放系数根据式(2-10)计算。根据模拟结果，不同岩性的岩梁断裂后，能量释放系数均处于

65%～70%之间。随着岩梁尺寸指标的增大,能量释放系数没有出现单调递增或递减的趋势,而是在这一区间内上下波动。考虑到出现波动的范围较小,因此可以认为在岩性不变的条件下,岩梁尺度的变化几乎不影响岩梁的能量释放系数。

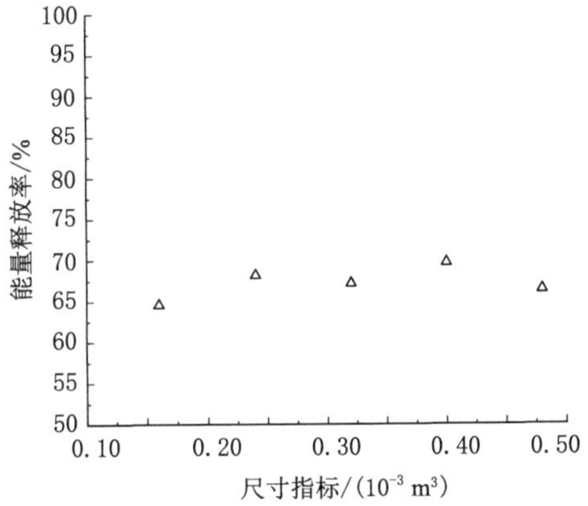

图 2-26 尺寸指标对能量释放系数的影响

图 2-27 给出了岩性指标对能量释放系数的影响。数值模拟中,方案Ⅱ和方案Ⅲ分别通过改变弹性模量和抗拉强度的方法达到了调整岩梁岩性指标的效果。两种方案中岩性指标对能量释放系数的影响也是近似的,能量释放系数均与岩性指标表现为二次函数关系。随着岩性指标的增大,岩梁的能量将释放系数逐渐增大,这说明岩性指标较大的岩梁,能量释放能力更强,断裂时释放的能量更彻底。将图 2-28 所示的数据拟合后,得到的函数关系为:

$$w=\frac{1}{100}(0.037M_b^2-0.141M_b+56.603) \tag{2-12}$$

从结果来看,两种方式对能量释放系数的影响是一致的,无论通过哪种岩石力学参数的改变来实现改变岩性指标的目的,达到的效果基本相同,这也验证了利用岩性指标表征岩梁的材料属性是合理的。由于常见岩石材料的弹性模量通常小于 15 GPa、抗拉强度小于 25 MPa,因此能量释放系数的取值范围可以大致确定为 0.5～0.7。

2.3.4 岩梁断裂释能计算对比分析

根据前文的分析结果,岩梁储存的最大弯曲应变能与岩梁的岩性指标和尺寸指标有关,能量释放系数仅与岩梁的尺寸有关。因此,根据式(2-10),岩梁破

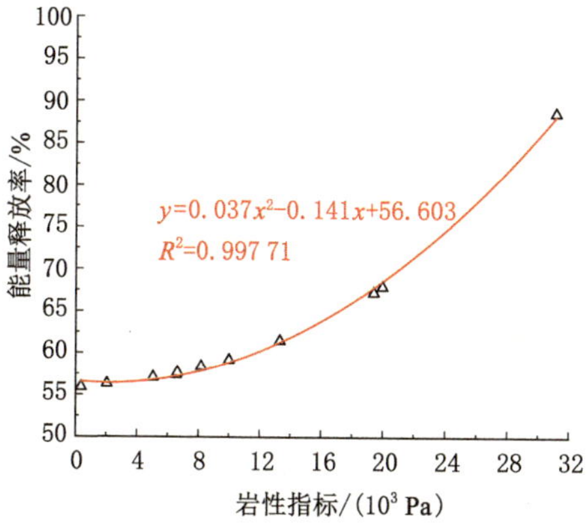

图 2-27　岩性指标对能量释放系数的影响

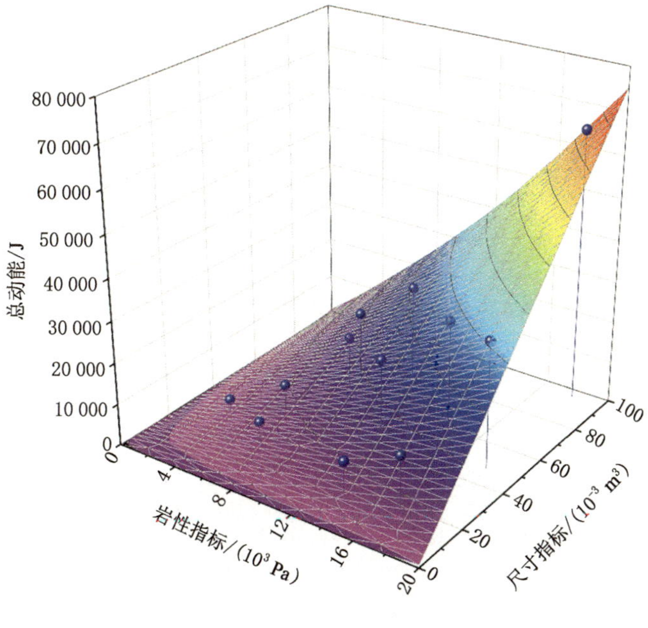

图 2-28　计算结果对比

断释放的能量可以计算为：

$$U_r = w \cdot U_e \tag{2-13}$$

根据式(2-12)、式(2-13)，可以得到岩梁断裂释能预测方法的表达式为：

$$U_r = \frac{1}{0.18} \cdot M_b G_b (0.037 M_b^2 - 0.141 M_b + 56.603) \tag{2-14}$$

为了验证式(2-14)的准确性及适用性，建立 12 组工程尺度的岩梁破断 PFC 2D 数值模型。模拟方案及具体参数见表 2-7。

表 2-7　数值模拟方案

方案编号	l/m	b/m	h/m	σ_b/MPa	E/GPa	M_b/(10^3 Pa)	G_b/(10^3 m^3)
1	80	20	10	60	0.75	4.80	16
2	80	20	20	40	0.6	2.67	32
3	80	20	30	100	0.9	11.11	48
4	80	20	40	75	0.85	6.62	64
5	100	20	10	30	0.6	1.50	20
6	100	20	20	62	0.7	5.49	40
7	100	20	30	53	0.4	7.02	60
8	100	20	40	82	0.55	12.23	80
9	120	20	10	70	0.8	6.13	24
10	120	20	20	90	0.45	18.00	48
11	120	20	30	64	0.65	6.30	72
12	120	20	40	95	0.5	18.05	96

根据表 2-8 和图 2-28 所示的数值模拟结果，12 组工程尺度的岩梁断裂时释放的能量为2 904.82～65 206.46 J，最大误差为 9.91%，最小误差为 0.46%，平均误差为 5.17%，理论计算与数值模拟结果基本吻合。

表 2-8　数值模拟结果

方案编号	理论计算结果/J	数值模拟结果/J	误差/%	方案编号	理论计算结果/J	数值模拟结果/J	误差/%
1	7 138.67	7 845.81	9.91%	7	28 989.51	26 527.45	−8.49%
2	2 678.05	2 904.82	8.47%	8	23 235.29	22 726.38	−2.19%
3	17 660.51	17 742.12	0.46%	9	4 665.41	4 743.22	1.67%
4	13 480.06	12 396.71	−8.04%	10	31 705.44	30 601.85	−3.48%
5	11 525.23	11 960.42	3.78%	11	14 413.82	15 570.94	8.03%
6	6 949.03	7 300.45	5.06%	12	63 644.44	65 206.46	2.45%

2.4　本章小结

本章针对不同岩性和厚度岩梁开展了三点弯曲试验，获得了岩性和厚度对岩梁力学特性的影响，利用声发射监测中的多个参量描述了不同类型岩梁断裂的过程和特征，重新定义了表征岩梁属性的两种指标，获取了岩性指标和尺寸指标对岩梁储能和释能特征的影响，并通过数值模拟定量分析了岩性指标对能量释放系数的影响，进而提出岩梁断裂释能量级预测方法，并通过数值模拟验证了释能预测方法的合理性。主要结论如下：

① 厚度对三点弯曲岩梁力学和能量释放特性的影响主要体现在数值方面，峰值荷载和临界挠度与岩梁厚度呈正相关关系，抗拉强度和临界拉伸应变与岩梁厚度呈负相关关系，随着厚度的增大，岩梁断裂前储存的总能量增加，断裂后释放的能量随之增加。

② 岩性对三点弯曲岩梁力学和声发射特性的影响可以归结为：岩性的改变决定了岩梁的荷载-位移曲线的形态，岩性指标小的试样声发射发育阶段长，声发射以低振幅信号为主，声发射信号持续时间较短，断裂前储存的弯曲应变能较少，断裂时释放的能量较少。

③ 提出了表征岩梁断裂时的能量释放能力的能量释放系数，确定其取值范围为 0.5～0.7，与岩性指标呈正相关关系；基于能量释放系数建立了岩梁断裂释能量级预测方法，在工程尺度下的最大误差为 9.91％，最小误差为 0.46％，平均误差为 5.17％，预测效果较好。

第3章 层状组合顶板结构破坏及能量演化机理

煤层开采会引起采场顶板结构破坏,并伴随着周围煤岩体应力重新分布,极易诱发采场顶板断裂型冲击地压。顶板结构弯曲断裂是个复杂的过程,其复杂性在于岩层赋存状态的非均匀性、难于准确测试的客观特征。当煤层上方存在多层不同条件的顶板时,其在上覆岩层荷载的作用下产生弯曲变形,进而发生断裂。在整个过程中,顶板组合结构的弯曲变形储能及断裂释能特性,是冲击地压防治的关键。因此,本章针对不同岩性组合方式和厚度组合方式的层状组合顶板结构,建立了组合顶板弯曲储能模型、剪切储能模型,从理论角度揭示组合顶板弯曲储能和层间剪切储能机理,设计并开展了组合顶板三点弯曲试验,通过数字散斑和声发射监测技术研究了组合顶板失稳和能量释放特性,获取了厚层坚硬岩层在组合顶板中的关键作用,为顶板断裂型冲击地压防治提供理论依据。

3.1 组合顶板弯曲储能模型

3.1.1 中性轴位置的确定

3.1.1.1 组合顶板受力分析

采场中有些较为坚硬的厚岩层称为关键层[226]。关键层由单层或相邻的多层坚硬岩层共同构成,随着煤层的开采在采场中逐渐形成承载结构,对上覆岩层起到关键的控制作用。当关键层由两层岩层共同构成时,这种承载结构在关键层发生断裂前可简化为仅承受上覆岩层荷载的组合梁,如图 3-1 所示。

将上覆岩层提供的荷载假设为集中荷载,则该段组合梁为横力弯曲梁。根据平面假设,矩形截面梁在弯曲变形时横截面上的正应力为:

$$\sigma=\frac{My}{I_z} \tag{3-1}$$

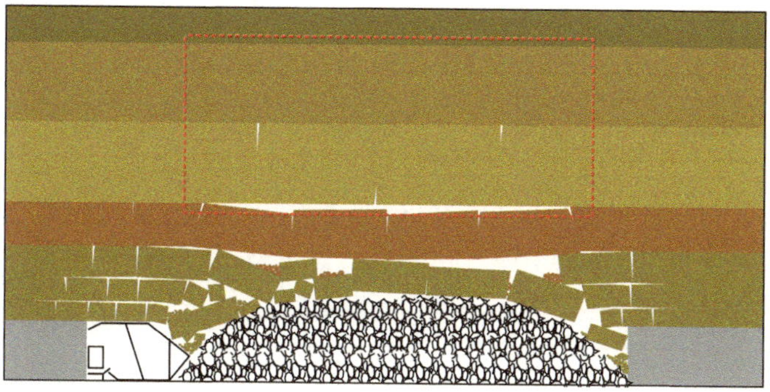

图 3-1　组合顶板结构示意图

顶板中的岩层由于地质成岩时期不同，通常存在深度上岩性的变化。各岩层间的分界面间胶结而成，因此，在相邻两岩层发生相对滑动之前，可将相邻的两层顶板作为一根双层组合梁结构。假设上、下两层梁由不同岩性组成，弹性模量分别为 E_1、E_2，厚度分别为 h_1、h_2，则梁中的剪力和弯矩表达式分别为式(3-2)～式(3-3)，如图 3-2 所示。

$$F_S(x)=\begin{cases}p/2 & (0\leqslant x<S/2)\\ -p/2 & (S/2\leqslant x<S)\end{cases} \tag{3-2}$$

$$M(x)=\begin{cases}px/2 & (0\leqslant x<S/2)\\ (pS/2)-(px/2) & (S/2\leqslant x\leqslant S)\end{cases} \tag{3-3}$$

根据平面假设可知，组合梁横截面上各点处的纵向线应变沿截面高度呈线性变化，任一点 y 处的纵向线应变为：

$$\varepsilon=\frac{y}{\rho} \tag{3-4}$$

式中　ρ——中性轴的曲率半径。

3.1.1.2　中性轴位置判别

当两种材料均处于线弹性范围内时，根据胡克定律可得横截面中上层梁与下层梁的弯曲正应力分别为：

$$\begin{cases}\sigma_1=E_1\varepsilon=\dfrac{E_1 y}{\rho}\\ \sigma_2=E_2\varepsilon=\dfrac{E_2 y}{\rho}\end{cases} \tag{3-5}$$

静力学关系满足梁横截面上的合力等于零，因此可得：

$$\int_{A_1}\sigma_1\mathrm{d}A+\int_{A_2}\sigma_2\mathrm{d}A=0 \tag{3-6}$$

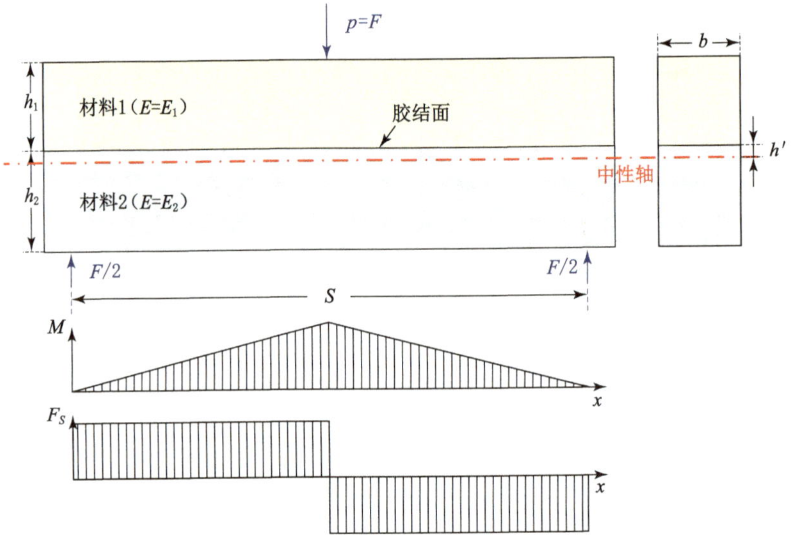

图 3-2　组合梁受力分析示意图

以组合梁的中性轴为 y 轴建立坐标系,假设岩梁分界处到中性轴的距离为 h',为了求得 h',此时需要考虑中性轴位于岩层分界面、下层岩梁中、上层岩梁中三种情况,如图 3-3 所示。

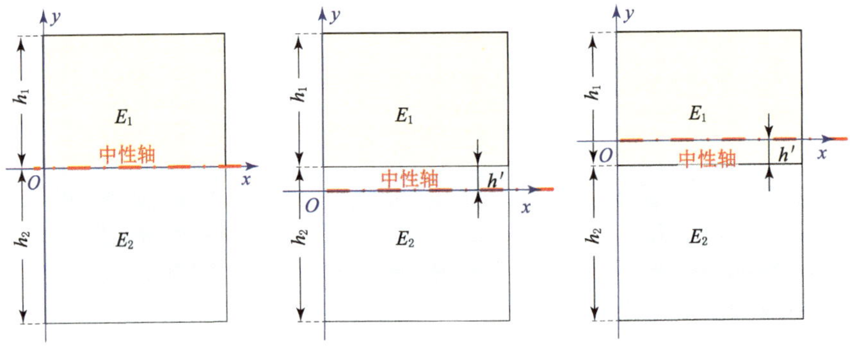

图 3-3　组合梁中性轴位置的三种条件

(1) 中性轴位于岩层分界面

式(3-6)可改写为:

$$\int_0^{h_1} E_1 \frac{y}{\rho} b \mathrm{d}y - \int_0^{-h_2} E_2 \frac{y}{\rho} b \mathrm{d}y = 0 \tag{3-7}$$

该条件下求解式(3-7)可得：

$$E_1h_1^2=E_2h_2^2 \tag{3-8}$$

因此，式(3-8)即为中性轴位于岩层分界面须满足的条件。当式(3-8)成立时，组合梁的中性轴与岩层分界面重合。

(2) 中性轴位于下层岩梁中

式(3-6)可改写为：

$$\int_{h'}^{h'+h_1}E_1\frac{y}{\rho}b\mathrm{d}y+\int_0^{h'}E_2\frac{y}{\rho}b\mathrm{d}y-\int_0^{-(h_2-h')}E_2\frac{y}{\rho}b\mathrm{d}y=0 \tag{3-9}$$

该条件下求解式(3-9)可得：

$$h'=\frac{E_2h_2^2-E_1h_1^2}{2(E_1h_1+E_2h_2)} \tag{3-10}$$

由于 $h'>0$，因此组合梁中性轴位于下层岩梁中需要满足的条件为：

$$E_1h_1^2<E_2h_2^2 \tag{3-11}$$

(3) 中性轴位于上层岩梁中

式(3-6)可改写为：

$$\int_0^{h_1-h'}E_1\frac{y}{\rho}b\mathrm{d}y-\int_0^{-h'}E_1\frac{y}{\rho}b\mathrm{d}y-\int_{-h'}^{-(h_2+h')}E_2\frac{y}{\rho}b\mathrm{d}y=0 \tag{3-12}$$

该条件下求解式(3-12)可得：

$$h'=\frac{E_1h_1^2-E_2h_2^2}{2(E_1h_1+E_2h_2)} \tag{3-13}$$

由于 $h'>0$，因此组合梁中性轴位于上层岩梁中需要满足的关系式为：

$$E_1h_1^2>E_2h_2^2 \tag{3-14}$$

3.1.2　层状组合顶板中的应力分布

3.1.2.1　应力分布表达式

根据 3.1.1 小节的方法确定了组合梁的中性轴后，可得组合梁的弯矩静力方程为：

$$\int_{A_1}y_1\sigma_1\mathrm{d}A+\int_{A_2}y_2\sigma_2\mathrm{d}A=M(x) \tag{3-15}$$

将式(3-5)代入式(3-15)，分别求解三种条件下的弯矩静力方程的表达式。

① 中性轴位于岩层分界面时，弯矩静力方程为：

$$\int_0^{h_1}E_1\frac{y^2}{\rho}b\mathrm{d}y+\int_0^{-h_2}E_2\frac{y^2}{\rho}b\mathrm{d}y=M(x) \tag{3-16}$$

求解式(3-16)可得：

$$\frac{1}{\rho}=\frac{3M(x)}{E_1bh_1^3+E_2bh_2^3} \tag{3-17}$$

将式(3-17)代入式(3-5)，可得中性轴位于岩层分界面时梁中的正应力分布为：

$$\begin{cases}\sigma_1=\dfrac{-3M(x)E_1y}{E_1bh_1^3+E_2bh_2^3} & (0<y\leqslant h_1)\\[2ex] \sigma_2=\dfrac{-3M(x)E_2y}{E_1bh_1^3+E_2bh_2^3} & (-h_2\leqslant y<0)\end{cases} \tag{3-18}$$

② 中性轴位于下层岩梁中时，弯矩静力方程为：

$$\int_{h'}^{h'+h_1}E_1\frac{y^2}{\rho}b\mathrm{d}y+\int_0^{h'}E_2\frac{y^2}{\rho}b\mathrm{d}y+\int_{-(h_2-h')}^{0}E_2\frac{y^2}{\rho}b\mathrm{d}y=M(x) \tag{3-19}$$

求解式(3-19)可得：

$$\frac{1}{\rho}=\frac{3M(x)}{E_1b(h_1^3+3h_1h'^2+3h_1^2h')+E_2b(h_2^3+3h_2h'^2-3h_2^2h')} \tag{3-20}$$

将式(3-20)代入式(3-5)，可得当中性轴位于下层岩梁中时梁中的正应力分布为：

$$\begin{cases}\sigma_1=\dfrac{-3M(x)E_1y}{E_1b(h_1^3+3h_1h'^2+3h_1^2h')+E_2b(h_2^3+3h_2h'^2-3h_2^2h')}\\ \qquad (h'<y\leqslant h'+h_1)\\[2ex] \sigma_2=\dfrac{-3M(x)E_2y}{E_1b(h_1^3+3h_1h'^2+3h_1^2h')+E_2b(h_2^3+3h_2h'^2-3h_2^2h')}\\ \qquad (h'-h_2\leqslant y<h')\end{cases} \tag{3-21}$$

③ 中性轴位于上层岩梁中时，弯矩静力方程为：

$$\int_0^{h_1-h'}E_1\frac{y^2}{\rho}b\mathrm{d}y+\int_{-h'}^{0}E_1\frac{y^2}{\rho}b\mathrm{d}y+\int_{-(h_2+h')}^{-h'}E_2\frac{y^2}{\rho}b\mathrm{d}y=M(x) \tag{3-22}$$

求解式(3-22)可得：

$$\frac{1}{\rho}=\frac{3M(x)}{E_1b(h_1^3+3h_1h'^2-3h_1^2h')+E_2b(h_2^3+3h_2h'^2+3h_2^2h')} \tag{3-23}$$

将式(3-23)代入式(3-5)，可得中性轴位于上层岩梁中时梁中的正应力分布为：

$$\begin{cases}\sigma_1=\dfrac{-3M(x)E_1y}{E_1b(h_1^3+3h_1h'^2-3h_1^2h')+E_2b(h_2^3+3h_2h'^2+3h_2^2h')}\\ \qquad (-h'<y\leqslant h_1-h')\\[2ex] \sigma_2=\dfrac{-3M(x)E_2y}{E_1b(h_1^3+3h_1h'^2-3h_1^2h')+E_2b(h_2^3+3h_2h'^2+3h_2^2h')}\\ \qquad (-h'-h_2\leqslant y<-h')\end{cases} \tag{3-24}$$

式(3-18)、式(3-21)、式(3-24)即为三种条件下组合梁中应力分布的表达式。

3.1.2.2　极限荷载

根据第一强度理论，当梁中某一点的应力满足式(3-25)时，该位置发生破坏，即：

$$\sigma \geqslant [\sigma_b] \tag{3-25}$$

当组合梁中性轴为岩层分界面时，显然 $y=-h_2$ 为梁中拉应力最大的点，如图 3-4(a)中点 C，该处拉应力为：

$$\sigma_{y=-h_2}=\frac{3pSE_2h_2}{4(E_1bh_1^3+E_2bh_2^3)} \tag{3-26}$$

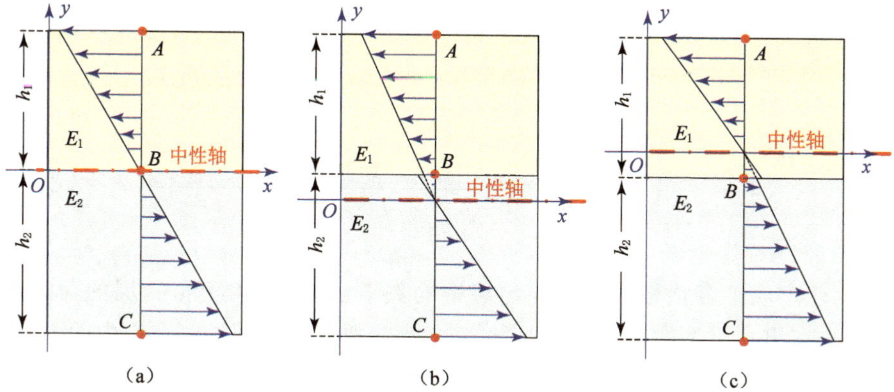

图 3-4　组合梁中应力分布

同理，当中性轴位于下层岩梁中时，图 3-4(b)中点 $C(y=h'-h_2)$处的拉应力为：

$$\sigma_{y=h'-h_2}=\frac{3pSE_2(h'-h_2)}{4[E_1b(h_1^3+3h_1h'^2+3h_1^2h')+E_2b(h_2^3+3h_2h'^2-3h_2^2h')]} \tag{3-27}$$

当中性轴位于上层岩梁中时，$y=-x$ 和 $y=-x-h_2$ 分别为上、下两层岩梁中的最大拉应力位置，即图 3-4(c)中点 B 和点 C 为组合梁的潜在破坏点。该条件下，该两点处拉应力分别为：

$$\begin{cases}\sigma_{y=-h'}=\dfrac{3pSE_2h'}{4[E_1b(h_1^3+3h_1h'^2-3h_1^2h')+E_2b(h_2^3+3h_2h'^2+3h_2^2h')]}\\[2ex]\sigma_{y=-h'-h_2}=\dfrac{3pSE_2(h'-h_2)}{4[E_1b(h_1^3+3h_1h'^2-3h_1^2h')+E_2b(h_2^3+3h_2h'^2+3h_2^2h')]}\end{cases} \tag{3-28}$$

式(3-26)～式(3-28)即为三种条件下组合梁弹性状态下潜在破坏点的拉应力。将式(3-25)分别代入式(3-26)～式(3-28),得到三种条件下组合梁弹性极限状态下的荷载为:

① 中性层位于岩层分界面时:

$$p_{\max}=\frac{4E_1bh_1^3+E_2bh_2^3}{E_2h_2}\cdot[\sigma_{b2}] \tag{3-29}$$

② 中性层位于下层岩梁中时:

$$p_{\max}=\frac{4E_1b(h_1^3+3h_1h'^2+3h_1^2h')+E_2b(h_2^3+3h_2h'^2-3h_2^2h')}{3E_2(h'-h_2)S}\cdot[\sigma_{b2}] \tag{3-30}$$

③ 中性层位于上层岩梁中时:

$$p_{\max}=\min\left\{\begin{aligned}&\frac{4E_1b(h_1^3+3h_1h'^2-3h_1^2h')+E_2b(h_2^3+3h_2h'^2+3h_2^2h')}{3E_2h'S}\cdot[\sigma_{b1}],\\&\frac{4E_1b(h_1^3+3h_1h'^2-3h_1^2h')+E_2b(h_2^3+3h_2h'^2+3h_2^2h')}{3E_2(h'+h_2)S}\cdot[\sigma_{b2}]\end{aligned}\right\} \tag{3-31}$$

由于层状组合顶板结构作为地层中的关键层,承载着上覆岩层的荷载,因此,施加在组合梁上的荷载存在上限,其大小应等于关键层控制范围内的上覆岩层的自重应力,即式(3-32)。

$$p_{\lim}=\sum_{i=1}^{n}\gamma_iH_i \tag{3-32}$$

式中 n——关键层上方控制的岩层数;

γ_i——第 i 层岩层的重度;

H_i——第 i 层岩层的厚度。

因此,式(3-32)和式(3-29)～式(3-31)的关系可作为组合顶板结构的断裂判据。当 $p_{\lim}<p_{\max}$时,上覆岩层的荷载不足以使组合顶板结构达到弹性极限状态,不会发生断裂。当组合顶板发生断裂时,表明上覆岩层施加的荷载使组合顶板达到了弹性极限状态,因此 $p_{\lim}\geqslant p_{\max}$是组合顶板结构发生断裂的充分非必要条件。

3.1.3 组合顶板弯曲储能计算

组合梁在弯曲荷载的作用下积聚弹性应变能,储存的弹性应变能可表示为:

$$U_{\varepsilon b}=\iiint_{V_1}\frac{\sigma_1^2}{2E_1}\mathrm{d}V+\iiint_{V_2}\frac{\sigma_2^2}{2E_2}\mathrm{d}V \tag{3-33}$$

根据 3.1.2 小节推导的梁中应力表达式，可得到三种条件下弯曲组合梁储能总量为：

① 当中性轴位于岩层分界面时：

$$U_{\varepsilon b}=\frac{bS}{2E_1}\int_0^{h_1}\int_0^S\left[\frac{3M(x)E_1y}{E_1bh_1^3+E_2bh_2^3}\right]^2\mathrm{d}x\,\mathrm{d}y+\frac{bS}{2E_2}\int_0^{h_2}\int_0^S\left[\frac{3M(x)E_2y}{E_1bh_1^3+E_2bh_2^3}\right]^2\mathrm{d}x\,\mathrm{d}y \tag{3-34}$$

② 当中性轴位于下层岩梁中时：

$$\begin{aligned}U_{\varepsilon b}=&\frac{bS}{2E_1}\int_0^{h_1}\int_0^S\left[\frac{3M(x)E_1y}{E_1b(h_1^3+3h_1h'^2-3h_1^2h')+E_2b(h_2^3+3h_2h'^2+3h_2^2h')}\right]^2\mathrm{d}x\mathrm{d}y+\\&\frac{bS}{2E_2}\int_0^{h_2}\int_0^S\left[\frac{3M(x)E_2y}{E_1b(h_1^3+3h_1h'^2-3h_1^2h')+E_2b(h_2^3+3h_2h'^2+3h_2^2h')}\right]^2\mathrm{d}x\mathrm{d}y\end{aligned} \tag{3-35}$$

③ 当中性轴位于上层岩梁中时：

$$\begin{aligned}U_{\varepsilon b}=&\frac{bS}{2E_1}\int_0^{h_1}\int_0^S\left[\frac{3M(x)E_1y}{E_1b(h_1^3+3h_1h'^2-3h_1^2h')+E_2b(h_2^3+3h_2h'^2-3h_2^2h')}\right]^2\mathrm{d}x\mathrm{d}y+\\&\frac{bS}{2E_2}\int_0^{h_2}\int_0^S\left[\frac{3M(x)E_2y}{E_1b(h_1^3+3h_1h'^2-3h_1^2h')+E_2b(h_2^3+3h_2h'^2-3h_2^2h')}\right]^2\mathrm{d}x\mathrm{d}y\end{aligned} \tag{3-36}$$

为了简化模型的表达形式，设上、下两层岩梁的厚度比为 γ、弹性模量比为 η，即：

$$\gamma=\frac{h_2}{h_1} \tag{3-37}$$

$$\eta=\frac{E_2}{E_1} \tag{3-38}$$

将式(3-3)、式(3-37)、式(3-38)代入式(3-34)～式(3-36)，得到简化后的组合梁储能模型。

① 当中性层位于岩层分界面时：

$$U_{\varepsilon b}=\frac{3S^3(1+\lambda)^3(1+\eta)p^2}{64b(1+\lambda^3\eta)E_1h_1^3} \tag{3-39}$$

② 当中性轴位于下层岩梁中时：

$$U_{\varepsilon b}=\frac{3S^3(1+\eta)p^2}{64bE_1h_1^3\left[1+\lambda^3\eta-\frac{3(1-\lambda^2\eta)^2}{4(1+\lambda\eta)}\right]^2} \tag{3-40}$$

③ 当中性轴位于上层岩梁中时：

$$U_{\varepsilon b}=\frac{3S^3(1+\eta)p^2}{64bE_1h_1^3\left[1+\lambda^3\eta+\frac{9(1-\lambda^2\eta)^2}{4(1+\lambda\eta)}\right]^2} \tag{3-41}$$

式(3-39)～式(3-41)即为组合梁在三种不同条件下的弯曲储能模型。其意义在于处于弹性储能状态下的组合梁，储存的弹性应变能可根据梁的自身属性及应力状态确定。由于式(3-40)和式(3-41)的分母恒大于0，因此当各变量取值相同时，式(3-40)恒大于式(3-41)，即解释了在组合梁分层岩性、厚度相同的条件下，施加相同大小的荷载，中性轴位于下层岩梁中时会储存更多的能量。

3.1.4 模型准确性对比分析

为了验证模型的准确性，建立组合梁 FLAC 3D 数值模型，对比相同条件下理论模型与数值模拟的计算结果。共建立 5 组数值模型，模型结构如图 3-5 所示，本构模型选择弹性模型，模拟参数见表 3-1。

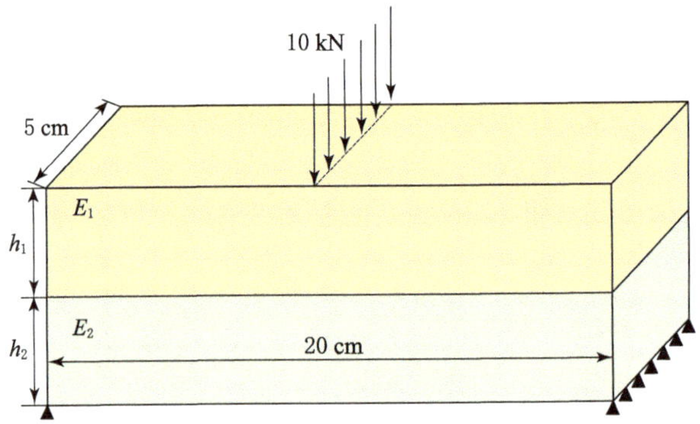

图 3-5　数值模型示意图

表 3-1　数值模型参数取值

方案	h_1/cm	h_2/cm	E_1/GPa	E_2/GPa
一	2.5	2.5	1.0	1.0
二	2.5	2.5	2.0	1.0
三	2.5	2.5	1.0	2.0
四	3.0	2.0	2.0	1.0
五	2.0	3.0	2.0	1.0

图 3-6～图 3-7 分别为理论模型和数值模拟的水平应力、应变能密度分布云图。

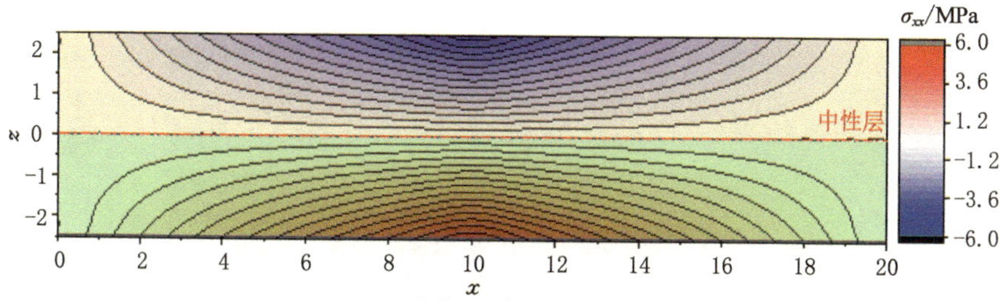

（a）方案一计算结果

（b）方案一数值模拟结果

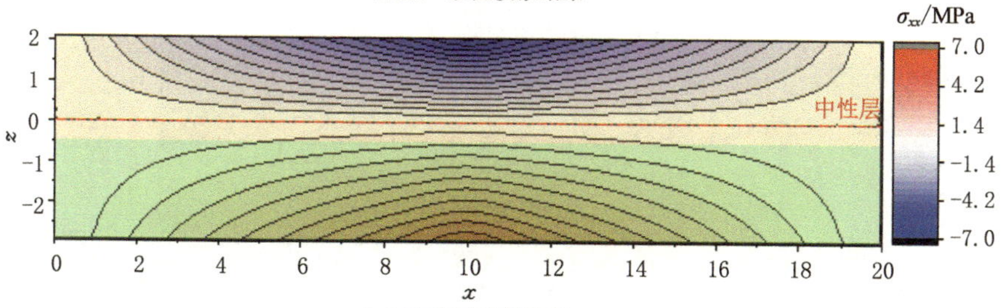

（c）方案二计算结果

（d）方案二数值模拟结果

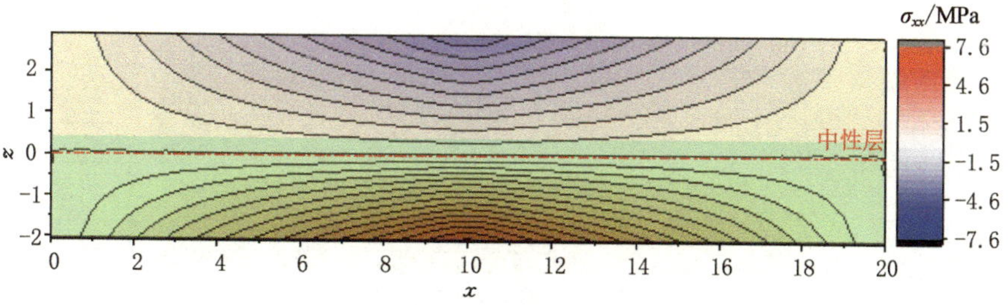

（e）方案三计算结果

图 3-6　组合梁应力分布云图

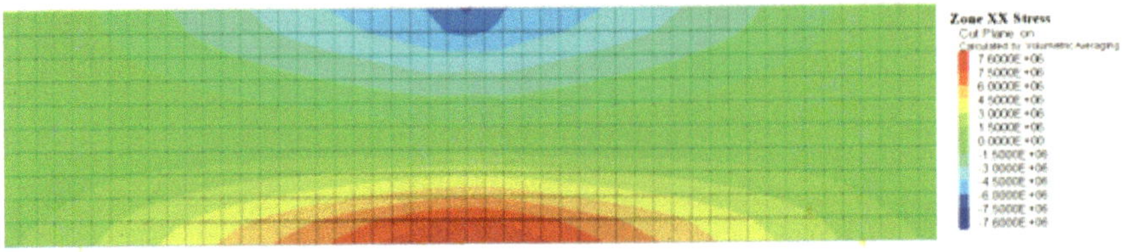

（f）方案三数值模拟结果

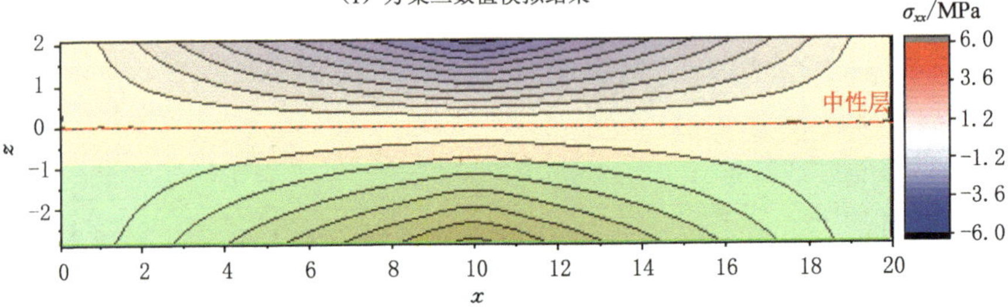

（g）方案四计算结果

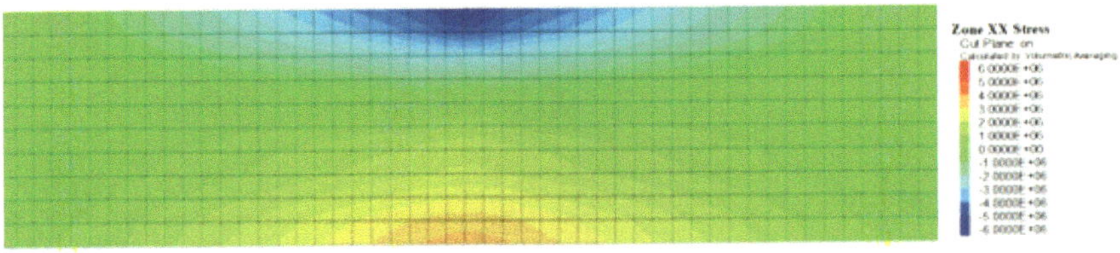

（h）方案四数值模拟结果

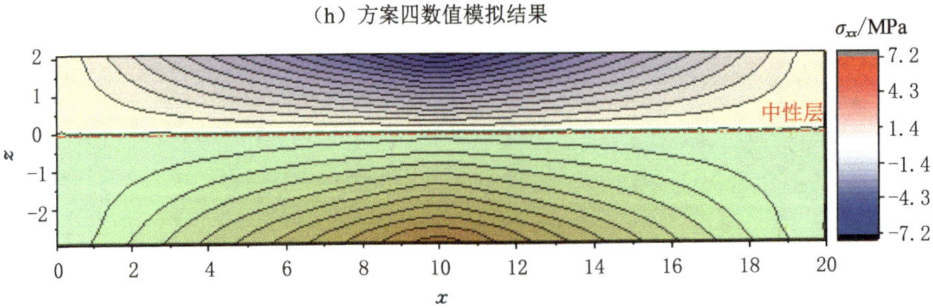

（i）方案五计算结果

（j）方案五数值模拟结果

图 3-6 （续）

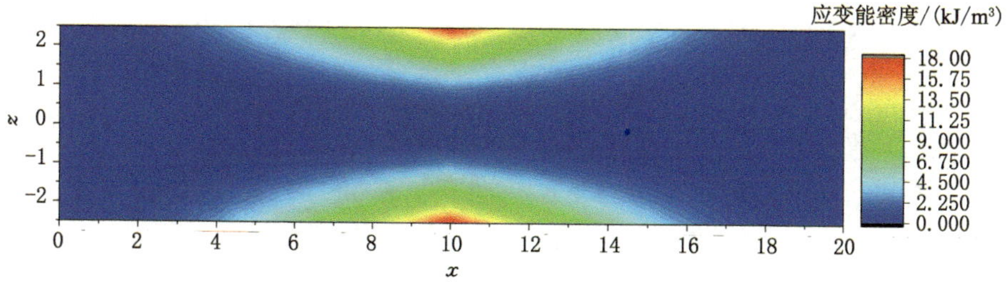

(a) 方案一计算结果

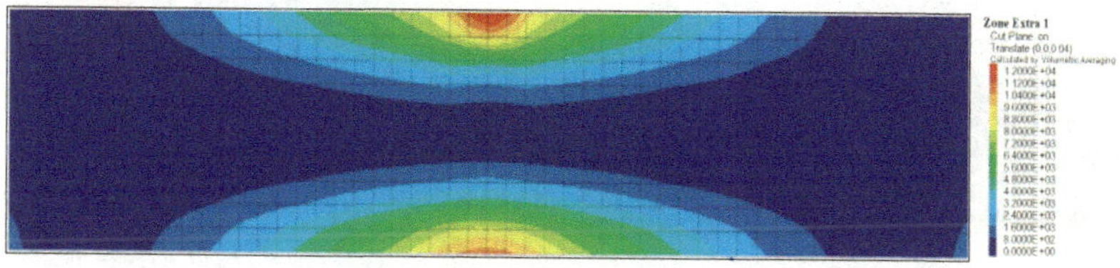

(b) 方案一数值模拟结果

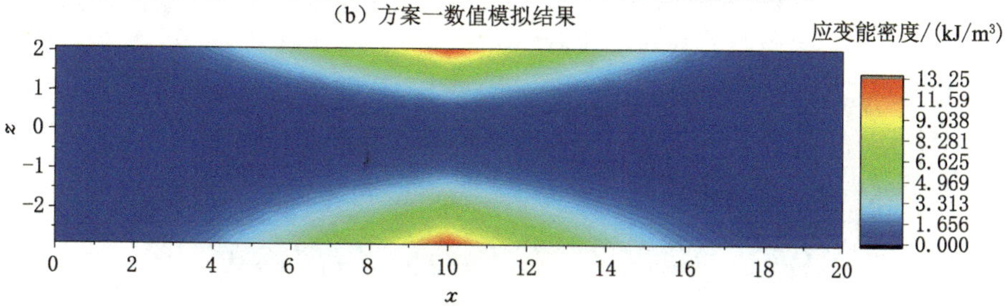

(c) 方案二计算结果

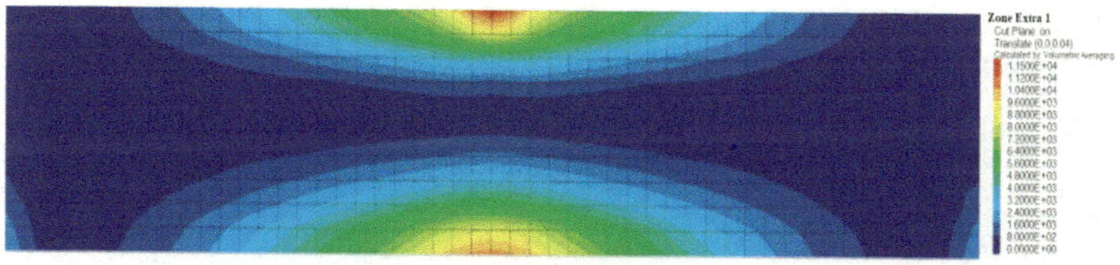

(d) 方案二数值模拟结果

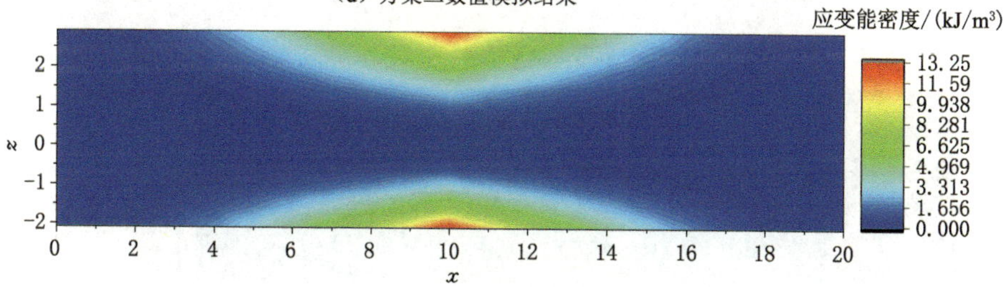

(e) 方案三计算结果

图 3-7 组合梁应变能密度分布云图

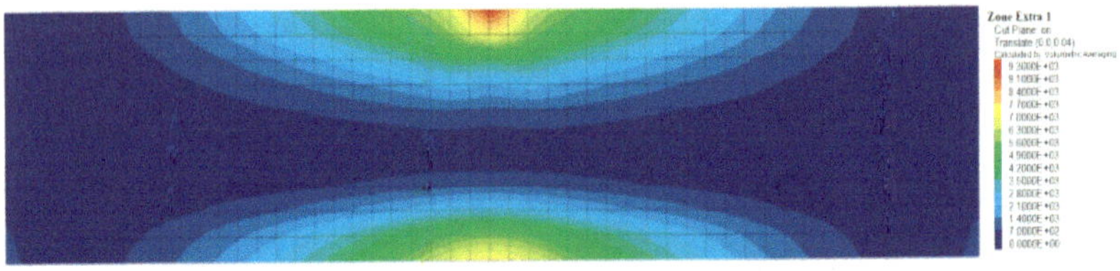

（f）方案三数值模拟结果

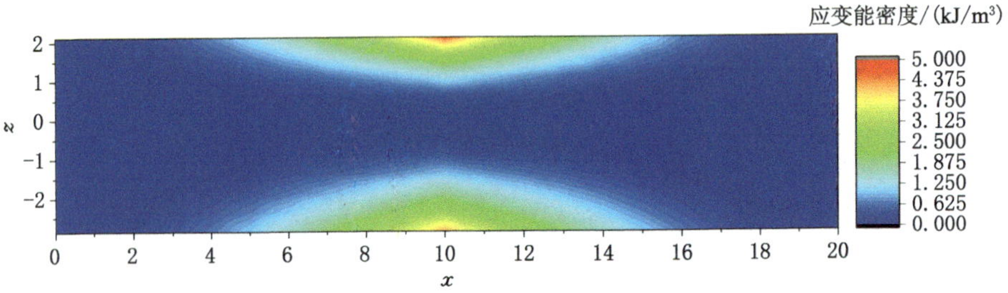

（g）方案四计算结果

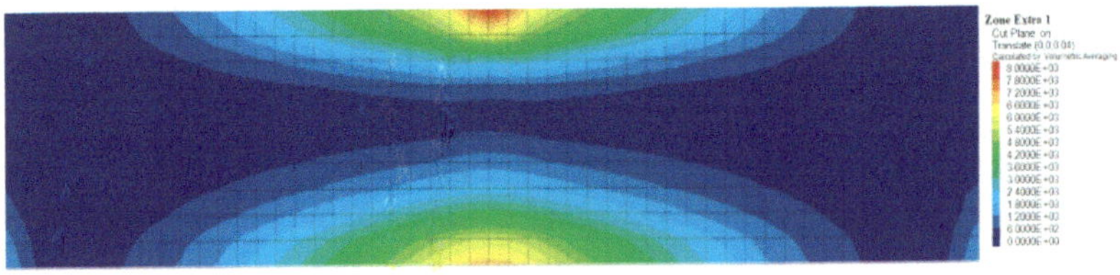

（h）方案四数值模拟结果

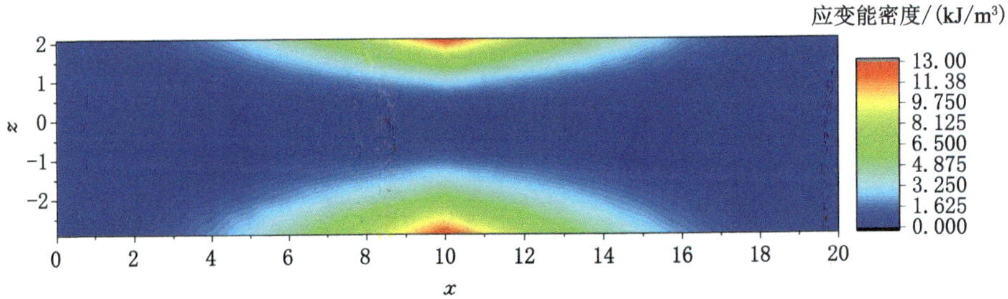

（i）方案五计算结果

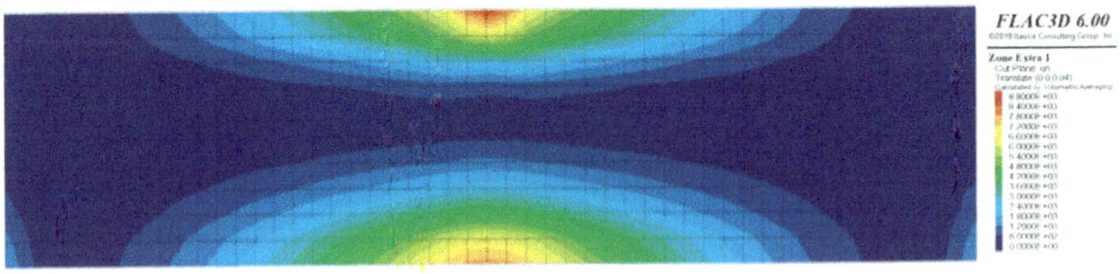

（j）方案五数值模拟结果

图 3-7 （续）

相同条件下，理论模型与数值模拟结果中的应力和应变能密度分布规律基本一致，应力峰值大小近似，说明理论模型的应力计算公式准确度较高。当上、下两层岩梁的弹性模量相同时，组合梁可看作一根完整的厚梁，中性轴位于几何形心处，因此组合梁中的拉、压应力区分布完全对称，应变能密度也关于岩层分界处对称，如图 3-6(a)、(b)和图 3-7(a)、(b)所示。当上、下两层梁的厚度相等时，若上层梁弹性模量大于下层梁，则组合梁中性轴位于上层岩梁中，梁中的拉应力区大于压应力区，下层梁应变能密度大于上层，如图 3-6(c)、(d)和图 3-7(c)、(d)所示。若上层梁弹性模量小于下层梁，则组合梁中性轴位于下层岩梁中，梁中的压应力区范围大于拉应力区，上层梁应变能密度大于下层，如图 3-6(e)、(f)和图 3-7(e)、(f)所示。当上、下两层梁的厚度、弹性模量均不相等时，中性轴的位置需要根据 3.1.1 小节中的方法确定，图 3-6(g)、(j)和图 3-7(g)、(j)给出了其中的两种情况。

3.2　组合顶板层间剪切储能模型

3.2.1　剪切滑移判据

为了分析组合梁分界面上的力学特性，根据等效截面法，将组合梁截面等效变换为由同种材料构成的宽度不同的梁，该截面即为相当截面，如图 3-8 所示。

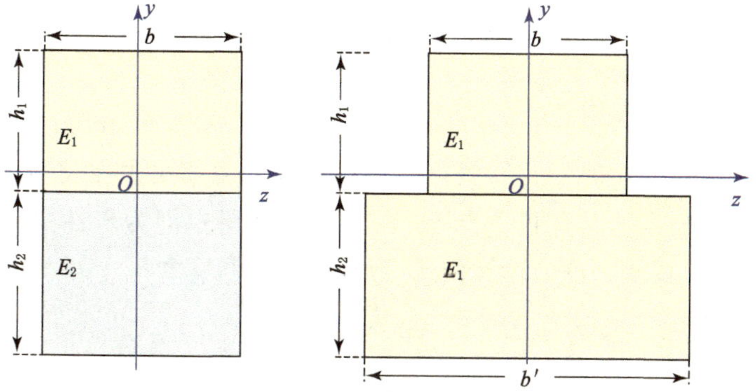

图 3-8　组合梁的等效截面

则该等效截面的惯性矩为：

$$I'_z = I_{z1} + \eta I_{z2} \tag{3-42}$$

因此，等效后的静力平衡方程为：

$$\int_{A_1} y_1 \mathrm{d}A + \int_{A_2} n y_2 \mathrm{d}A = 0 \tag{3-43}$$

根据式(3-43),上、下两层梁截面上的弯曲切应力分别为:

$$\begin{cases} \tau_1 = \dfrac{F_S S_z^*}{bI'_z} \\ \tau_2 = \dfrac{\eta F_S S_z^*}{bI'_z} \end{cases} \tag{3-44}$$

根据切应力互等定理,组合梁分界面上的切应力为:

$$\tau' = \tau_1 - \tau_2 = (1-\eta)\frac{F_S S_z^*}{bI'_z} \tag{3-45}$$

式中 F_S——横截面上的剪力,$F_S = F/2$;

S_z^*——截面上距中性轴为 h' 的横向以外部分面积对中性轴的静矩,$S_z^* = b(h_1^2 - h'^2)/2$。

试验中,τ' 的上限取决于黏结面的界面抗剪强度。在地层中,τ' 指相邻岩层互层区域的抗剪强度。设该部分胶结区的抗剪强度为$[\tau]$,则根据第三强度理论,组合梁黏结面发生剪切滑移的判据为:

$$\tau' \geqslant [\tau] \tag{3-46}$$

将式(3-45)代入式(3-46),可得组合梁黏结面剪切滑移判据为:

$$p \geqslant \frac{4(I_{z1} + \eta I_{z1}) \cdot [\tau]}{(1-\eta)(h_i^2 - h'^2)} \tag{3-47}$$

当满足式(3-47)时,组合梁发生沿岩层间胶结面的剪切滑移。

3.2.2 层间储能计算

组合梁受到层间剪应力后,储存的剪切应变能主要集中在胶结面上。试验中,储能区为组合梁岩层间的黏结层,在真实的地层中即为岩性变化的互层区域。根据剪切应变能密度的计算公式,剪切应变能密度为:

$$\mathrm{d}U_{\varepsilon\tau} = \frac{\tau \mathrm{d}x \mathrm{d}z \cdot \gamma \mathrm{d}y}{2} = \frac{\tau^2}{2G} \cdot \mathrm{d}x\mathrm{d}y\mathrm{d}z \tag{3-48}$$

因此,组合梁黏结面上的剪切应变能为:

$$U_{\varepsilon\tau} = \iiint_{V_\tau} \frac{\tau^2}{2G} \mathrm{d}V_\varepsilon = \int_0^{h_b}\int_0^b\int_0^S \frac{\tau^2}{2G}\mathrm{d}x\mathrm{d}y\mathrm{d}z \tag{3-49}$$

式中 h_b——黏结区的厚度;

G——黏结体的抗剪强度。

假设黏结面上的剪应力是均匀分布的,则上式可简化为:

$$U_{\varepsilon\tau}=\frac{\tau^{2}}{2G}\cdot h_{\mathrm{b}}bS=\frac{h_{\mathrm{b}}bS}{2G}\cdot\left[\frac{(1-\eta)\ (h_{i}^{2}-h'^{2})}{4(I_{z1}+\eta I_{z1})}p\right]^{2} \tag{3-50}$$

式(3-50)即为组合梁层间剪切储能模型的表达式。当组合梁层间未发生剪切滑移时,储存的剪切应变能可根据式(3-50)计算。当组合梁发生层间剪切滑移时,组合梁储存的最大剪切应变能为:

$$U_{\varepsilon\tau}=\frac{[\tau]^{2}}{2G}\cdot h_{\mathrm{b}}bS \tag{3-51}$$

3.2.3　影响因素分析

为了分析各因素对剪切储能的影响,建立组合梁 FLAC 3D 数值模型。共建立 60 组数值模型,模拟参数见表 3-2,模型示意图如图 3-9 所示。

表 3-2　数值模拟参数取值

编号	p/kN	h_{b}/cm	编号	p/kN	h_{b}/cm	编号	p/kN	h_{b}/cm
1	0.5	0.10	21	0.5	0.30	41	2.0	0.05
2	1.0	0.10	22	1.0	0.30	42	2.0	0.10
3	1.5	0.10	23	1.5	0.30	43	2.0	0.15
4	2.0	0.10	24	2.0	0.30	44	2.0	0.20
5	2.5	0.10	25	2.5	0.30	45	2.0	0.25
6	3.0	0.10	26	3.0	0.30	46	2.0	0.30
7	3.5	0.10	27	3.5	0.30	47	2.0	0.35
8	4.0	0.10	28	4.0	0.30	48	2.0	0.40
9	4.5	0.10	29	4.5	0.30	49	2.0	0.45
10	5.0	0.10	30	5.0	0.30	50	2.0	0.50
11	0.5	0.20	31	1.0	0.05	51	3.0	0.05
12	1.0	0.20	32	1.0	0.10	52	3.0	0.10
13	1.5	0.20	33	1.0	0.15	53	3.0	0.15
14	2.0	0.20	34	1.0	0.20	54	3.0	0.20
15	2.5	0.20	35	1.0	0.25	55	3.0	0.25
16	3.0	0.20	36	1.0	0.30	56	3.0	0.30
17	3.5	0.20	37	1.0	0.35	57	3.0	0.35
18	4.0	0.20	38	1.0	0.40	58	3.0	0.40
19	4.5	0.20	39	1.0	0.45	59	3.0	0.45
20	5.0	0.20	40	1.0	0.50	60	3.0	0.50

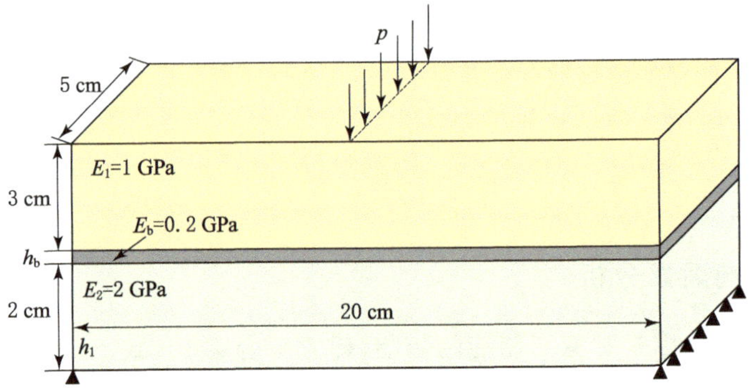

图 3-9　数值模型示意图

图 3-10 和表 3-3 给出了数值模拟中剪切应变能的计算结果。当其他条件不变时，随着胶结层厚度的增大，剪切应变能呈线性增大的趋势，说明组合梁中的胶结层越厚，能储存更多的剪切应变能。随着外力的增大，剪切应变能呈二次多项式增大，说明组合梁施加的外力更大，其储存的剪切应变能会相应地增大。

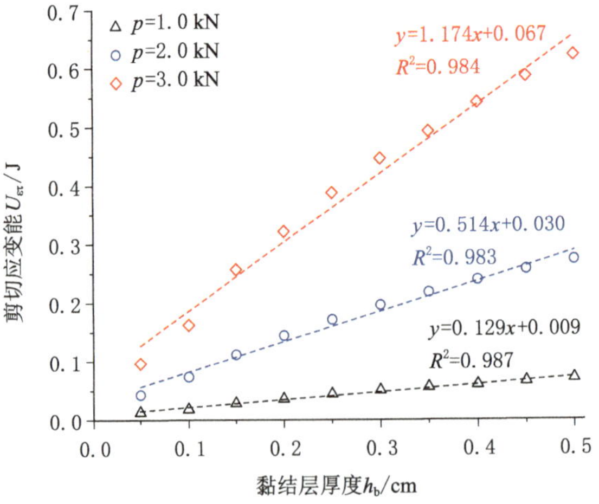

(a) 黏结层厚度的影响

图 3-10　数值模拟结果

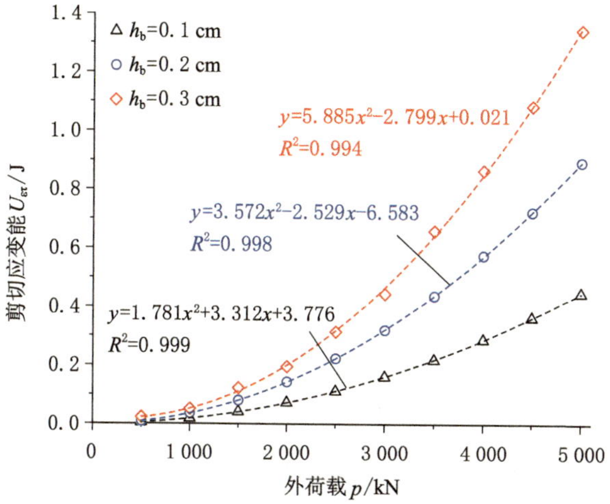

（b）外荷载的影响

图 3-10 （续）

表 3-3　剪切应变能计算结果

编号	剪切应变能/J	编号	剪切应变能/J	编号	剪切应变能/J	编号	剪切应变能/J
1	0.004 64	16	0.320 71	31	0.013 33	46	0.194 91
2	0.018 44	17	0.436 89	32	0.018 44	47	0.216 73
3	0.041 62	18	0.575 22	33	0.028 59	48	0.238 07
4	0.072 78	19	0.722 99	34	0.035 93	49	0.256 00
5	0.112 30	20	0.892 71	35	0.043 98	50	0.271 99
6	0.161 18	21	0.021 54	36	0.050 55	51	0.095 51
7	0.218 86	22	0.050 55	37	0.055 71	52	0.161 18
8	0.287 28	23	0.122 46	38	0.060 03	53	0.255 54
9	0.362 65	24	0.195 03	39	0.065 57	54	0.320 96
10	0.447 18	25	0.314 03	40	0.070 57	55	0.386 51
11	0.008 10	26	0.445 01	41	0.041 83	56	0.445 01
12	0.035 91	27	0.659 48	42	0.072 78	57	0.491 36
13	0.080 12	28	0.864 94	43	0.111 07	58	0.540 14
14	0.143 14	29	1.085 98	44	0.143 16	59	0.584 62
15	0.223 31	30	1.344 82	45	0.170 74	60	0.620 91

3.3 组合梁变形破坏试验

3.3.1 试验方案及试验系统

组合梁试样主要由石灰岩和细砂岩两种岩石组成。其中,石灰岩试样取自济宁二号煤矿 $93_{上}15$ 工作面顶板,细砂岩试样取自济宁二号煤矿 $103_{下}03$ 工作面顶板。其基本力学参数见表 3-4。试验前,将石灰岩和细砂岩试样分别切割为长 200 mm、宽 40 mm 的试样,试样高度分别为 20 mm、30 mm、40 mm 三种规格。将切割后的试样通过石膏进行黏结,制成不同组合方式的组合梁试样,试样编号及参数见表 3-5。

表 3-4 组合梁基本力学参数

岩性	密度 ρ /(g/cm^3)	抗压强度 σ_c /MPa	抗拉强度 σ_t /MPa	弹性模量 E /GPa	横波速度 c_S /(m/s)	纵波速度 c_P /(m/s)
细砂岩	2.65	78.23	7.64	7.51	2 615.22	4 102.69
石灰岩	2.39	62.45	5.62	5.38	2 203.17	3 223.75

表 3-5 组合梁试验试样编号及参数

试样编号	上层岩性	上层厚度 h_1/mm	下层岩性	下层厚度 h_2/mm
40S-20H	细砂岩	40	石灰岩	20
40H-20S	石灰岩	40	细砂岩	20
30S-30H	细砂岩	30	石灰岩	30
30H-30S	石灰岩	30	细砂岩	30
20S-40H	细砂岩	20	石灰岩	40
20H-40S	石灰岩	20	细砂岩	40

组合梁三点弯曲试验系统主要包括加载系统、声发射测试系统和数字散斑测试系统,如图 3-11 所示。

(1) 加载系统

加载系统采用山东科技大学的 RLJW-2000 型伺服控制岩石压力试验机,试验采用位移加载方式,加载速率设置为 0.05 mm/min,采样频率 10 Hz,跨距设置为 150 mm。

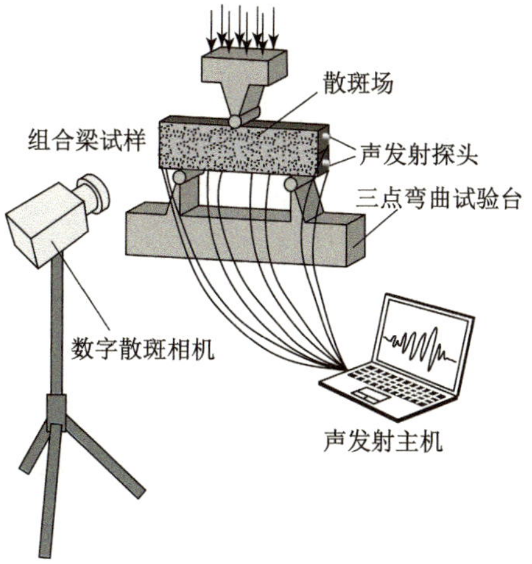

图 3-11　组合梁三点弯曲试验示意图

(2) 声发射测试系统

声发射测试设备为 Vallen 公司生产的 AMSY-6 声发射系统，试验前在试样表面布置 8 个 WS45-H 声发射探头，采集试样破坏过程中的声发射信号，并进行声发射定位。声发射探头位置如图 3-12 所示。

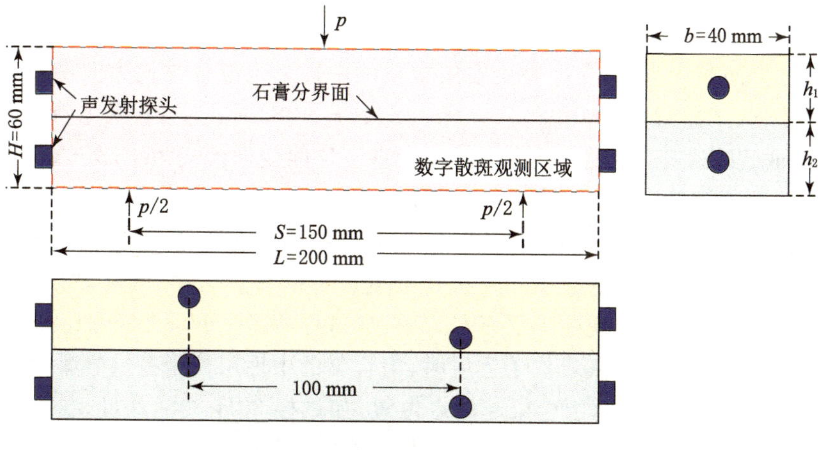

图 3-12　传感器布置示意图

(3) 数字散斑测试系统

数字散斑(DSCM)是一种利用散斑点移动距离和方向获取试样表面变形场

的测试方法。测试系统由 CCD 相机、光源和计算机组成。CCD 相机的有效像素为2 048×1 536,配置 50 mm 定焦镜头,采样频率为 5 Hz。试验前,对试样主视面进行散斑人工处理,将其作为数字散斑测试区域,即首先在试样表面喷涂白色薄底漆,再随机喷洒黑色散斑点。制作完成的试样如图 3-13 所示。

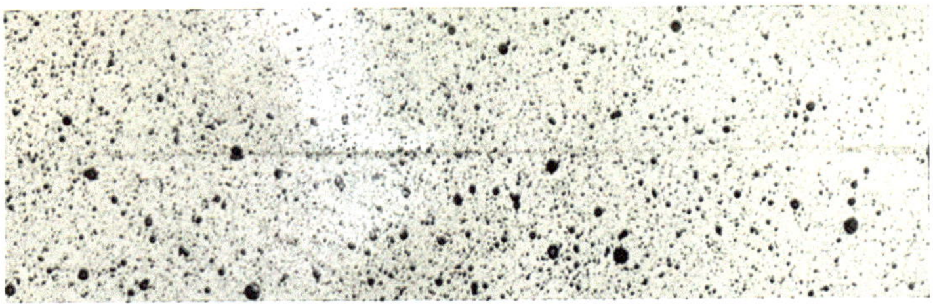

图 3-13 试样表面散斑场

3.3.2 组合梁变形破坏过程分析

表 3-6 给出了 6 组试样加载过程中的变形场云图、声发射定位图和试样破坏瞬间实拍图。由表 3-6 可知,组合梁的层间变形模式受上、下层岩梁的弹性模量关系影响。当组合方式为上层细砂岩-下层石灰岩(试样编号:40S-20H、30S-30H、20S-40H)时,上层岩梁的弹性模量大于下层,上层细砂岩较强的抵抗弯曲变形的能力使其弯曲程度不足以匹配下层石灰岩,因此该组合方式下层间变形模式以分界面离层为主,主要发生在组合梁的中部。当组合方式为上层石灰岩-下层细砂岩(试样编号:40H-20S、30H-30S、20H-40S)时,上层石灰岩弹性模量较小,弯曲程度大于下层细砂岩,因此该条件下层间变形模式为中部压紧。

组合梁的起裂位置由两层梁中、低强度岩梁的位置决定。当石灰岩位于下层时,根据 3.1.1 小节的理论分析结果,组合梁的中性层位于下层石灰岩中,此时组合梁中拉应力最大的点出现在抗拉强度较低的石灰岩中,因此该条件下试样的起裂点位置必然出现在下层石灰岩中,如试样 40S-20H、30S-30H、20S-40H 均属于该种类型。当石灰岩位于上层时,组合梁的中性层位于上层岩梁中,该条件下可根据式(3-28)计算组合梁起裂点位置,如试样 30H-30S、20H-40S 起裂点位置为上层石灰岩,试样 40H-20S 起裂点位置则为下层细砂岩。

组合梁加载过程中的破裂点定位集中在岩梁中部区域和分界面位置。组合梁试样加载的整体变形阶段,岩梁分界面上陆续出现破裂信号,以中部离层为主的组合梁中破裂点集中在分界面中部,不发生离层的组合梁中破裂点分布于分

表 3-6　组合梁试样变形破坏过程

编号		水平变形场云图	竖向变形场云图	声发射定位	试样破坏过程
40S-20H	A		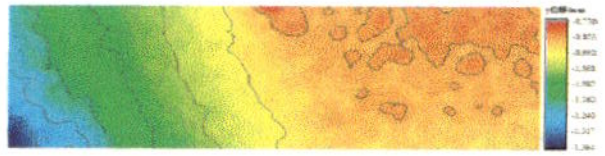	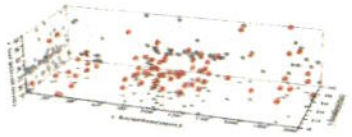	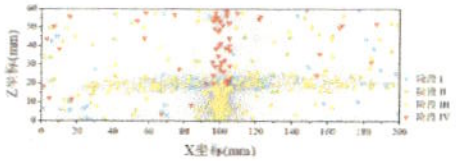 声发射主平面投影 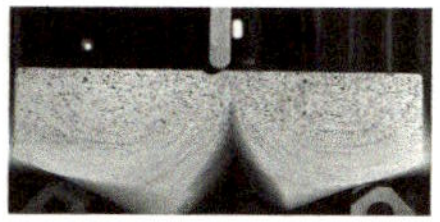 试样破坏瞬间
	B	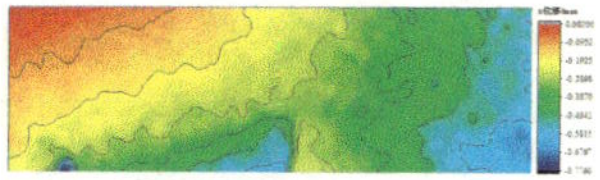	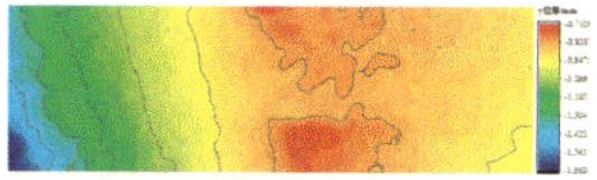	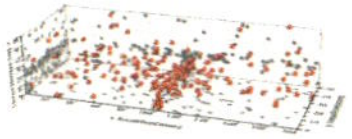	
	C		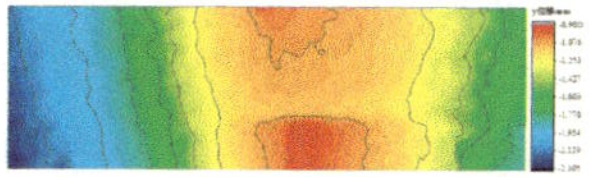	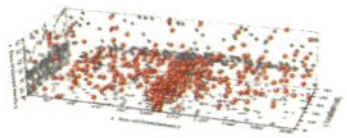	
	D	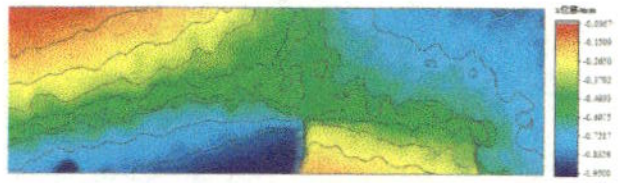		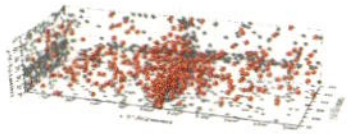	
40H-20S	A			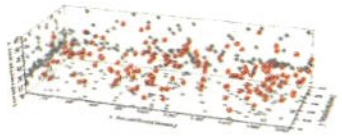	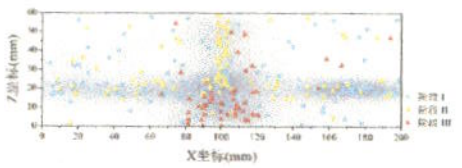 声发射主平面投影 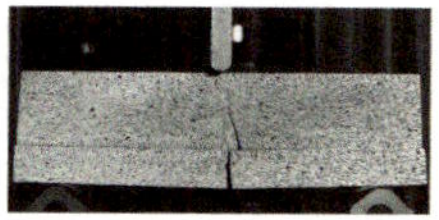 试样破坏瞬间
	B	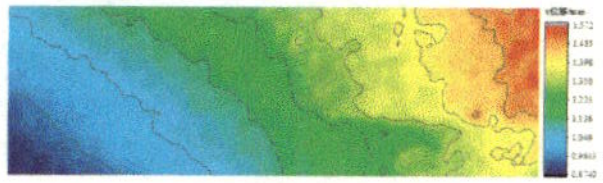	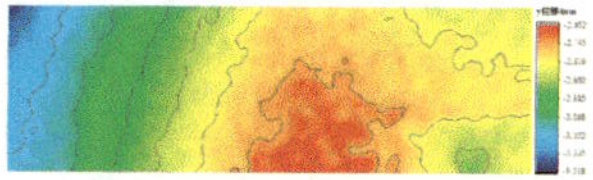	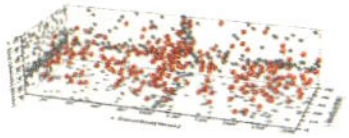	
	C		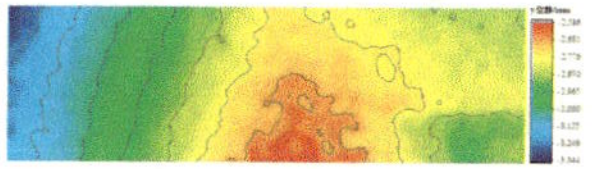	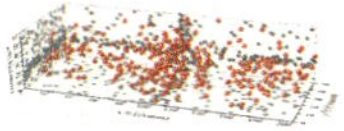	

表 3-6(续)

编号		水平变形场云图	竖向变形场云图	声发射定位	试样破坏过程
30S-30H	A	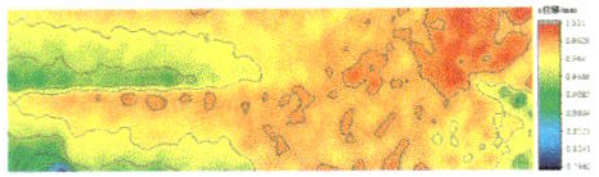		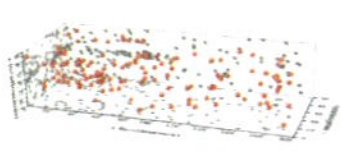	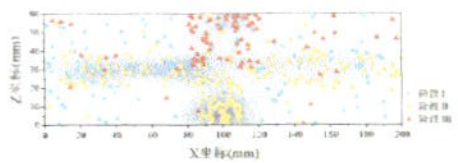 声发射主平面投影 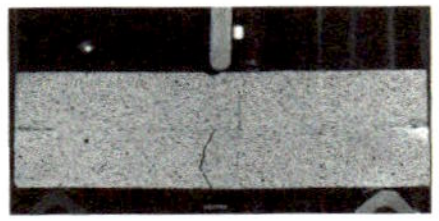 试样破坏瞬间
	B		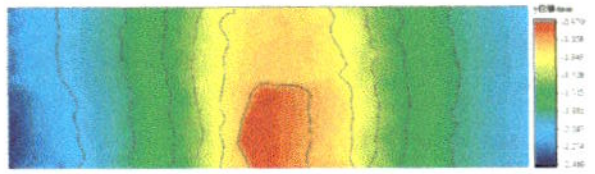	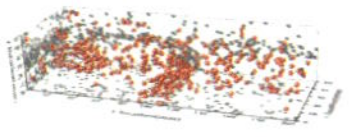	
	C	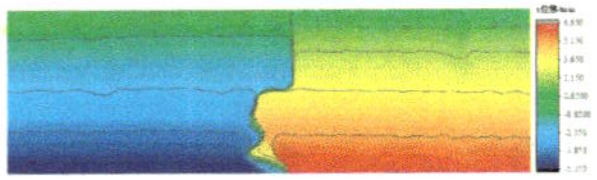	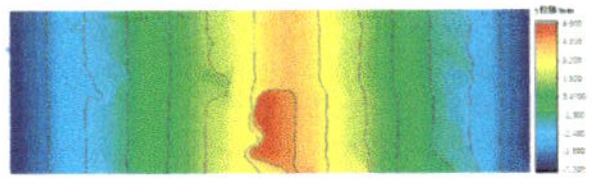	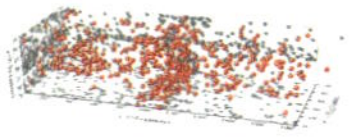	
30H-30S	A	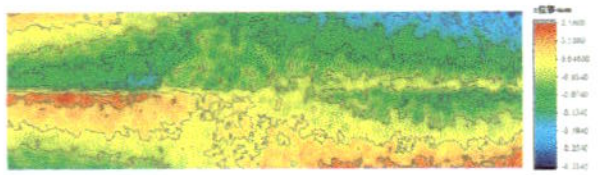	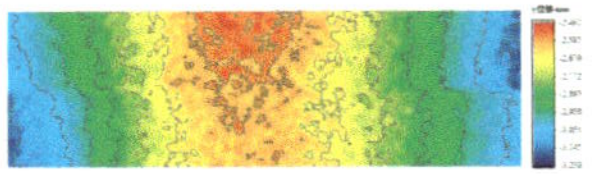	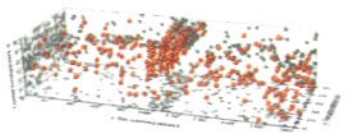	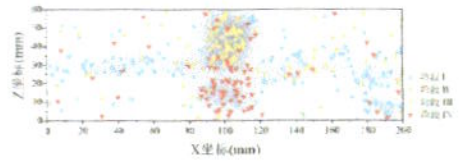 声发射主平面投影 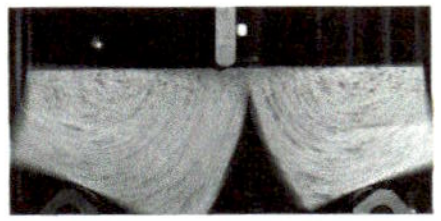 试样破坏瞬间
	B	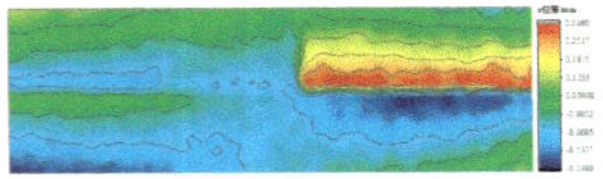	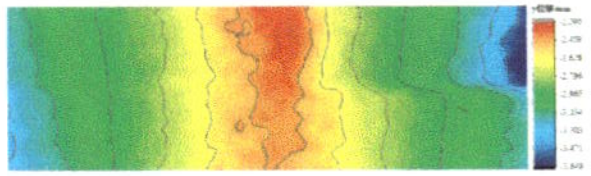	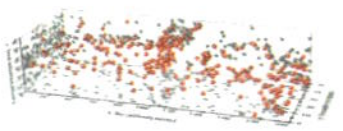	
	C	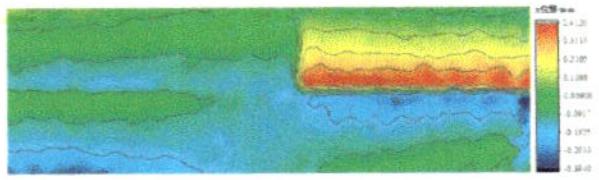	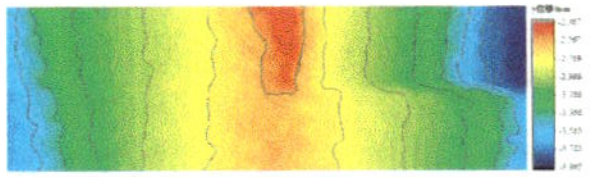	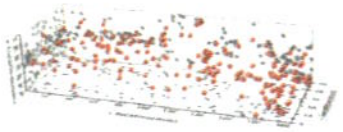	
	D	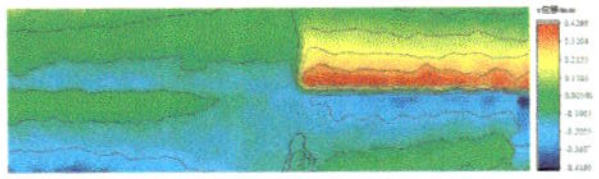	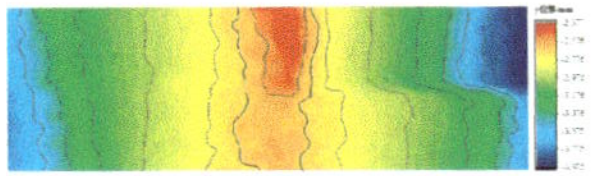	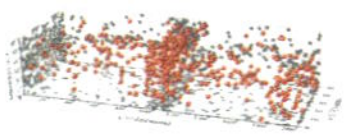	

表 3-6(续)

编号		水平变形场云图	竖向变形场云图	声发射定位	试样破坏过程
20S-40H	A	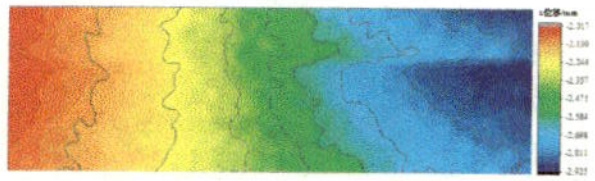		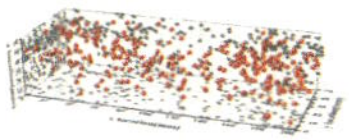	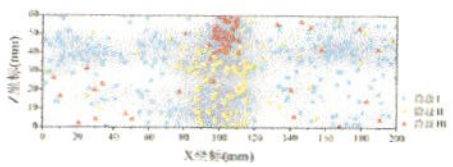 声发射主平面投影  试样破坏瞬间
	B		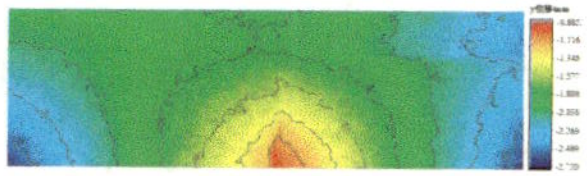	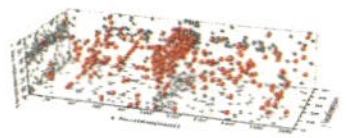	
	C		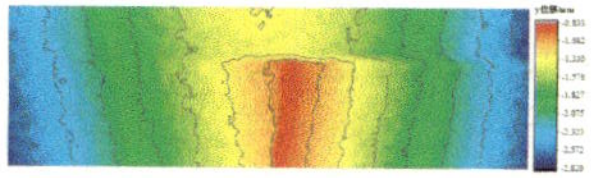	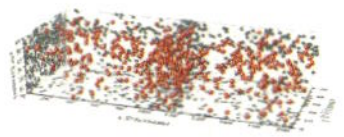	
20H-40S	A	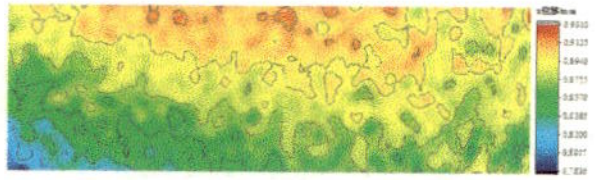	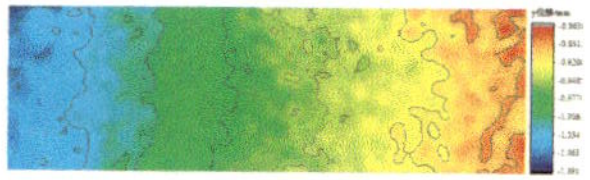	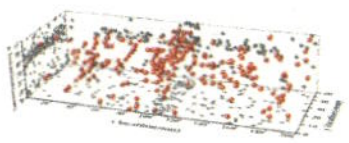	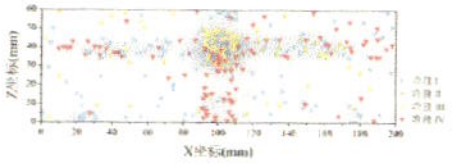 声发射主平面投影 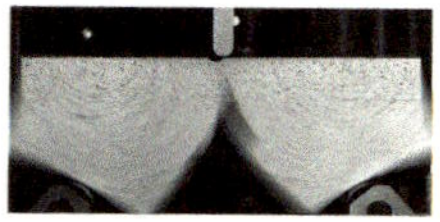 试样破坏瞬间
	B	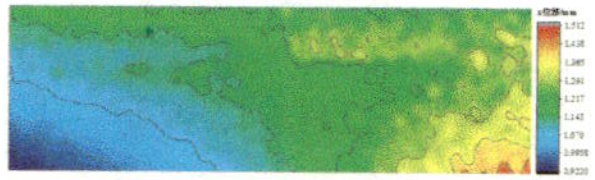	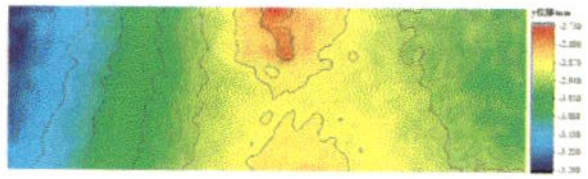	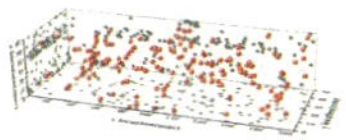	
	C	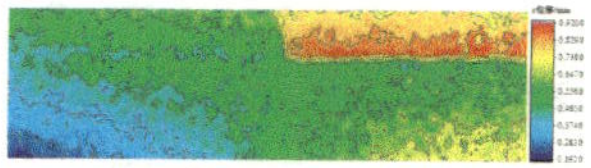	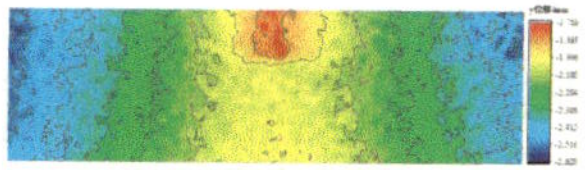	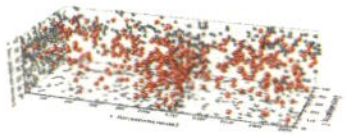	
	C	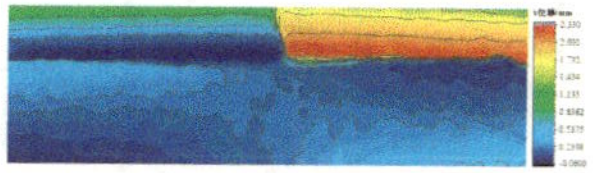	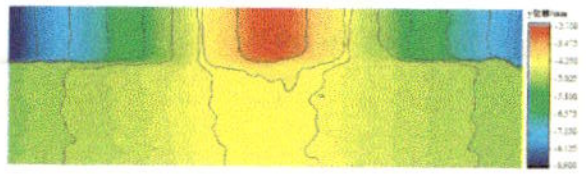	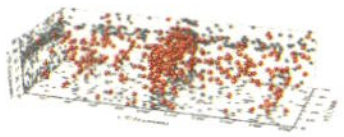	

界面两侧，该现象与前文分析的组合梁层间变形模式具有高度的相关性。含厚硬层的组合梁在整体弯曲变形阶段结束后，在石灰岩的底面中点出现声发射定位集中区；随着加载进程的持续，声发射破裂信号逐渐向石灰岩的整个中部界面上扩散；当试样加载至失稳断裂阶段后，细砂岩层中部出现大量声发射破裂信号，组合梁发生整体失稳破坏。不含厚硬层的组合梁进入摩擦滑移阶段后，在分界面两侧出现大量声发射事件，当达到峰值强度后，上、下两层梁中部同时出现破裂信号集中区，组合梁发生断裂。

组合梁的破坏形式由单层梁的厚度和性质决定。含厚硬层的组合梁失稳破坏时，破坏形式为剧烈程度较高的瞬间冲击断裂，断裂过程在 0.1 s 内爆发，导致 CCD 相机无法捕捉组合梁的宏观主裂纹路径。不含厚硬层的组合梁失稳破坏时较为缓和，裂纹贯通后仍保持稳定的断裂结构，直至完全失去承载力。

3.3.3 组合顶板破坏模式工程实测验证

为了分析远场组合顶板的运动特征，以唐山矿 F5001 工作面顶板为对象开展工程实探。唐山矿 5 煤层为缓倾斜煤层，平均倾角 11°，煤厚 1.5～2.3 m，平均 2.2 m，走向大体为 NE-SW，倾向 NW。F5001 工作面位于矿井十一水平 5 煤层风井工广煤柱区，工作面埋深约 660 m，采高 2.0 m，倾向长 66 m，走向长 639.5 m。F5001 工作面采用走向长壁综采技术，日进尺 2 m，采空区利用矸石充填控制顶板。$T_3$150 泄水巷于距切眼 297 m 处横穿工作面，可利用其进行顶板钻孔原位探测，如图 3-14(a)所示。5 煤层顶板以砂质泥岩、细砂岩和中细砂岩为主。其中，砂质泥岩为普氏系数较低的岩层，分布于中细砂岩层和细砂岩层之间，使顶板同时具备了软岩-硬岩和硬岩-软岩两种组合结构，如图 3-14(b)所示。

为了观察远场顶板不同组合结构随煤层采动的弯曲变形特征，在横穿 F5001 工作面中部的 $T_3$150 泄水巷中布置了顶板探测钻孔，如图 3-14(c)所示。钻孔孔径均为 89 mm，倾角均为 25°，钻孔距 F5001 运输平巷外侧煤壁 17.7 m，根据覆盖范围确定孔深分别为 47.3 m，钻孔布置在巷道中轴线处。F5001 工作面顶板钻孔探测从工作面位于钻孔后方 110 m 处开始，至钻孔位置进入采空区 96 m 处结束，其间工作面推进 206 m，探测频率为 2～4 次/周，累计进行 37 次探测，获取了大量的原位探测数据。

煤层开采过程中，受地应力、采动应力作用等因素影响，钻孔孔壁通常会出现不同类型、不同程度的裂隙，因此孔壁裂隙的变化能在一定程度上反映所处岩层的运动特征。根据实探结果，F5001 顶板主要包括离层和错动两类明显的破坏形式。其中，离层是岩层受拉产生的孔壁轴向不连续现象，错动是岩层错动导致的孔壁环向不同轴现象。两类结构裂隙的典型特征如图 3-15 所示。

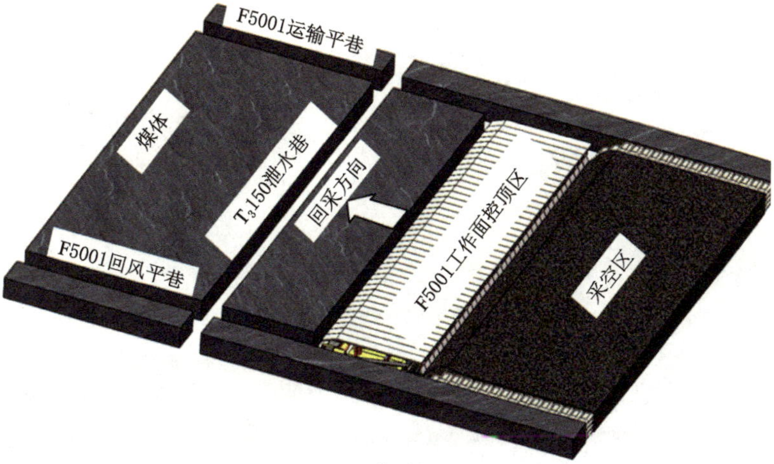

（a）工作面布置

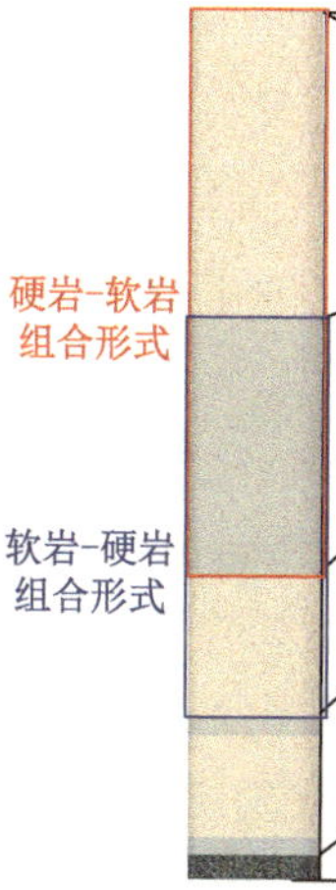

岩性	厚度/m	岩性特征	普氏系数
中细砂岩	19.0	成分以石英、长石为主，硅质胶结	8
砂质泥岩	12.2	主要成分为石英及暗色矿物，条带状，硅质胶结，具水平层理	5
细砂岩	8.0	成分以石英、长石为主，坚硬	6
泥岩、砂质泥岩	3.7～6.0	泥质为主，砂质次之	5
煤	1.5～2.3	低灰、低硫，呈条带状及片状结构	1.5

（b）顶板岩层条件

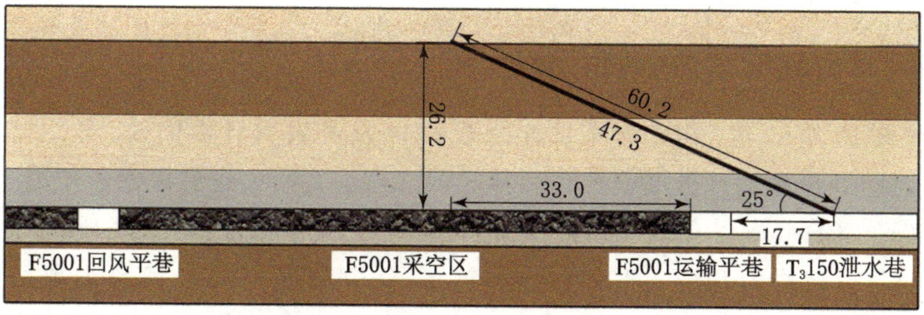

（c）钻孔实探方案

图 3-14　F5001 工作面条件

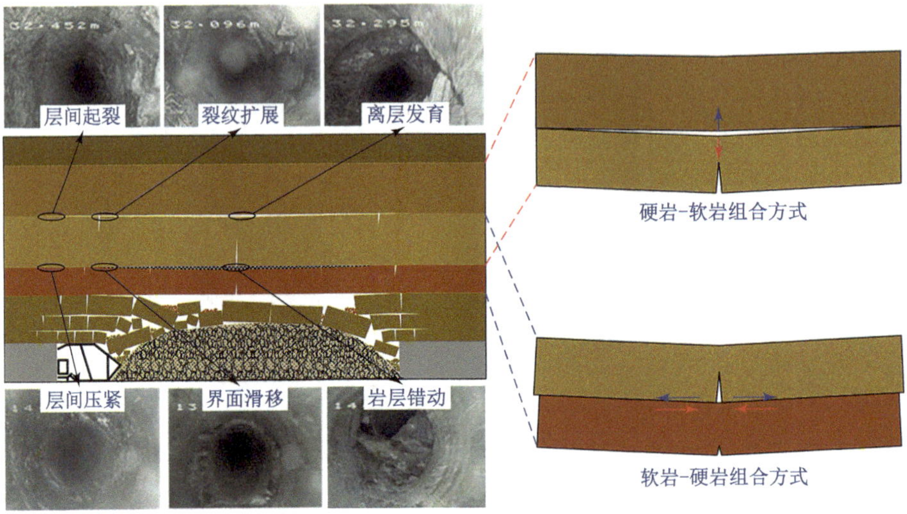

图 3-15 两类结构裂隙的典型特征

两类结构裂隙均分布于岩层分界面上，在工作面前方时同时表现为沿钻孔环向分布的单一裂隙，随着煤层的开采，逐渐发生裂隙扩展、碎石剥落等现象，最终发育为结构裂隙。两类不同的结构裂隙反映了岩层分界面上两类不同的运动形式。运动形式与岩层组合方式相关，组合方式为软岩-硬岩的顶板结构，上层顶板的弯曲程度大于下层顶板，分界面两侧的岩层发生不同程度的弯曲，导致岩层分界面由最初的单一裂隙发育为岩层间的错动；组合方式为硬岩-软岩的顶板结构，上层硬岩的弯曲程度较低、挠度小于下层软岩，导致岩层分界面由单一裂隙发育为离层。工程实探与室内试验结果相近，表明组合梁结构能在一定程度上反映远场顶板的运动形式。

3.3.4 组合梁弯曲力学特性分析

图 3-16 给出了 6 组组合梁试样荷载-时间及声发射计数曲线。6 组试样的荷载-时间及声发射计数曲线分为两种类型。当组合梁中含有厚硬岩梁时(试样 40S-20H、30H-30S、20H-40S)，荷载-时间曲线表现为明显的“双峰值”形态，试样的轴向荷载峰值和声发射累计计数较高，其中含有 40 mm 细砂岩层的组合梁试样轴向荷载均超过 16 kN、声发射累计计数超过 1.8×10^{5} 次，明显超过其他 4 组试样，因此厚硬岩层的性质是决定组合梁整体强度和声发射特征的关键因素。

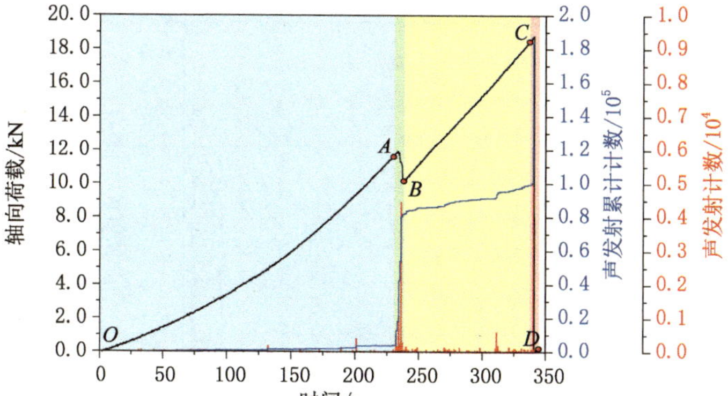

（a）40S-20H

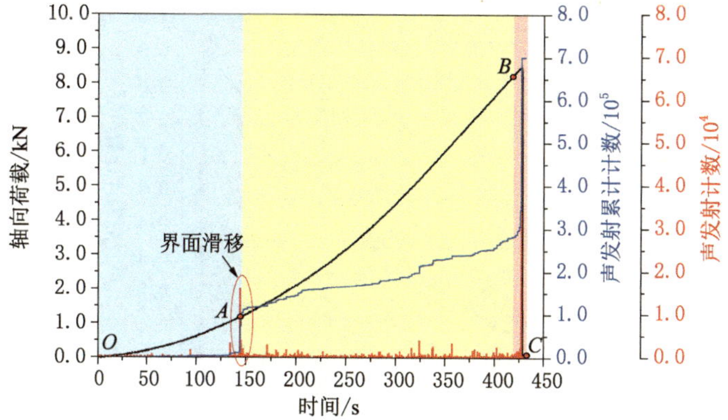

（b）40H-20S

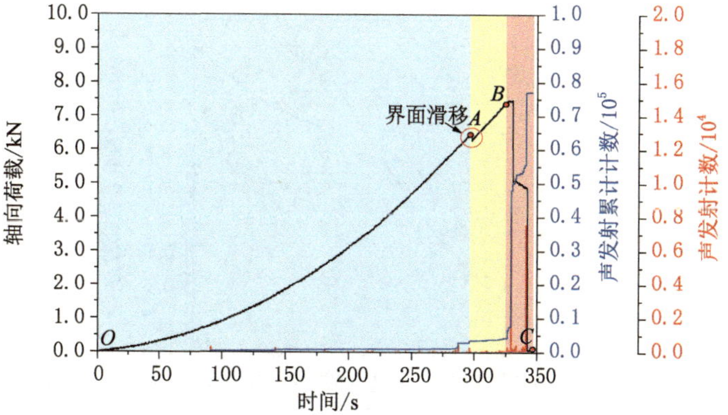

（c）30S-30H

图 3-16　组合梁加载及声发射计数曲线

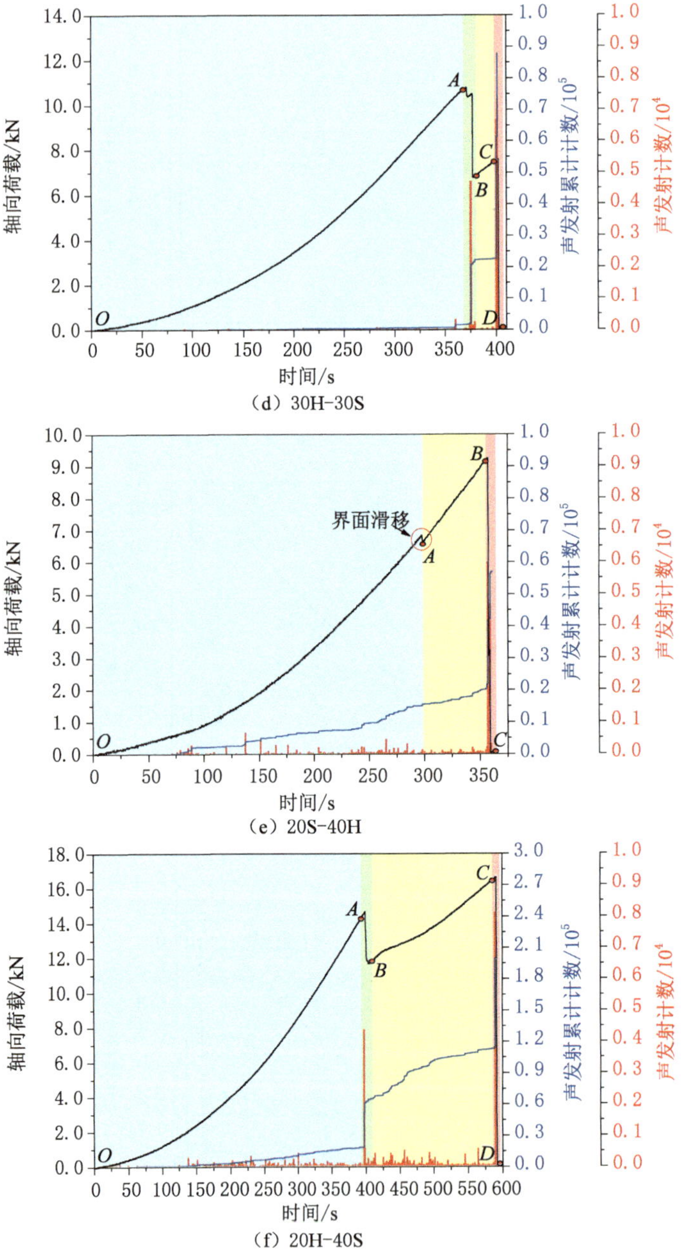
轴向荷载/kN
声发射累计计数/10^5
声发射计数/10^4
时间/s
O
A
B
C
D
(d) 30H-30S
界面滑移
(e) 20S-40H
(f) 20H-40S

图 3-16 （续）

另外，荷载-时间及声发射计数曲线具备整体变形、低强度岩梁起裂、应力调整、失稳断裂四阶段特征：① OA 段为整体弯曲变形阶段。该阶段组合梁在轴向荷载的作用下发生整体弯曲变形，试样中的拉应力持续增大，荷载-时间曲线表现为上凹状，试样中没有明显的破裂点产生，声发射计数仅出现小幅增长，A 点荷载达到峰值荷载的 60%以上。② AB 段为低强度岩梁起裂阶段。该阶段组合梁中、低强度岩梁中的拉应力达到抗拉强度，导致低强度岩梁率先发生“初次断裂”，断裂形式为拉伸断裂；岩层分界面中部出现离层，荷载-时间曲线出现明显回落，声发射计数激增，声发射累计计数增加达到第一个拐点。③ BC 段为应力调整阶段。该阶段组合梁中的低强度岩梁已发生断裂，轴向荷载引起的拉应力重新分布于高强度岩梁中，荷载-时间曲线近似于线性增长直至峰值荷载，声发射计数出现小幅波动。由于 30H-30S 试样中的细砂岩厚度仅为 30 mm，因此该试样加载过程中的 BC 段持续时间和峰值荷载均明显低于另外两组试样。④ CD 段为组合梁失稳断裂阶段。随着试样受到的轴向荷载持续增大导致组合梁发生整体断裂、失去承载力，在整个加载过程中表现为“二次断裂”，轴向荷载降低为 0。该阶段的失稳断裂现象较为剧烈，声发射计数达到加载过程中的最大值。

当组合梁中不含厚硬岩梁时（试样 40H-20S、30S-30H、20S-40H），组合梁试样整体强度降低明显，轴向荷载峰值均不超过 10 kN，荷载-时间曲线表现为“单峰值”形态，声发射累计计数小于 1.0×10^5 次。荷载-时间及声发射计数曲线具备整体弯曲变形、界面摩擦滑移、失稳断裂三阶段特征：① OA 段为整体弯曲变形阶段。该阶段组合梁在轴向荷载作用下发生整体弯曲变形，低强度岩梁的位置和厚度不同，导致该阶段的持续时间不同。当试样加载至 A 点时，组合梁的分界面受弯曲切应力作用率先发生滑移，导致荷载-时间曲线出现小幅降低，声发射计数出现轻微波动。② AB 段为界面摩擦滑移阶段。组合梁出现剪切滑移后，分界面在轴向荷载的作用下发生摩擦滑移，导致该阶段持续有声发射计数累计，同时组合梁在轴向荷载的作用下进一步发生弯曲变形。③ BC 段为组合梁失稳断裂阶段。由于三组试样中不含厚硬层，因此两部分梁的强度差异较类型一更为接近，组合梁未表现出明显的起裂次序，当组合梁中的起裂点拉应力达到强度极限时，组合梁发生整体失稳断裂。

组合梁试样的整体强度和声发射事件数与高强度岩梁的厚度相关。细砂岩作为强度较高的岩层，当其厚度分别为 40 mm、30 mm、20 mm 时，组合梁的平均轴向荷载峰值为 17.71 kN、9.48 kN、8.86 kN，声发射累计计数分别为 1.91×10^5、8.23×10^4、6.35×10^4 次，表明高强度岩梁是决定组合结构整体强度的关键部分，在组合梁总厚度不变的条件下，高强度岩梁在其中所占比例越大，组合梁的承载能力越大，加载过程中出现的破裂点数量随之增加。

3.4 组合梁断裂能量演化特征

3.4.1 组合梁弯曲储能规律分析

图 3-17 给出了三点弯曲试验中底部两加载点间的岩梁应变能演化曲线，曲线中的应变能根据数字散斑测试数据计算得到。同时，根据荷载-时间曲线的关键点，提取了加载过程中不同时刻的应变能密度场。其中，应变能密度和应变能分别根据式(3-52)和式(3-53)计算。

$$U=\frac{E}{2}\left(\varepsilon_1^2+\varepsilon_2^2-2\mu\varepsilon_1\varepsilon_2^2\right)^2 \tag{3-52}$$

$$W=\iiint\limits_{V_1}U_1\mathrm{d}V+\iiint\limits_{V_2}U_2\mathrm{d}V \tag{3-53}$$

式中 E——岩石试样的弹性模量；

μ——岩石试样的泊松比；

ε_1、ε_2——岩石试样表面的主应变。

组合梁加载过程中的应变能演化大致分为两种类型。含有厚硬层的组合梁(试样 40S-20H、30H-30S、20H-40S)，应变能演化曲线呈 S 形，这是由于加载过程中两层岩梁起裂的时间先后顺序明显，在第一次岩梁起裂时伴随着低强度梁的裂纹扩展过程，出现了局部的应变能密度增大，导致总体应变能持续升高，第二次岩梁起裂时伴随着试样整体的瞬间失稳，使总体应变能达到峰值。不含有厚硬层的组合梁(试样 40H-20S、30S-30H、20S-40H)，应变能演化曲线呈 J 形，这是由于加载过程中两层岩梁几乎同时发生断裂，因此第一次岩梁起裂后出现了局部应变能密度增大，而在持续较短时间后试样发生整体失稳，未出现第二个应变能低速累积的阶段。

根据 3.1 节中推导的组合梁弯曲储能模型，6 组试验中组合梁储存的应变能理论计算和试验结果见表 3-7。根据理论计算结果，组合梁断裂前储存的弯曲应变能大小与组合梁的岩层特性和失稳破坏形式密切相关。含有厚硬层的组合梁，断裂前储存的能量均大于 0.8 J，破坏时表现为瞬时失稳断裂；不含厚硬层的组合梁，断裂前储存的能量均小于 0.6 J，破坏时表现为缓和型断裂。

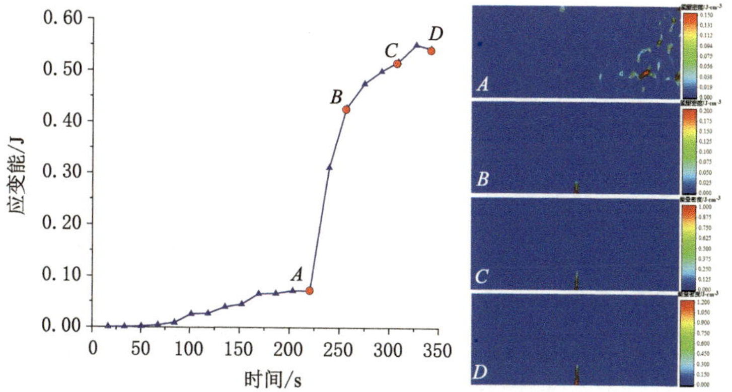

（a）40S-20H

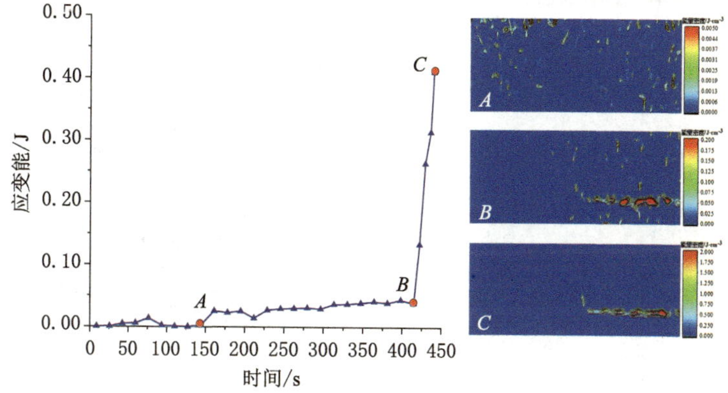

（b）40H-20S

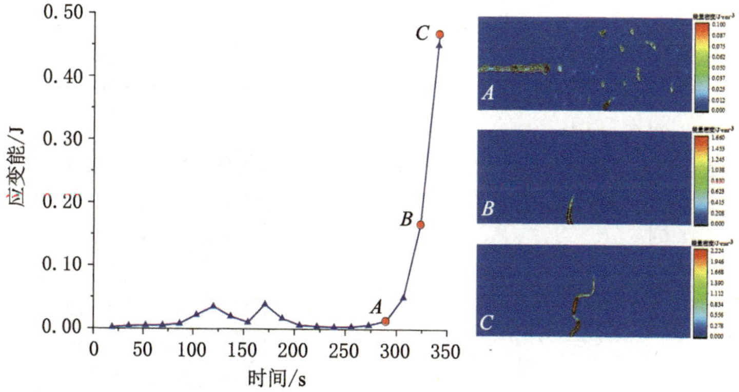

（c）30S-30H

图 3-17　组合梁应变能演化曲线

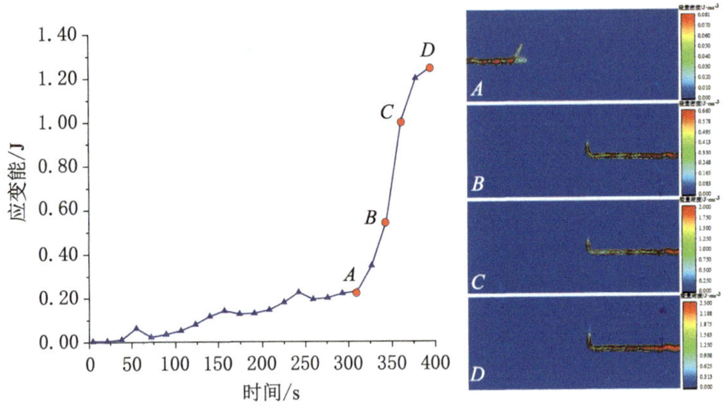

（d）30H-30S

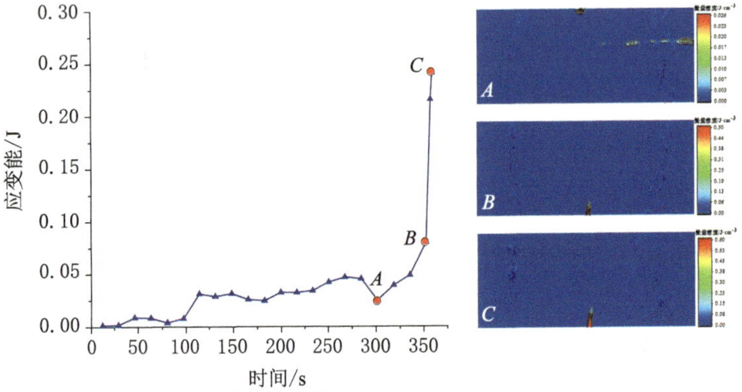

（e）20S-40H

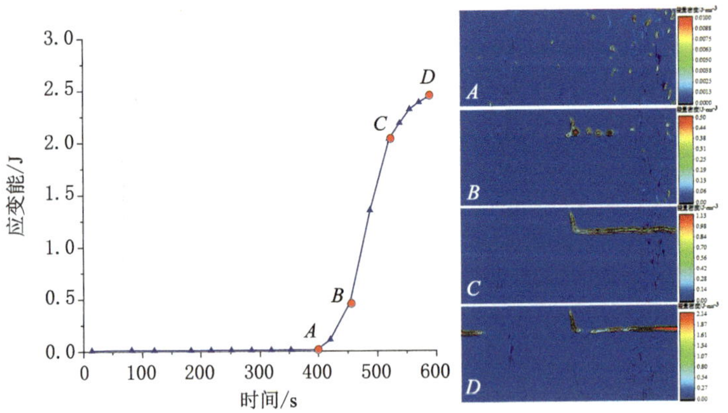

（f）20H-40S

图 3-17 （续）

表 3-7　组合梁储能理论计算和试验结果

试样编号	40S-20H	40H-20S	30S-30H	30H-30S	20S-40H	20H-40S
理论应变能/J	0.875	0.567	0.483	1.185	0.260	2.392
实测应变能/J	0.543	0.412	0.469	1.242	0.243	2.435

3.4.2　组合梁能量释放规律分析

组合梁试样破坏过程中产生的声发射信号由试样破裂导致，其中，岩石内部的破裂主要为拉应力导致的拉伸裂纹，分界面上的破裂主要为弯曲切应力导致的剪切裂纹。因此，分析试样加载过程中不同机制的破裂伴生的声发射信号的分布规律，建立破裂类型、出现时间和声发射信号能量的对应关系，对揭示组合梁破裂的完整过程具有重要意义。声发射研究领域中，基于时域参数的 RA 与 AF 分布变化可定性描述岩石破裂发展阶段中试样内部剪切裂纹与拉伸裂纹的成分，进而确定不同类型裂纹的演化规律。RA 和 AF 可根据式(3-54)及式(3-55)计算。日本 JC MS-Ⅲ B5706 混凝土建筑规范中[227]，将 AF/RA 的分割线斜率定义为 k，将 AF/RA＜k 的信号定义为剪切破裂信号，将 AF/RA≥k 的信号定义为拉伸破裂信号。虽然剪切与拉伸破裂的划分参数 k 受岩石材料与传感器类型等因素的影响而存在较大差异，但根据诸多文献的研究结果，根据 k 值计算岩石破裂类型占比的方法是有据可依的。本小节采用文献[228]中的研究结果，将 $k=80$ 作为剪切破裂与拉伸破裂的划分标准，即式(3-56)，对 6 组试验结果进行分析。

$$\mathrm{AF}=\frac{C}{D} \tag{3-54}$$

式中　C——声发射计数；

D——声发射持续时间。

$$\mathrm{RA}=\frac{R}{A} \tag{3-55}$$

式中　R——声发射上升时间；

A——声发射幅值。

$$\text{裂纹类型}=\begin{cases}\text{拉伸裂纹}\dfrac{\mathrm{AF}}{\mathrm{RA}}\geqslant 80\\[2ex]\text{剪切裂纹}\dfrac{\mathrm{AF}}{\mathrm{RA}}<80\end{cases} \tag{3-56}$$

图 3-18 所示为 6 组试样加载过程中两种类型裂纹的数量及对应能量分布关系。

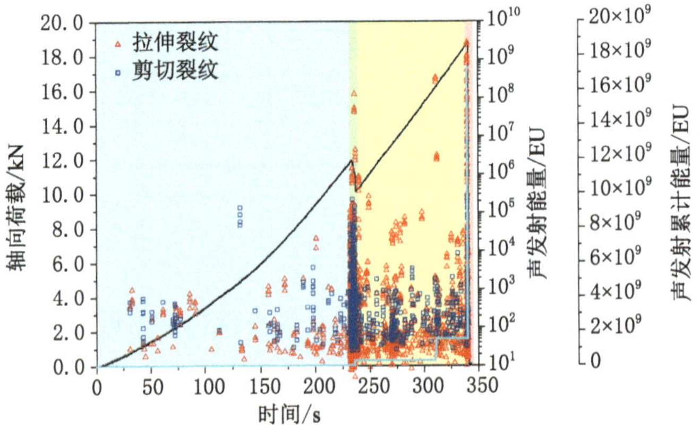

（a）40S-20H

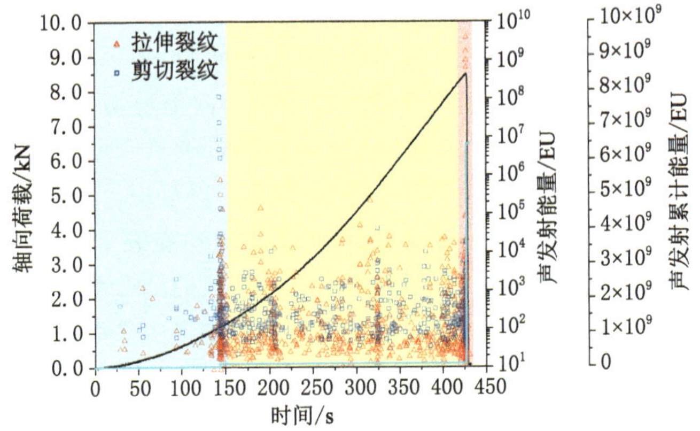

（b）40H-20S

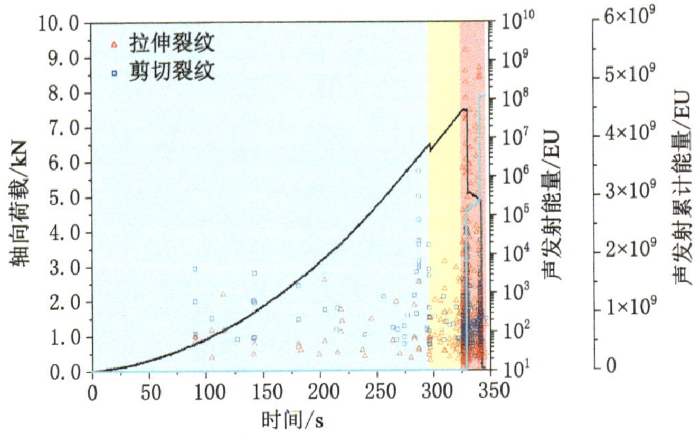

（c）30S-30H

图 3-18　组合梁声发射能量曲线

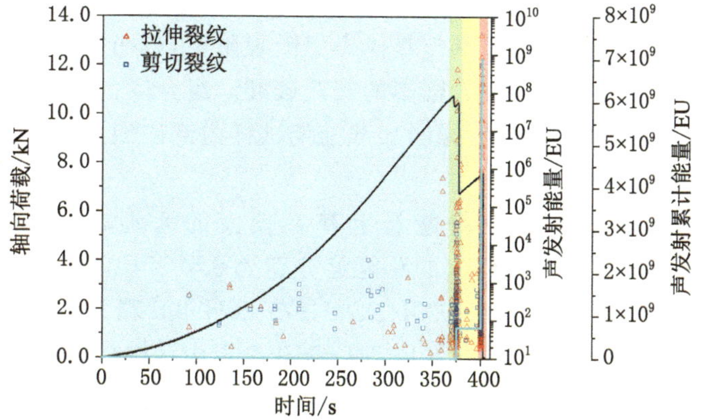

(d) 30H-30S

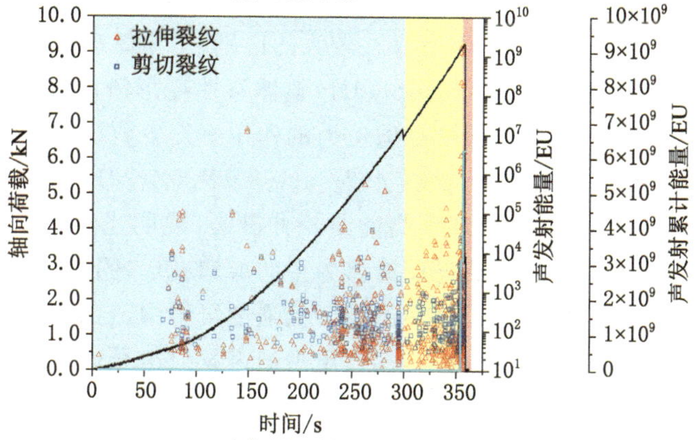

(e) 20S-40H

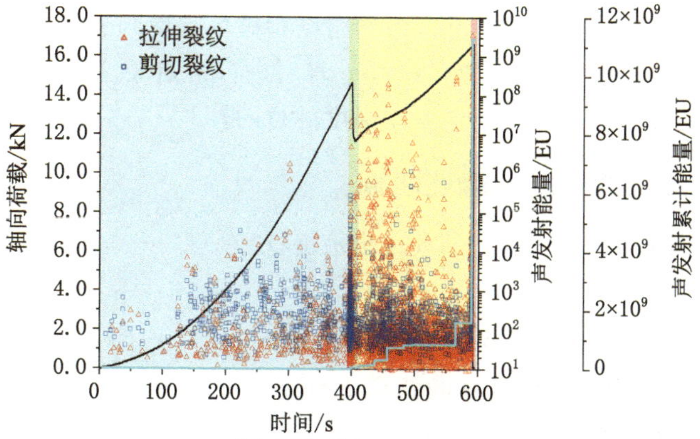

(f) 20H-40S

图 3-18 (续)

由图 3-18 可知,6 组试验中几乎同时出现两处声发射高能量事件集中区,分别位于整体弯曲变形阶段终点与整体失稳断裂阶段,说明组合梁加载至该两处时间节点时试样中出现了较为剧烈的宏观破裂。组合梁试样加载前期,出现了少量的两类声发射破裂信号,说明加载前期试样内部破裂为岩石内部拉伸破裂和分界面剪切破裂混合。

两种类型组合梁在声发射能量上存在较大的区别,不含厚硬层试样 40H-20S、30S-30H、20S-40H 释放的总能量分别为 6.47×10^{9} EU、4.71×10^{9} EU、6.23×10^{9} EU,含厚硬层试样 40S-20H、30H-30S、20H-40S 释放的总能量分别为 1.73×10^{10} EU、7.00×10^{10} EU、1.13×10^{10} EU,当组合梁中存在厚硬层时声发射信号总能量和高能量声发射信号数明显增多,说明厚硬层的存在使组合梁内部发生破裂时,声发射活动度明显增强,组合梁破裂强度和释放的能量也更多。

两种类型组合梁在裂纹类型上存在较大的区别,主要体现在:不含厚硬层的组合梁(试样 40H-20S、30S-30H、20S-40H)整体弯曲变形阶段的裂纹类型以剪切破裂为主,说明此时岩层分界面在剪应力的作用下发生剪切破坏,发生层间剪切滑移。含有厚硬层的组合梁(试样 40S-20H、30H-30S、20H-40S)在第一次声发射高能量事件集中区同时出现了高能量拉伸破裂,说明当组合梁含有厚硬层时,该阶段除了出现以分界面的剪切滑移为主的剪切破坏,同时出现了岩石内部的拉伸裂纹起裂现象,这种现象大多出现于低强度岩梁中,与数字散斑的测试结果相对应。试样加载至整体失稳阶段后,出现的声发射信号均以拉伸型为主,该阶段组合梁试样整体失稳,两层岩梁均发生拉伸断裂,说明该阶段中的能量几乎均来自岩体内部的拉伸破坏。

综上所述,顶板中的厚硬层是导致组合结构破坏程度剧烈、释放能量增加的关键因素,在冲击地压防治中,应对该部分岩层进行重点关注,通过降低有效尺寸、减小弹性模量等方式达到减弱断裂强度的目的。

3.4.3 组合顶板结构断裂释能机制

根据物理学功能关系,岩石破裂过程中满足:

$$U_{s}=W+V \tag{3-57}$$

式中 U_{s}——岩石加载过程中储存的总应变能;

W——岩石裂纹形成所做的断裂功;

V——岩石破坏释放的能量。

组合梁条件下,储存的总应变能可表示为:

$$U_{s}=U_{\varepsilon\tau}+U_{\varepsilon b} \tag{3-58}$$

同理,组合梁破坏释放的能量可表示为:

$$V = V_b + V_\tau \tag{3-59}$$

式中　V_b——组合梁弯曲断裂释能；

V_τ——组合梁剪切破坏释能。

因此，组合梁断裂过程中的功能关系可表示为：

$$U_{\varepsilon\tau} + U_{\varepsilon b} = W + V_\tau + V_b \tag{3-60}$$

断裂力学中，断裂功是评价岩石断裂时耗能多少的参数，反映裂缝扩展所需消耗的能量，可由三点弯曲试验测得的荷载-位移曲线（p-δ 曲线）与横坐标包围的面积得出。由于试验条件的限制，p-δ 曲线的峰后段一般难以直接测出，近似认为符合幂函数规律，可表示为：

$$p = \beta\delta^{-\lambda} \tag{3-61}$$

式中　β、λ——曲线系数，可通过 $p = p_{\max}/3$ 后的试验数据点拟合确定，设此时位移为 δ_1。

假设 p-δ 曲线尾段延伸至位移无穷大处，则断裂功可表示为：

$$\begin{aligned} W &= W_0 + W_1 + W_G = \int_0^{\delta_1} P(\delta)\,\mathrm{d}\delta + \int_{\delta_1}^{+\infty} \beta\delta^{-\lambda}\,\mathrm{d}\delta + mg\delta_0 \\ &= \int_0^{\delta_1} p(\delta)\mathrm{d}\delta + \frac{\beta}{1-\lambda}\delta_1 + mg\delta_0 \end{aligned} \tag{3-62}$$

式中　W_0——实测 p-δ 曲线在 $0 \leqslant \delta < \delta_1$ 段与横坐标的包络面积；

W_1——实测 p-δ 曲线在 $\delta > \delta_1$ 段与横坐标的包络面积；

W_G——试件自重做功；

δ_0——组合梁跨中位移。

根据第 2 章研究结论，上、下两层梁的弯曲断裂释能可表示为：

$$V_b = \iiint_{V_1} \frac{\sigma_{b1}^2}{2E_1}\mathrm{d}V \cdot w_1 + \iiint_{V_2} \frac{\sigma_{b2}^2}{2E_2}\mathrm{d}V \cdot w_2 \tag{3-63}$$

式中　w_i——单层梁的能量释放系数，即 $w_i = 0.037M_b^2 - 0.141M_b + 56.603$。

式(3-63)即为组合梁断裂释能模型的一般表达式。其意义在于根据式(3-63)可解释组合梁破坏过程中各部分能量的关系。

3.5　本章小结

本章针对不同条件的层状组合顶板结构，建立了组合顶板弯曲储能模型、剪切储能模型，从理论角度揭示了组合顶板储能特性，设计并开展了组合顶板三点弯曲试验，通过数字散斑和声发射监测技术研究了组合顶板失稳和能量释放特性，获得了厚层坚硬岩层在组合顶板中的关键作用，为顶板断裂型冲击地压防治提供理论依据。主要结论如下：

① 建立了组合顶板结构弯曲力学模型，推导了组合顶板结构中性层计算公式、应力分布表达式、应变能计算公式，基于物理学功能关系推导了组合顶板结构断裂时各部分能量的关系，并通过数值模拟验证了模型的准确性。

② 设计并开展了不同岩性组合方式和厚度组合方式的组合顶板结构三点弯曲试验，组合梁的层间变形模式包括中部离层和压紧两种形式，层间变形模式由两层岩梁的弹性模量决定，起裂点位置由两层岩梁中的低强度岩梁的厚度和层位决定。

③ 组合顶板结构中的厚硬层是决定结构断裂强度和释放能量的关键因素，厚硬层的存在使两层顶板具备“二次断裂”特征，轴向荷载-挠度曲线由“单峰值”演化为“双峰值”，断裂时由缓和型破坏演化为瞬时失稳断裂，断裂前储存的应变能和断裂时释放的能量剧烈增加，在顶板冲击地压防控时应重点关注。

第4章　顶板断裂能量传递及衰减机制

远场顶板断裂将引起震动波及能量向巷道围岩传递，进而诱发冲击地压。岩层间的震动波和能量的传递过程是揭示冲击地压发生机理的另一个视角和重要补充。根据弹性波理论，岩体的瞬间破裂激发的弹性波对于揭示岩石破裂机制及能量释放规律具有重要意义。因此，本章设计并开展了不同岩性的巴西劈裂、直接剪切和单轴压缩试验，获取了由拉伸型裂纹、剪切型裂纹主导的岩石破坏的演化过程，研究了岩石不同破裂类型声发射规律及典型模式，探讨了岩石不同破裂机制的能量释放特征及内在成因，基于弹性波动方程建立了济宁二号煤矿地层波速场模型，模拟分析了不同震源类型和震源位置条件下的弹性波衰减规律，揭示了远场顶板断裂释能诱冲机制。

4.1　岩石典型破裂模式试验

4.1.1　试样制备及试验方案

为了研究岩石不同破裂类型的声发射特性，分别进行了巴西劈裂、直接剪切和单轴压缩试验。试验材料选用大理岩和细砂岩。其中，细砂岩取自济宁二号煤矿 $103_{下}03$ 工作面顶板，大理岩取自济宁宇泽矿石场。试验前，将岩块分别制备为巴西劈裂、直接剪切、单轴压缩试验的标准试样，试样规格分别为 ϕ50 mm×25 mm、100 mm×100 mm×100 mm、50 mm×50 mm×100 mm。然后利用磨石机确保端面不平整度小于 0.2%，精度符合国际岩石力学学会(ISRM)推荐标准，如图 4-1 所示。

本章的试验系统主要包括加载系统和声发射测试系统，如图 4-2 所示。加载系统采用山东科技大学的 RLJW-2000 型伺服控制岩石压力试验机，试验采用位移加载方式，加载速率为 0.018 mm/s，采样频率 5 Hz。

声发射测试设备为 Vallen 公司生产的 AMSY-6 声发射系统，采样频率

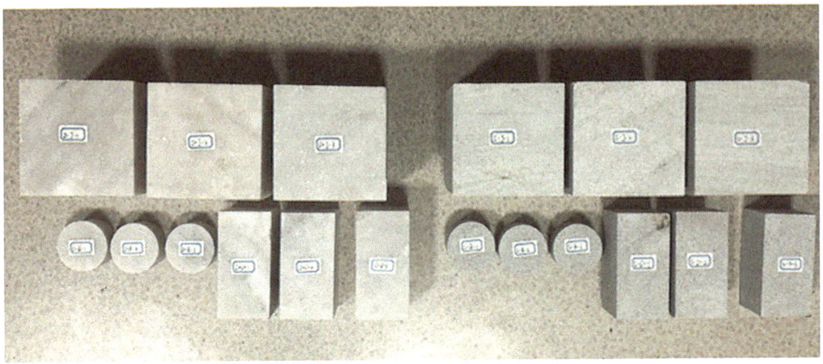

图 4-1　试样制备

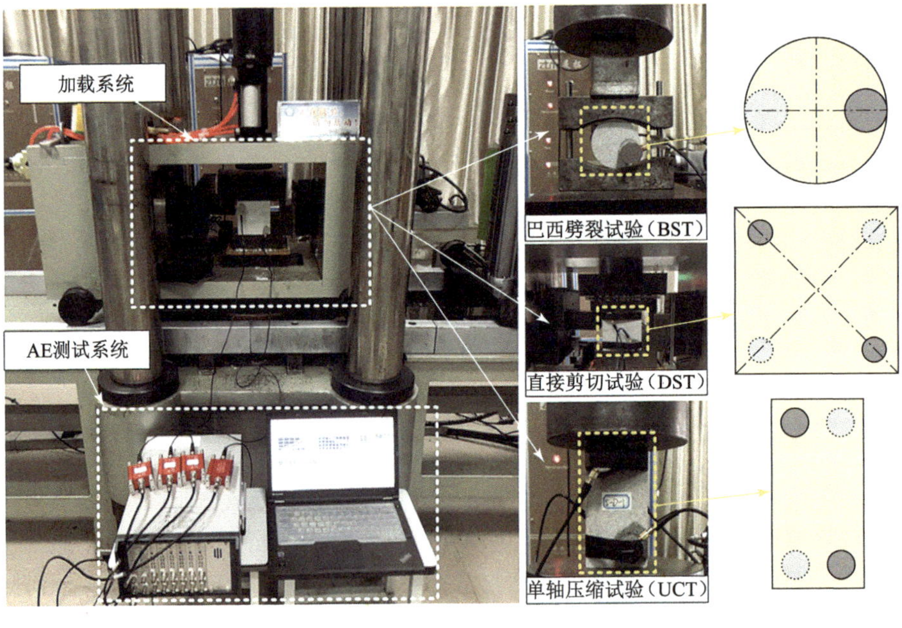

图 4-2　试验系统

10 MHz,前置放大器增益 34 dB,阈值设为 45 dB。试验中,在单轴压缩和直接剪切试样的前后表面各布置 2 个声发射传感器,巴西劈裂试样前后各布置 1 个声发射传感器,采集试样破坏过程中的声发射信号。为了确保岩石试样的均质性不影响试验结果,对试样进行了尺寸、密度和波速测试,从中筛选了测试结果最接近的 6 块试样。表 4-1 给出了每块试样的编号及参数信息。

表 4-1　试样编号及参数

试验类型	试验编号	岩性	长度/mm	宽度/mm	高度/mm	密度/(g/cm³)	横波波速/(m/s)	纵波波速/(m/s)
单轴压缩	UCT-1	细砂岩	49.6	50.5	101.1	2.49	3 314.54	3 723.48
	UCT-2	大理岩	50.1	50.1	99.1	2.76	3 601.24	4 434.15
巴西劈裂	BST-1	细砂岩	ϕ 50.1	ϕ 50.1	24.8	2.50	3 461.01	3 847.38
	BST-2	大理岩	ϕ 50.0	ϕ 50.0	25.2	2.74	3 693.17	4 508.29
直接剪切	DST-1	细砂岩	98.8	100.1	100.5	2.52	3 314.54	3 723.48
	DST-2	大理岩	101.2	100.6	99.6	2.70	3 581.74	4 371.73

4.1.2　不同加载方式的岩石声发射特性

4.1.2.1　声发射计数及能量演化规律

岩石的破坏演化过程是其内部微裂纹的孕育、萌生、扩展和贯通等现象的宏观表现，这一系列的现象均可以通过试样的加载时程特性反映出来。声发射信号作为岩体内部裂纹活动的最直接反映，其不同的变化规律可以获取岩体的应力状态并划分岩石变形失稳演化阶段。图 4-3 给出了 6 组试验的荷载时程特性和声发射计数、声发射能量演化规律。

根据岩石试样在加载过程中的荷载和声发射演化规律，将单轴压缩试验中岩石破坏演化过程划分为压密、弹性、裂纹扩展和破坏四个阶段。

① 压密阶段：该阶段中，岩石的初始轴向应力较小，试样内部的原生孔隙、微裂纹被压密闭合，出现了少量的声发射事件。

② 弹性阶段：该阶段中，岩石内部原生裂纹闭合后晶体颗粒之间发生了可恢复的弹性变形，这一过程中伴随着晶体间的摩擦滑移作用，声发射以低速率、低能量的特性持续累计。

③ 裂纹扩展阶段：岩石加载进入裂纹扩展阶段后，岩石内部的宏观裂纹逐渐形成并迅速扩展，荷载曲线逐渐变为下凹状，声发射计数增速激增，能量出现小幅增长。

④ 破坏阶段：当岩体内部的裂纹扩展至临界状态时岩石进入破坏阶段，该阶段声发射计数在经历一段高速累计后转为平静，计数拐点对应的声发射能量达到峰值，岩石瞬间失稳破坏。

巴西劈裂和直接剪切试验中的岩石破坏与单轴压缩试验存在四方面的区别：

① 不同于单轴压缩试验，巴西劈裂和直接剪切试验中几乎没有出现裂纹扩展阶段，岩石的破坏过程具备瞬时性的特征。

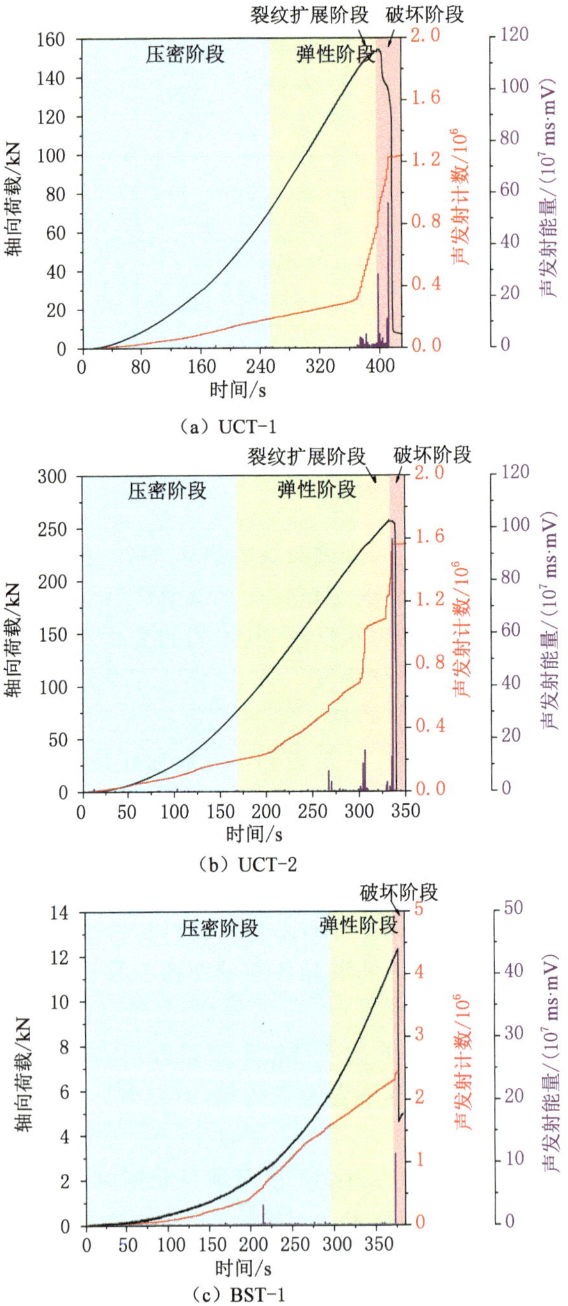

（a）UCT-1

（b）UCT-2

（c）BST-1

图 4-3　试样荷载及声发射时程曲线

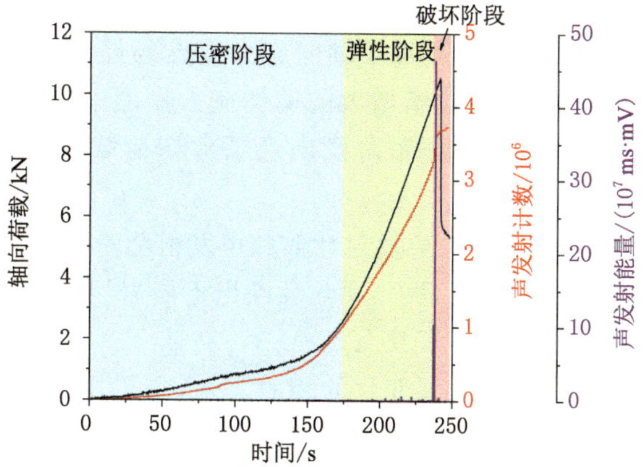

(d) BST-2

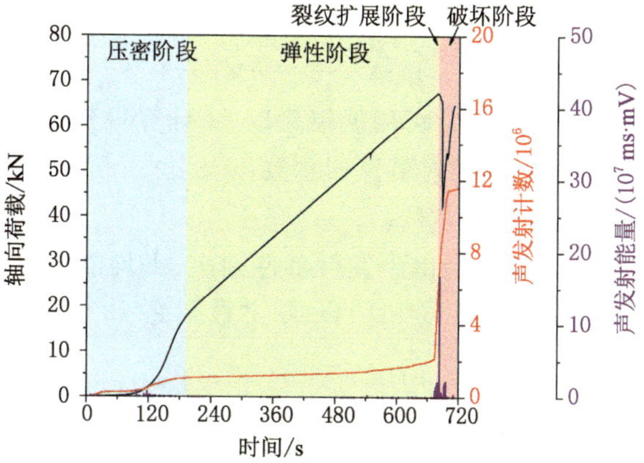

(e) DST-1

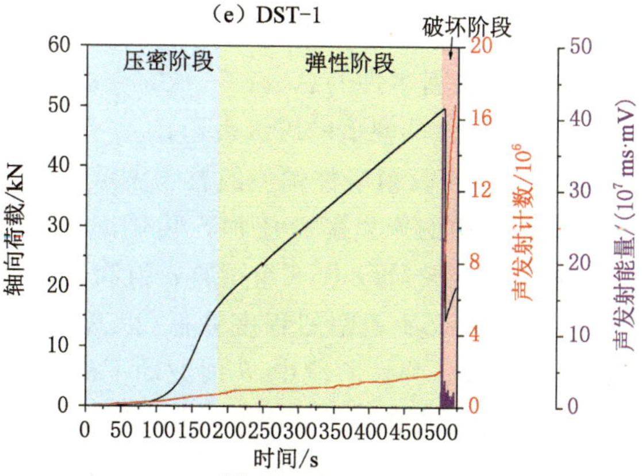

(f) DST-2

图 4-3 （续）

② 巴西劈裂试验中岩石的压密阶段更漫长，占据了约 3/4 的加载时长。

③ 直接剪切试验中，试样施加了轴向应力边界条件，压密阶段前期最大主应力方向偏向于竖直方向，在逐渐增大的剪切应力作用下使试样的主应力方向发生了改变，因此岩石试样在压密阶段出现了剪切荷载增速先增大后减小的特征。

④ 三种试验中的细砂岩的声发射计数和声发射能量峰值均小于大理岩，同时在加载前期出现了更多的声发射，明显反映出不同岩性颗粒晶体之间的差别。

4.1.2.2 声发射 b 值及活动度 S 演化过程

声发射 b 值度量了裂纹发展变化的相对关系，主要用于衡量岩石内部小震级破裂事件和大震级破裂事件的相对数量。b 值越大，表明事件中小破裂事件占较大比例，反之则表明大破裂事件占据主导。声发射 b 值计算如式(4-1)所示[229]：

$$\lg N = a - bM \tag{4-1}$$

式中 M——声发射震级，通常可用振幅除以 20 计算得到，即 $M=A/20$；

N——统计窗口内声发射事件的总数；

a——关系曲线的截距常数。

声发射活动度 S 值是一个由声发射事件频次、平均能级、最大能级组成，反映岩体内部声发射源集中程度和活跃裂纹数目的物理量，由式(4-2)计算得到[230]：

$$S = 0.117\lg(N+1) + 0.029\lg\frac{1}{N}\sum_{i=1}^{N}10^{0.075m_{Si}} + 0.000\ 75\ m_S \tag{4-2}$$

式中 S——声发射活动度；

N——统计窗口内声发射事件的总数；

m_{Si}——每个声发射事件的幅值的震级表示；

m_S——统计窗口最大声发射事件幅值的震级表示。

图 4-4 给出了 6 组试验中的声发射 b 值和 S 值随时间的变化过程，6 组试验表现出类似的演化规律。压密阶段中，6 组试验 b 值和 S 值均出现升高-波动-降低的趋势，表明该阶段的裂纹活动剧烈程度较低，以微裂纹的小尺度破裂为主，但总体破裂尺度逐渐增大。弹性阶段中，b 值波动下降、S 值持续上升，表明随着岩体内部伴随着原生裂纹的贯通、晶体颗粒间的摩擦和次生裂纹逐渐发育扩展等一系列变化，该阶段的裂纹活动进一步由小尺度破裂向大尺度破裂发展，裂纹活跃程度逐渐加剧。进入裂纹扩展阶段后，b 值保持低位不变、S 值保持高位不变，该阶段的声发射计数和能量已出现明显增大，表明裂纹活动已经由大尺度破裂主导，高能级的声发射事件开始出现。进入破坏阶段后，b 值达到最小

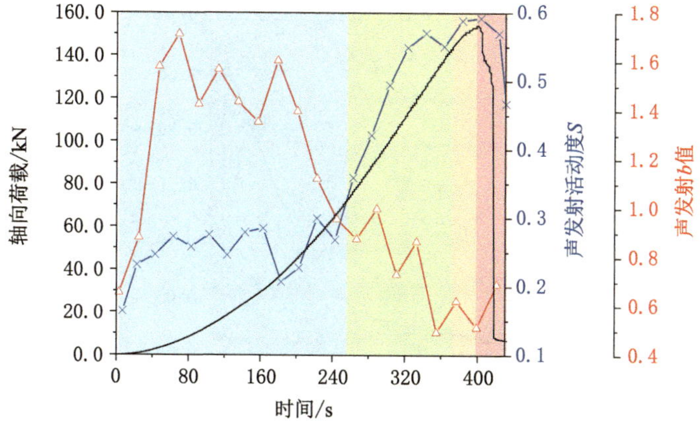

(a) UCT-1

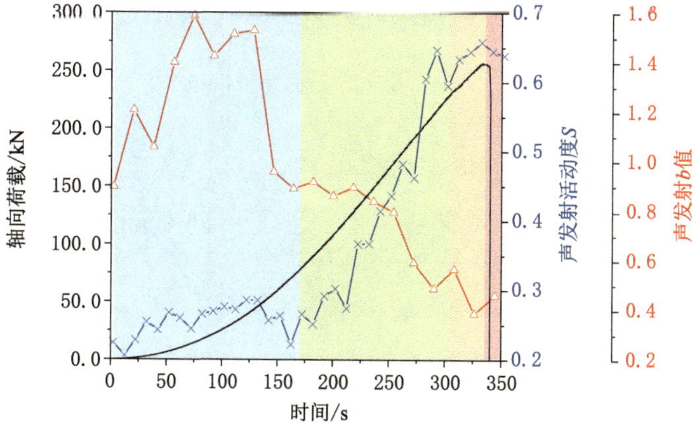

(b) UCT-2

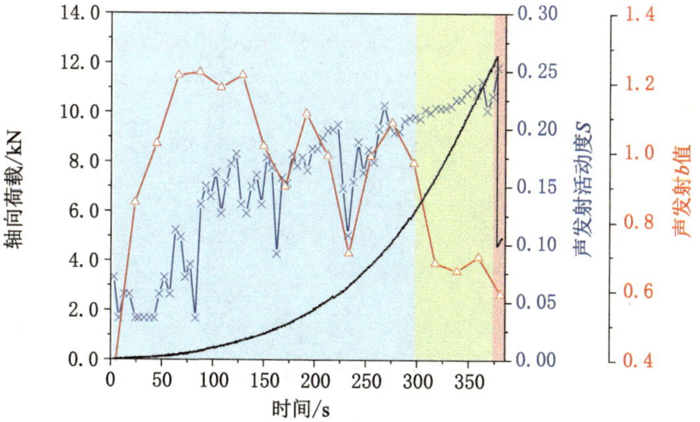

(c) BST-1

图4-4　声发射 b 值和 S 值的演化曲线

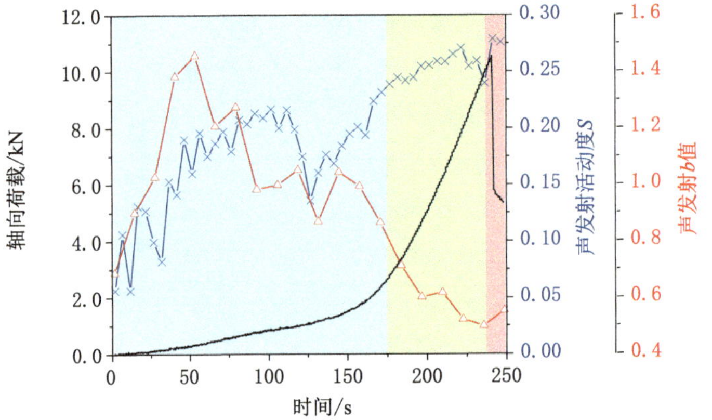

（d）BST-2

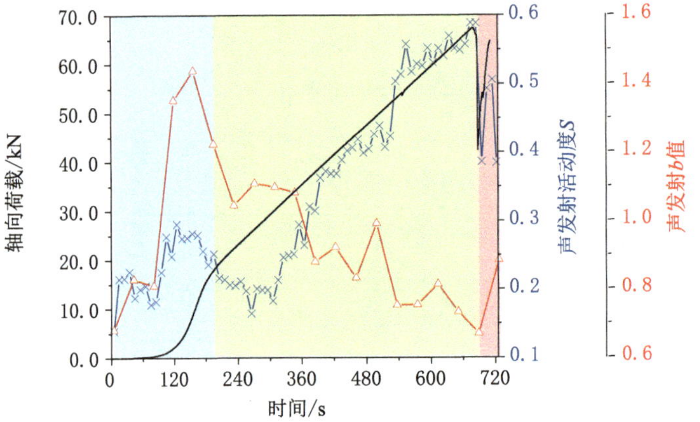

（e）DST-1

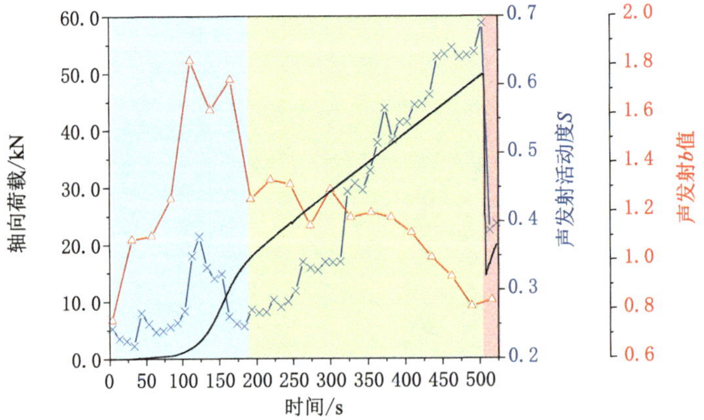

（f）DST-2

图 4-4 （续）

值、S 值达到峰值，表明该阶段的裂纹活动已经达到加载过程的最大尺度、最高能级、最高剧烈程度，使试件发生整体失稳破坏。

值得注意的是，三种试验中 b 值在压密阶段的取值非常接近，细砂岩试样取值范围为 1.2～1.6，大理岩试样取值范围为 1.3～1.8，这个阶段岩石的裂纹活动以原生孔隙和微裂纹的闭合为主，裂纹活动尺度并不受加载方式的影响。当岩石进入破坏阶段后，相比于单轴压缩和直接剪切试验，巴西劈裂试验中的 b 值和 S 值明显偏低，表明巴西劈裂试验中宏观裂纹活动的尺度和能级明显低于直接剪切试验和单轴压缩试验。这种规律仅通过声发射计数和能量等时域参量无法直接反映出来，但通过 b 值和 S 值的变化能获得更为直观的效果。

4.1.3　岩石不同破裂类型的典型声发射模式

4.1.3.1　岩石破坏主控裂纹类型

不同类型裂纹在萌生和扩展过程中产生的声发射具有各自典型的特征，这些特征可以通过声发射信号的相关参数反映出来。本小节基于 3.4.2 小节中的声发射裂纹类型划分标准，对 6 组试验结果进行分析。

图 4-5 给出了 6 组试验的结果。对比两种岩石破坏过程中的拉伸裂纹比例，直接剪切试验中剪切型裂纹的比例最高，分别仅为 78.2%和 84.2%，拉伸型裂纹仅占 21.8%和 15.8%，因此直接剪切试验中的岩石破坏由剪切型裂纹主导。巴西劈裂试验中剪切型裂纹比例最低，分别为 25.3%和 31.4%，拉伸型裂纹分别占 74.7%和 68.6%，因此巴西劈裂试验中的岩石破坏由拉伸型裂纹主导。单轴压缩试验中剪切型裂纹的比例均介于同一岩性的巴西劈裂试验和直接剪切试验之间，分别为 71.2%和 74.9%，拉伸型裂纹分别占 28.8%和 25.1%，因此单轴压缩试验中的岩石破坏同样由剪切型裂纹主导，但拉伸型裂纹的比例有所增加。以上试验结果对于揭示不同加载方式下的岩石破坏模式和主控裂纹类型具有实际意义。另外，通过对比不同岩石的试验结果，三种类型试验中细砂岩的拉伸裂纹均超过了大理岩，表明细砂岩作为沉积岩的一种，其颗粒间抵抗拉伸变形的能力弱于大理岩这种变质岩。

4.1.3.2　不同类型裂纹演化过程

根据图 4-5 中的分析结果，将一定时间内出现的不同类型裂纹的数量进行了分段统计，分析不同类型裂纹随加载时程的演化规律。图 4-6 给出了 6 组试验加载过程中不同类型裂纹的演化图。

根据图 4-6 中的结果可知，岩石在不同条件下加载直至破坏的过程中，主控裂纹的数量占比始终超过 50%，保持绝对的优势。但是，不同加载条件下，主控裂纹的演化规律并不相同。单轴压缩试验中，岩石在压密和弹性阶段，两种类型

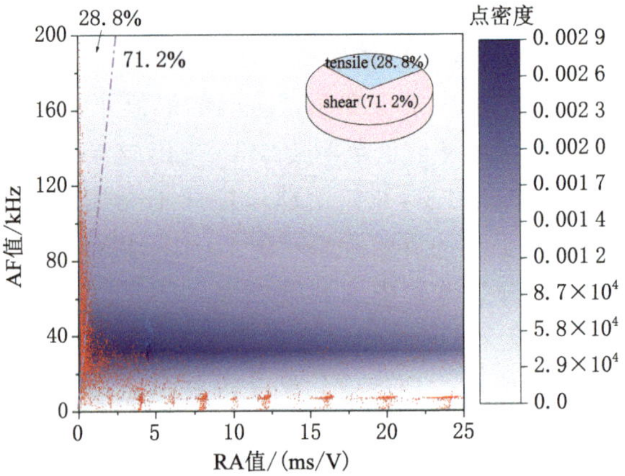

(a) UCT-1

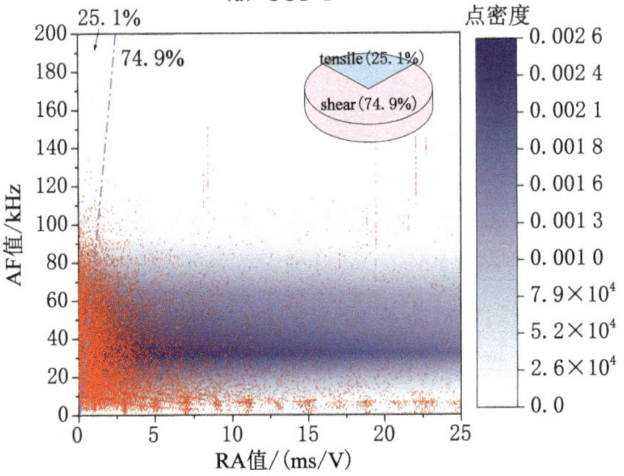

(b) UCT-2

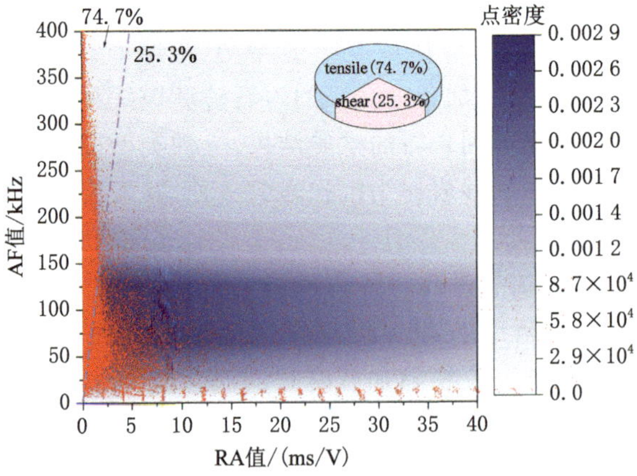

(c) BST-1

图 4-5 AF-RA 分布图

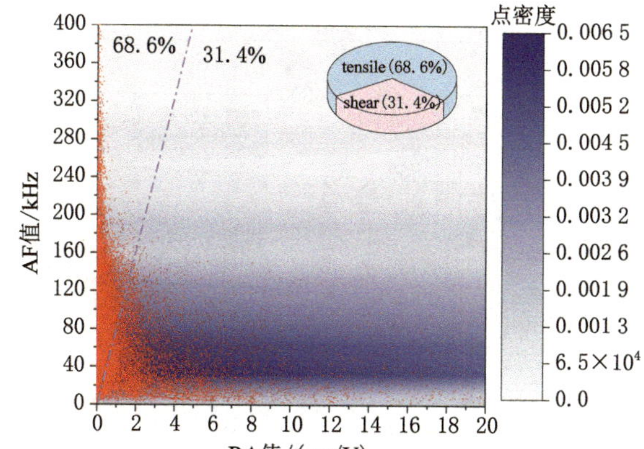

（d）BST-2

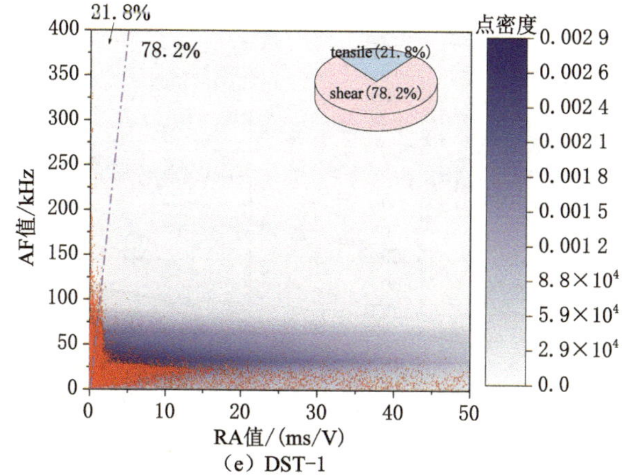

（e）DST-1

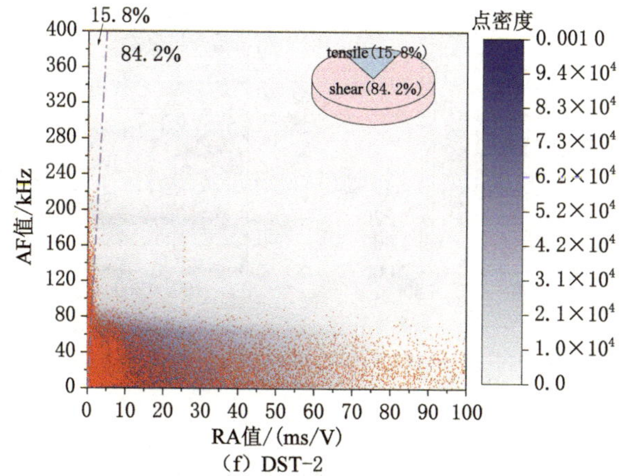

（f）DST-2

图 4-5 （续）

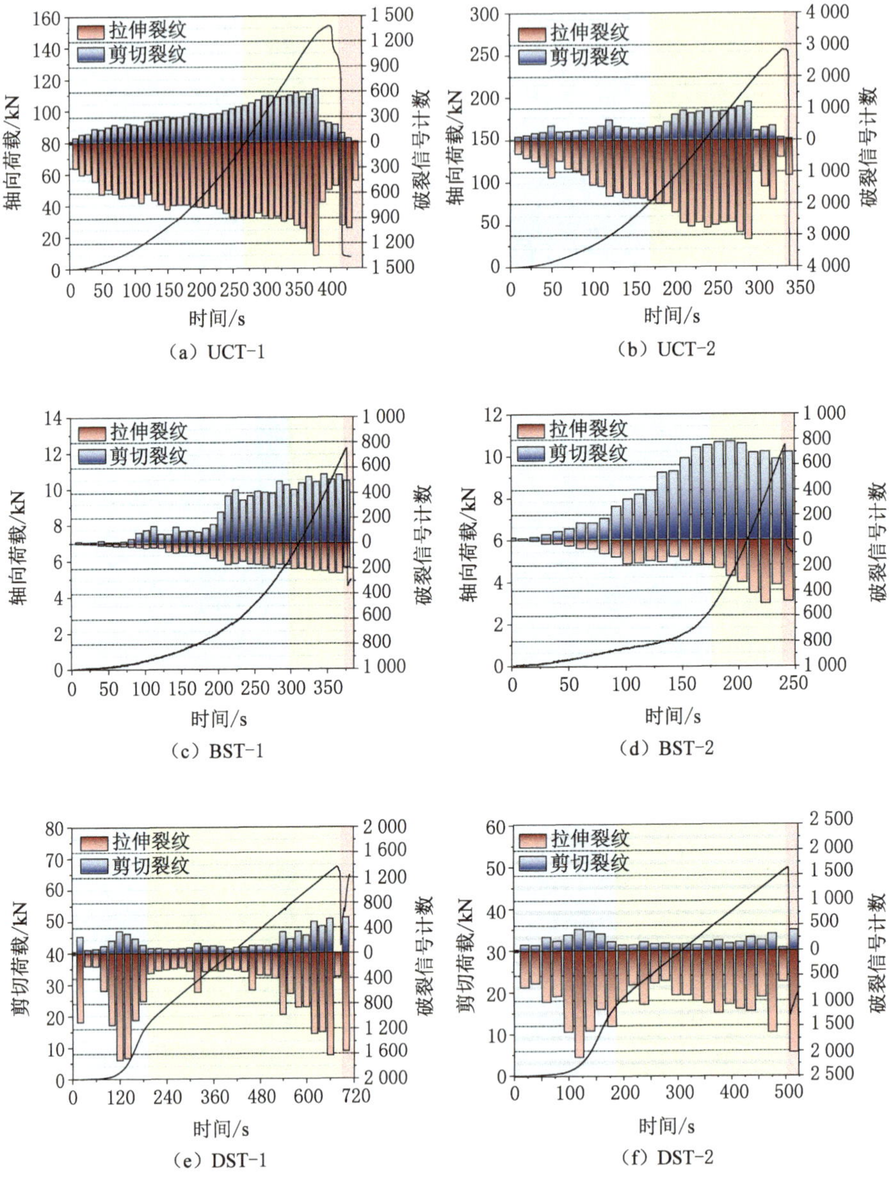

图 4-6　不同类型裂纹的演化曲线

的裂纹几乎同时保持了稳定累积的趋势，进入裂纹扩展阶段后新生裂纹数量明显降低，进入破坏阶段后的新生裂纹几乎全部是主控剪切裂纹。巴西劈裂试验中的岩石破坏虽然以拉伸裂纹主导，但自始至终同样均伴随有剪切裂纹的萌生和发育过程。直接剪切试验中，压密和破坏阶段是剪切型裂纹密集出现的两个阶段，表明这两个阶段的裂纹活动较为剧烈，而在较短的裂纹扩展阶段内，新出现的少量裂纹几乎全部是主控剪切型裂纹。值得关注的是，虽然岩石的加载方式不同，但是进入破坏阶段后均伴随着剪切裂纹数量的急剧增加，表明宏观破裂面形成后，破裂岩块之间不可避免地出现了剪切滑移的相互作用，导致了这一现象的出现。

4.1.3.3　不同破裂类型的频谱特征

声发射信号是一种非平稳信号，FFT(Fast Fourier Transform)是一种分析非平稳信号的经典频谱分析方法[231]。岩石产生的声发射信号频谱特征能够表征岩石的受力状态、岩石结构和力学性质。许多在时域里难以显现的问题，通过声发射本征频谱很容易辨认。

图 4-7 给出了 6 组岩石试样加载过程中的荷载、声发射主频随时间变化曲线。岩石破裂过程中的声发射主频与自身的性质相关。对于细砂岩试样，巴西劈裂试验中的声发射主频主要集中在 40～60 kHz，直接剪切试验中的声发射主频主要集中在 25～50 kHz、80～120 kHz、150～175 kHz 三个区间，单轴压缩试验则在 25～60 kHz、80～120 kHz、150～175 kHz 和 280～310 kHz 四个区间出现了主频集中带。对于大理岩试样，巴西劈裂试验中在 25 kHz、50 kHz、100 kHz 附近出现了主频集中带，直接剪切试验中的声发射主频主要集中在 30 kHz 左右，单轴压缩试验则在 25～50 kHz、90～120 kHz、150～170 kHz 和 300 kHz 四个区间出现了四个主频集中带。两组单轴压缩试验中出现的主频集中区间均包含了相同岩性试样的巴西劈裂和直接剪切试验的主频区间，同时在 300 kHz 左右的高频范围内中出现了新的主频集中带。另外，随着加载过程的推进，声发射明显表现出了主频带分布范围扩大的趋势。因此，主频的分布区间与岩性和裂纹类型密切相关。

图 4-7 中通过不同颜色标记出了声发射信号的能量级区间。为了更好地总结规律，我们将能量处于$[0,10^5)$、$[10^5,10^6)$、$[10^6,+\infty)$区间的声发射事件分别定义为低能量事件、中能量事件、高能量事件。三种试验中，大部分的声发射信号为低能量事件，中、高能量事件的分布与试样的加载阶段密切相关。巴西劈裂试验中，压密和弹性阶段出现的中、高能量事件均处于 50 kHz 左右的低频段，进入裂纹扩展阶段后，在 100 kHz、150 kHz 左右的中频段出现中、高能量事件。直接剪切试验中，压密阶段和破坏阶段集中出现了较多的中、高能量事件，均分布于 200 kHz 以下的中、低频段。单轴压缩试验中，压密和弹性阶段出现少量的中、高能量事件，大

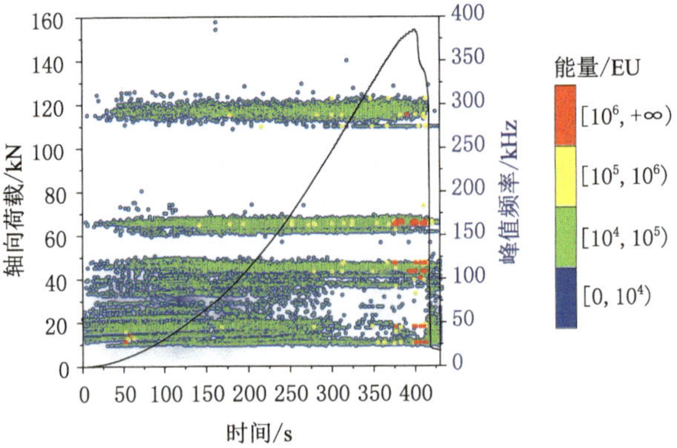

(a) UCT-1

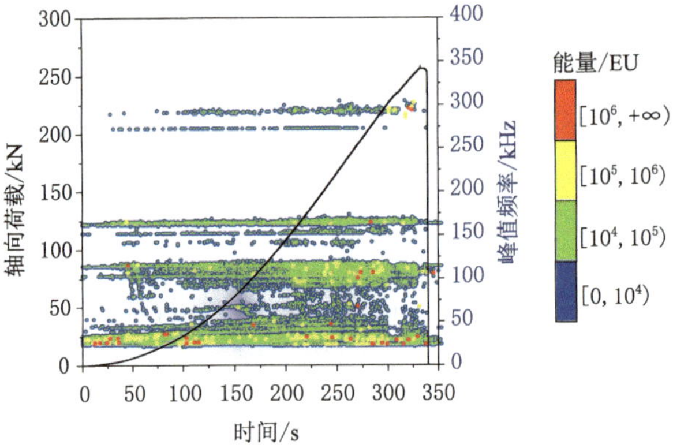

(b) UCT-2

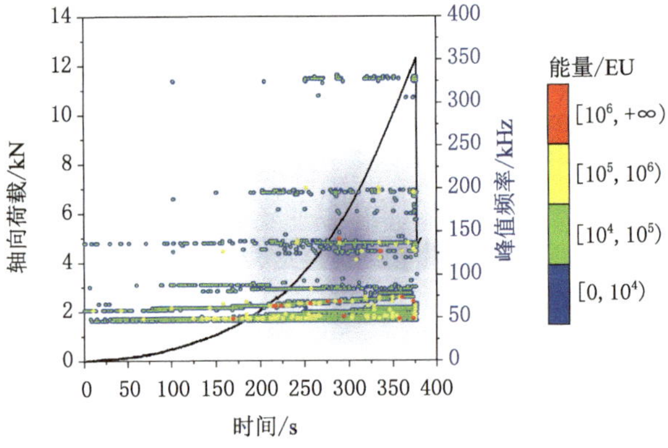

(c) BST-1

图 4-7　声发射主频分布图

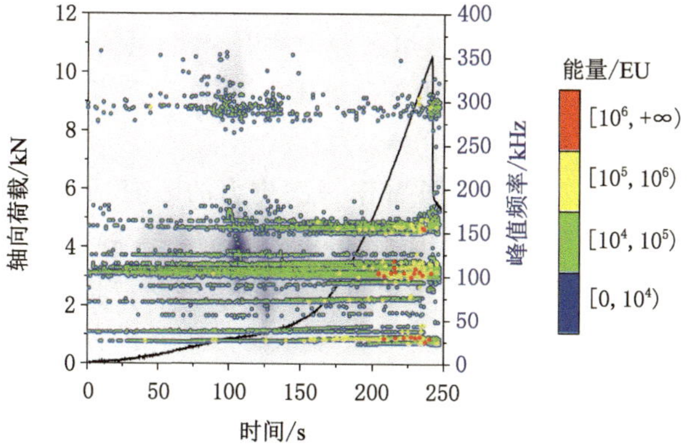

（d）BST-2

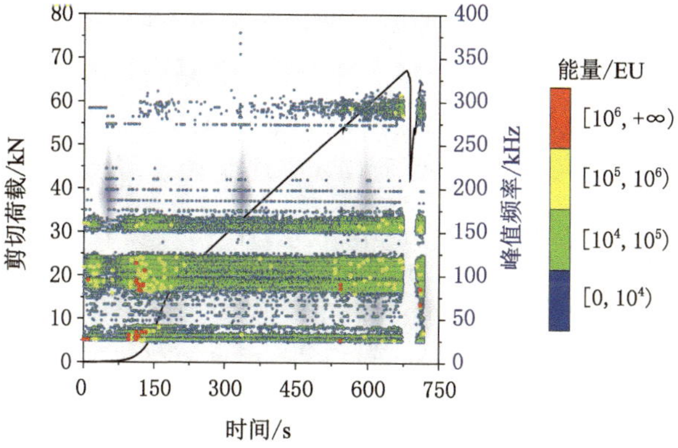

（e）DST-1

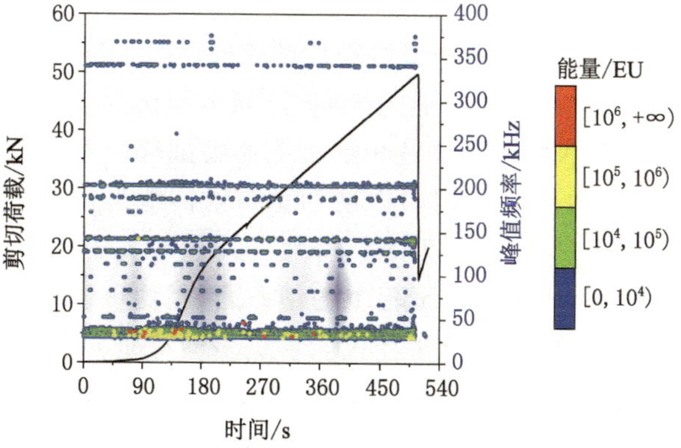

（f）DST-1

图 4-7 （续）

部分处于 50 kHz 以下的低频段，进入裂纹扩展阶段后，新出现的中、高能量事件有向中频段过渡的趋势。综上所述，6 组试验中的中、高能量的岩体破裂信号在压密阶段和破坏阶段分布较为密集，且大部分处于中、低频段。

4.1.3.4　不同机制裂纹的能量释放特征

岩体破裂声发射从力学角度可看作一次应力的瞬变，而从热力学角度可看作一次能量的突然释放。但是，由于破裂尺度和强度的不同，单纯地对比每个声发射事件的声发射能量并不能完整地反映不同类型裂纹的能量释放特征。因此，需要提出一种能反映相同破裂尺度下裂纹释放能量的参数，对比分析不同类型裂纹释放能量的区别。

声发射幅值是指声发射信号波形的最大振幅值，是表征声发射信号强弱的重要参数，与裂纹扩展的尺度呈正相关关系[232]。图 4-8 给出了 6 组试验中两种类型裂纹的声发射幅值与能量的关系。两种类型裂纹的声发射能量与幅值均表现出较为明显的正相关关系，我们将这种正相关关系通过线性函数表示为：

$$\lg(E_{\mathrm{AE}}) = KA_{\mathrm{AE}} + b \tag{4-3}$$

式中　E_{AE}——声发射事件能量，为了直观表现能量级，表示成 $\lg(E_{\mathrm{AE}})$ 的形式；

A_{AE}——声发射幅值；

K——拟合函数的斜率，表示声发射能量级与幅值的关系；

b——拟合函数的截距常数。

为了更好地对比不同类型裂纹的尺度与能量级的关系，将式(4-3)中的 K 定义为能量幅值比(EAR)，即：

$$\mathrm{EAR} = \frac{\lg(E_{\mathrm{AE}}) - b}{A_{\mathrm{AE}}} \tag{4-4}$$

根据图 4-8 中的结果，除两组巴西劈裂试验外，其余四组试验中的拉伸裂纹的声发射幅值和能量均分布于较低的区间，巴西劈裂试验中的主裂纹是拉伸型裂纹，所以并不具备这种特征。图 4-9 给出了 6 组试验中能量幅值比的计算结果。结果中值得关注的是，6 组试验中剪切型裂纹的能量幅值比均大于拉伸型裂纹，表明相同裂纹尺度下，剪切型裂纹释放的能量均大于拉伸型裂纹。另外，大理岩的能量幅值比均大于相同试验中的细砂岩，因此可以认为能量幅值比也在一定程度上反映了大理岩破裂时释放能量更多的特质。实际工程中，微震监测密集出现低频高幅事件可能是震源处的煤岩体组合结构发生破坏失稳的前兆[121]，此时释放的能量会对煤层产生更大的影响。这与本书中分析的剪切裂纹主导的岩石破坏所具备的声发射特征基本一致，表明剪切裂纹主导的煤岩体破坏具有更高的危险性，证明了通过能量幅值比描述不同机制裂纹的能量释放特性具有一定的参考意义。

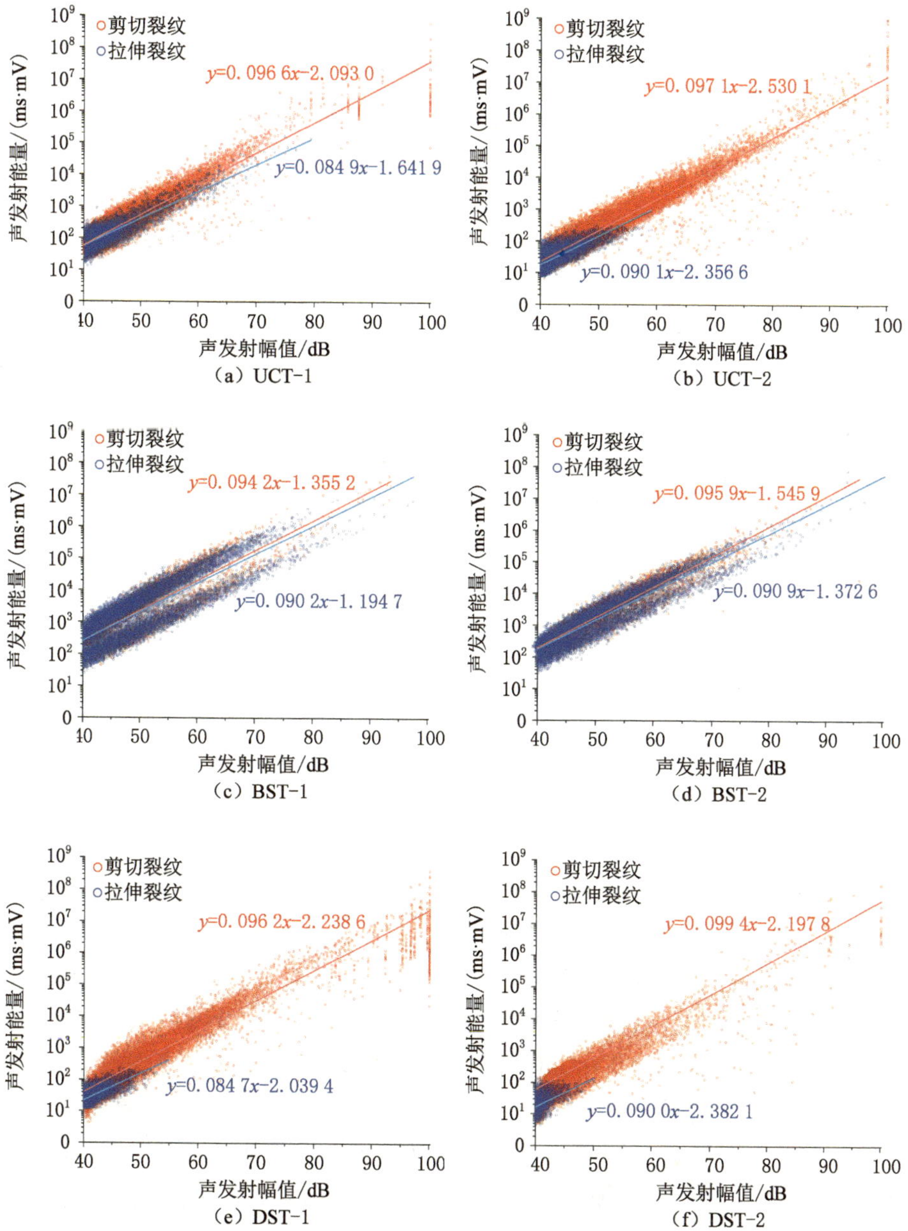

图 4-8　声发射幅值和能量关系分布图

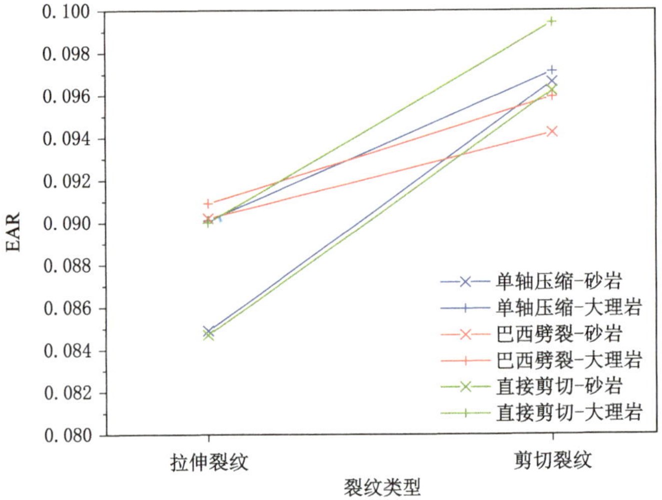

图 4-9　EAR 计算结果

4.2　岩石破裂震源机制

4.2.1　岩石破裂震源的波形特征

不同破裂类型的声发射波形信息反映了不同声发射源的本质特征。图 4-10 提取了 6 组试验中试样破坏时声发射事件的典型波形曲线，对比分析不同裂纹类型的声发射波形特征。声发射持续时间明显受到了岩性的影响，细砂岩的声发射持续时间均小于大理岩。相同岩性条件下，拉伸型声发射源具有较小的持续时间（均小于 300 μs）和幅值（均小于 0.1 V）。剪切型声发射源的持续时间（700～800 μs）和幅值（0.30～0.35 V）明显大于拉伸型声发射源，同时波形信号的上升时间更长。通常情况下，剪切破坏释放的能量要比拉伸破坏释放的能量多，平均频率要比拉伸波更低，这是由于剪切型裂纹扩展时能量会以剪切波[233]的形式释放。

4.2.2　岩石不同类型破裂的内在成因

岩石中的裂纹类型根据形成原因的不同主要分为拉伸型裂纹和剪切型裂

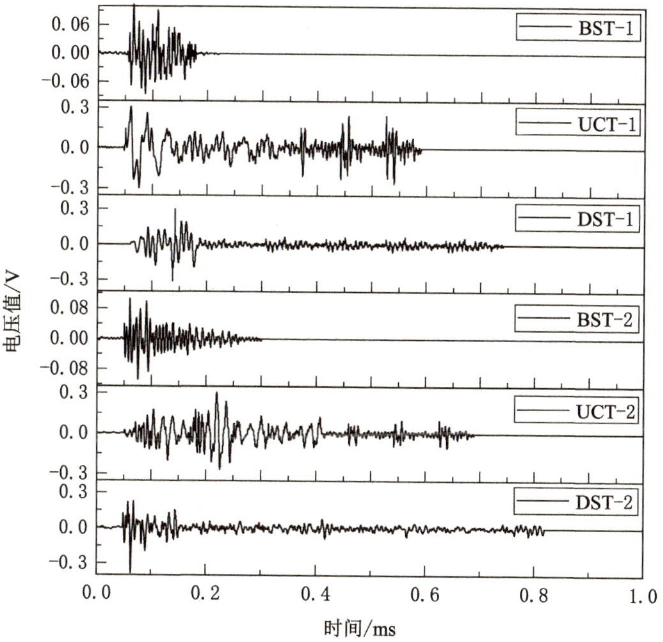

图 4-10　声发射波形曲线

纹。不同类型裂纹在形成机制上的本质区别在于，在作用于裂纹面两侧的一对方向相反、大小相等的力偶的驱使下，裂纹的运动方向与裂纹面法线方向的关系如图 4-11 所示。当裂纹同时具备这两种裂纹的特征时，表现为拉剪混合型裂纹[234]。

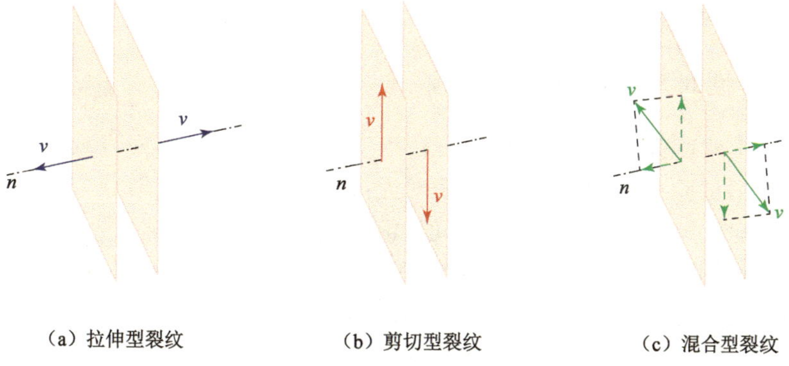

(a) 拉伸型裂纹　(b) 剪切型裂纹　(c) 混合型裂纹

图 4-11　岩石中三种类型的裂纹

本节关注了岩石宏观破坏形式与主控裂纹类型的联系。为了分析岩石裂纹类型的内在成因,对试验中获取的 6 种岩石破裂面进行了电镜扫描测试。测试系统采用山东科技大学矿山灾害预防控制省部共建国家重点实验室培育基地的 S250-Mk3 型扫描电子显微镜,放大倍数可达 20～300 000 倍。

图 4-12 给出了不同类型试验中岩石的细观破裂面形态图,由图可知:① 两种岩性的巴西劈裂试样破裂面中均出现了较多的沿晶断裂面,断裂面于同一区域中密集分布,断口形状具备颗粒质感。其中,砂岩试样晶粒较细,形成结晶状断口,在扫描面中出现了部分沿晶韧窝断口;大理岩试样晶粒较粗,形成冰糖状断口,断口棱角清晰、立体感较强。② 两种岩性的直接剪切试样破裂面中均出现了穿晶裂纹和大范围的解理平台,解理断裂面光滑平整,同时由于直接剪切试验的加载方式为水平剪切,因此扫描面中均出现了部分的表面碎屑。③ 单轴压缩试样破裂面同时具备了巴西劈裂和直接剪切的典型特征,同时出现了沿晶断裂和穿晶断裂。穿晶断裂形式复杂,砂岩破裂面中出现了鱼骨花样、河流花样和解理台阶等穿晶断口,大理岩试样中则出现了大范围的解理平台与沿晶断口共存的特征。

根据测试结果,巴西劈裂试验中岩石内部微裂纹以沿晶张性断裂为主,这是由于巴西劈裂试验中岩石破坏由拉应力主导,因此岩石表现出了拉伸型裂纹主控的劈裂破坏的宏观特征,如图 4-13(a)所示。剪切试验中岩石内部微裂纹以穿晶错位断裂为主,这是由于直接剪切试验中岩石破坏由剪应力主导,因此岩石表现出了剪切型裂纹主控的剪切滑移破坏,如图 4-13(b)所示。单轴压缩试验中,同时出现了大量的沿晶断裂和穿晶断裂,岩石破坏时剪切型裂纹的比例超过了 70%,而且出现了贯穿试样的主剪切面,虽然在局部岩石的抗拉强度较低,出现了一部分的拉伸型裂纹,但整体上是由剪切型裂纹主控的破坏,如图 4-13(c)所示。

4.2.3 岩性对声发射特征的影响

根据本章研究的结果,两种岩石在声发射参数的各个方面表现出差异性。相同类型的试验中,这些差异具体表现为:① 细砂岩的声发射计数、峰值能量小于大理岩;② 细砂岩的声发射 b 值、活动度 S 小于大理岩;③ 细砂岩的拉伸型裂纹比例更高;④ 细砂岩的裂纹总数量小于大理岩;⑤ 细砂岩的能量幅值比小于大理岩。这种存在于两种岩性间的差异性可以被概括为:细砂岩声发射的频次和强度比大理岩更弱。这与第 2 章中的三点弯曲试验观察结果[235]基本一致。

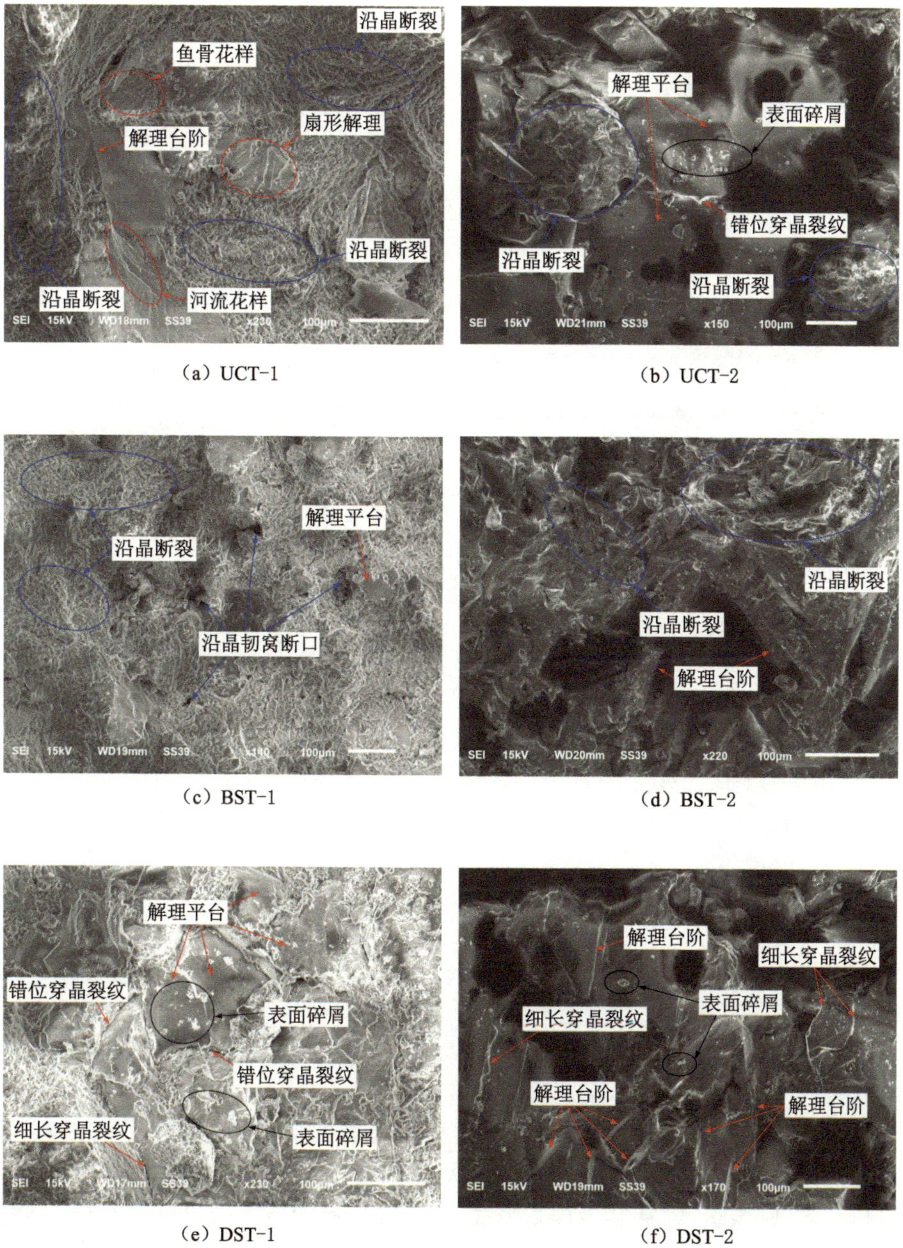

(a) UCT-1　(b) UCT-2

(c) BST-1　(d) BST-2

(e) DST-1　(f) DST-2

图 4-12　岩石破裂面电镜扫描图

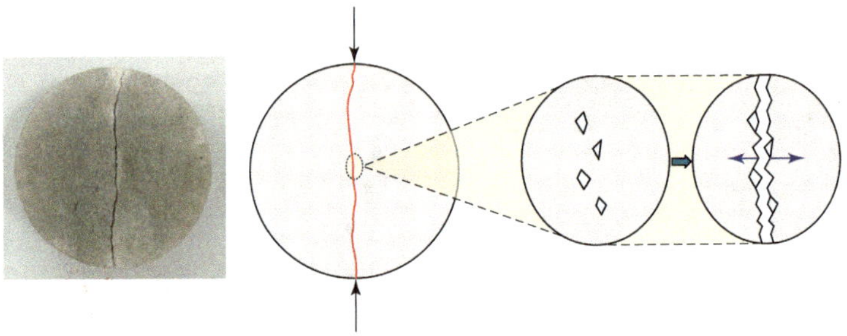

（a）巴西劈裂试验

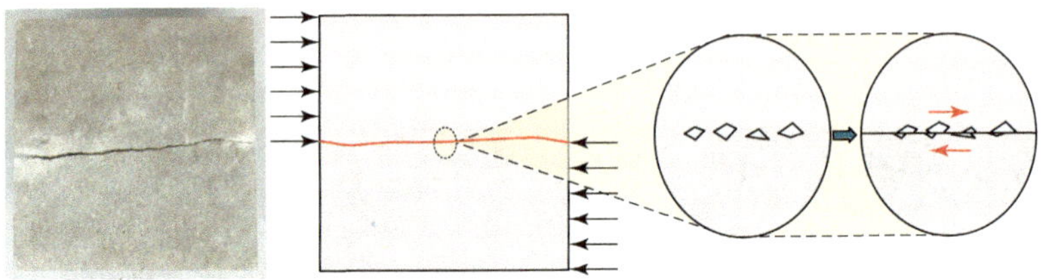

（b）直接剪切试验

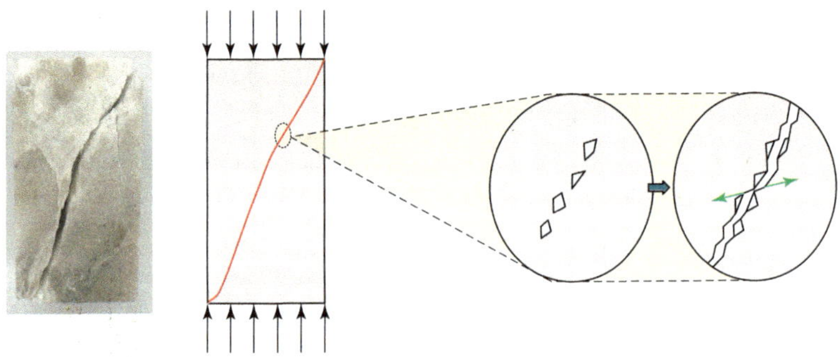

（c）单轴压缩试验

图 4-13　三种试验中岩石的宏观破坏模式

这种差异归因于两种岩石的矿物结构和成岩机制。砂岩是一种沉积岩，主要由各种砂粒胶结而成，砂粒含量普遍大于 50%[236]。砂岩的形成过程中，经过了风化、剥蚀、搬运，在地层中堆积形成，因此砂岩通常表现出胶结程度和致密性较差的特性，这在本项研究准备阶段的密度和波速测试结果中也可以证实。正是因为砂岩的这种特性，使得岩体颗粒间的相互作用力较小，更容易出现拉伸破裂。而大理岩是一种变质岩，由碳酸盐岩经区域变质作用或接触变质作用形成[237]，一般具有典型的粒状变晶结构。相对于砂岩来说，大理岩晶体间的胶结程度更强，使得破裂时需要的外力和自身释放的能量更大。因此，大理岩破裂时表现出的声发射强度偏大，释放的能量更多。

4.3 远场顶板破断能量传播衰减特征

4.3.1 弹性波动方程数值计算方法

顶板岩层发生破裂后，沿地层介质向周边传播，在传播过程中将产生一系列的波现象，包括几何扩散、反射、散射、透射、纵波/横波转换、衰减吸收等。这些波的现象共同对岩体破断的能量产生衰减作用，影响从震源位置传播到达特定位置(如煤层)的能量。上述现象与地层介质的纵、横波速度以及密度密切相关。因此，为了对岩梁断裂释能的传播与衰减特征开展研究，根据地层参数等济宁二号煤矿实际工程地质条件，建立了十采区 $103_{下}03$ 工作面区域从地表至工作面底板的地层纵、横波速度和密度模型。在此基础上，首先基于震动位移场分析，对顶板岩层不同断裂条件下的能量释放进行预计。然后基于弹性波动方程数值模拟，计算震动波场在该区域内的传播过程，分析波场在区域地层中传播的基本特征；进一步计算传播过程中的位移、应力和能量相关的参数，扫描空间区域内每个位置处的峰值，由此获得相对于震源点处的衰减系数空间分布数据；分析不同的破断类型的诱发震动波的传播过程。最后，综合分析得到顶板断裂的能量传播与衰减规律及其对 $103_{下}03$ 工作面影响的评价。

利用有限差分方法数值求解弹性波动方程，将工作面顶板断裂震源传播至整个地层空间，获取位移、应力、能量的峰值分布。根据该方程可以计算得到不均匀地层中某位置发生的震动，传播到整个地下空间中所形成的波场。弹性波动方程基本形式为：

$$\begin{cases}\dfrac{\partial^2 u}{\partial t^2}=V_P^2\left(\dfrac{\partial^2 u}{\partial x^2}+\dfrac{\partial^2 v}{\partial x\partial y}+\dfrac{\partial^2 w}{\partial x\partial z}\right)+V_S^2\left(\dfrac{\partial^2 u}{\partial y^2}+\dfrac{\partial^2 u}{\partial z^2}-\dfrac{\partial^2 v}{\partial x\partial y}-\dfrac{\partial^2 w}{\partial x\partial z}\right)\\ \dfrac{\partial^2 v}{\partial t^2}=V_P^2\left(\dfrac{\partial^2 u}{\partial x\partial y}+\dfrac{\partial^2 v}{\partial y^2}+\dfrac{\partial^2 w}{\partial y\partial z}\right)+V_S^2\left(\dfrac{\partial^2 v}{\partial x^2}+\dfrac{\partial^2 v}{\partial z^2}-\dfrac{\partial^2 u}{\partial x\partial y}-\dfrac{\partial^2 w}{\partial y\partial z}\right)\\ \dfrac{\partial^2 w}{\partial t^2}=V_P^2\left(\dfrac{\partial^2 u}{\partial x\partial z}+\dfrac{\partial^2 v}{\partial y\partial z}+\dfrac{\partial^2 w}{\partial z^2}\right)+V_S^2\left(\dfrac{\partial^2 w}{\partial x^2}+\dfrac{\partial^2 w}{\partial y^2}-\dfrac{\partial^2 u}{\partial x\partial z}-\dfrac{\partial^2 v}{\partial y\partial z}\right)\end{cases} \tag{4-5}$$

式中　V_P、V_S——地层介质中纵波传播速度和横波传播速度；

u、v、w——质点震动位移，$\boldsymbol{u}=ui_x+vi_y+wi_z$ 为质点的位移矢量。

同时，需要预计传播过程中的应力场以及能量。应力按照式(4-6)由位移场得到：

$$\begin{cases}\sigma_x = c_{11}\dfrac{\partial u}{\partial x} + c_{12}\dfrac{\partial v}{\partial y} + c_{13}\dfrac{\partial w}{\partial z}\\ \sigma_y = c_{21}\dfrac{\partial u}{\partial x} + c_{22}\dfrac{\partial v}{\partial y} + c_{23}\dfrac{\partial w}{\partial z}\\ \sigma_z = c_{31}\dfrac{\partial u}{\partial x} + c_{32}\dfrac{\partial v}{\partial y} + c_{33}\dfrac{\partial w}{\partial z}\\ \tau_{yz} = c_{44}\left(\dfrac{\partial w}{\partial y} + \dfrac{\partial v}{\partial z}\right)\\ \tau_{xz} = c_{55}\left(\dfrac{\partial w}{\partial x} + \dfrac{\partial u}{\partial z}\right)\\ \tau_{xy} = c_{44}\left(\dfrac{\partial v}{\partial x} + \dfrac{\partial u}{\partial y}\right)\end{cases} \tag{4-6}$$

式中 c_{ij}——刚度系数，与介质的密度以及纵、横波速度之间的关系为：

$$\begin{cases}c_{11} = c_{22} = c_{33} = \rho V_{\mathrm{P}}^2\\ c_{12} = c_{13} = c_{23} = \rho V_{\mathrm{P}}^2 - 2\rho V_{\mathrm{S}}^2\\ c_{44} = c_{55} = c_{66} = \rho V_{\mathrm{S}}^2\end{cases} \tag{4-7}$$

分别采用能量密度和能流密度描述弹性波传播过程中的能量。能量密度根据式(4-8)由位移场得到：

$$E = \frac{1}{2}\rho\left(\frac{\partial \boldsymbol{u}}{\partial t}\right)^2 \tag{4-8}$$

能流密度矢量则根据式(4-9)由位移和应力得到：

$$\boldsymbol{K} = \begin{bmatrix}\sigma_x & \tau_{xy} & \tau_{xz}\\ \tau_{xy} & \sigma_y & \tau_{yz}\\ \tau_{xz} & \tau_{yz} & \sigma_z\end{bmatrix} \cdot \begin{bmatrix}\dfrac{\partial u}{\partial t}\\ \dfrac{\partial v}{\partial t}\\ \dfrac{\partial w}{\partial t}\end{bmatrix} \tag{4-9}$$

在计算过程中，取 $\boldsymbol{K}$ 的模 $|\boldsymbol{K}|$ 作为能量参数考察。

4.3.2 岩层破断模式

顶板断裂后形成震动源，在其邻近区域形成一个非弹性变形区，在其外部只有震动波传播。顶板断裂过程中，施加在岩石介质上的作用力使之发生变形(包括弹性变形和非弹性变形)。该作用力产生的位移用球形坐标(r,θ,φ)形式表示为：

$$\begin{cases} u^{\mathrm{P}} = \dfrac{1}{4\pi\rho v_{\mathrm{P}}^{3} r} R^{\mathrm{P}}(M_{ij}) \\ u^{\mathrm{SV}} = \dfrac{1}{4\pi\rho v_{\mathrm{S}}^{3} r} R^{\mathrm{SV}}(M_{ij}) \\ u^{\mathrm{SH}} = \dfrac{1}{4\pi\rho v_{\mathrm{S}}^{3} r} R^{\mathrm{SH}}(M_{ij}) \end{cases} \tag{4-10}$$

(1) 拉伸型震源

拉伸型震源可以等效为水平方向的一对对称张力，破断所产生的位移场表示为式(4-11)。相应的，纵波和横波的辐射样式如图 4-14 所示。

$$\begin{cases} u_{\mathrm{r}} = \dfrac{1}{4\pi\rho v_{\mathrm{P}}^{3} r} \sin^{2}\theta\cos^{2}\varphi M_{11} \\ u_{\Theta} = \dfrac{1}{8\pi\rho v_{\mathrm{S}}^{3} r} \sin 2\theta\cos^{2}\varphi M_{11} \\ u_{\varphi} = -\dfrac{1}{8\pi\rho v_{\mathrm{S}}^{3} r} \sin\theta\sin 2\varphi M_{11} \end{cases} \tag{4-11}$$

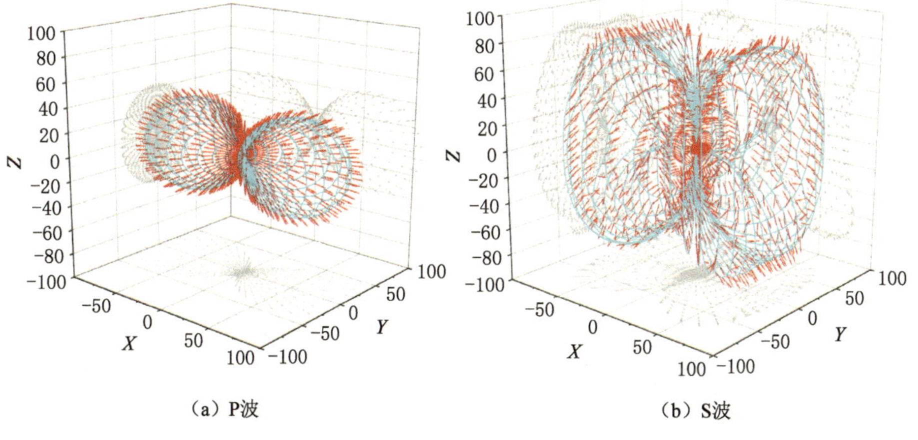

图 4-14　拉伸型震源辐射波场

(2) 剪切型震源

剪切型震源可等效为一对剪切力的作用。破断所产生的位移场表示为式(4-12)。相应的，纵波和横波的辐射样式如图 4-15 所示。

$$\begin{cases} u_{\mathrm{r}}=\dfrac{1}{4\pi\rho v_{\mathrm{P}}^{3}r}\sin 2\theta\cos\varphi M_{13} \\ u_{\Theta}=\dfrac{1}{4\pi\rho v_{\mathrm{S}}^{3}r}\cos 2\theta\cos\varphi M_{13} \\ u_{\varphi}=-\dfrac{1}{4\pi\rho v_{\mathrm{S}}^{3}r}\cos\theta\sin\varphi M_{13} \end{cases} \tag{4-12}$$

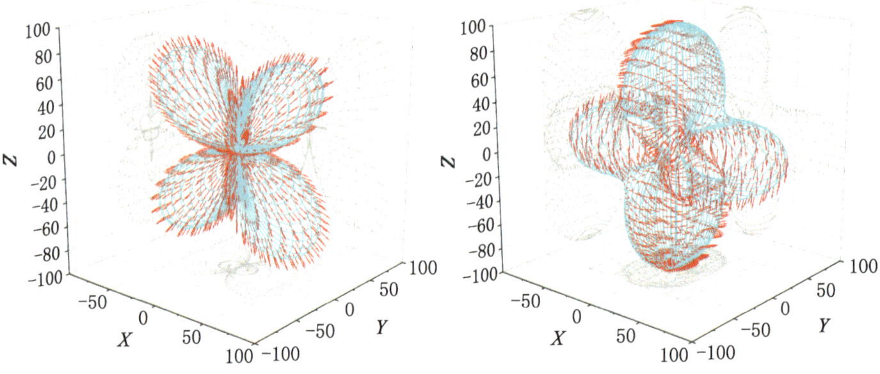

(a) P波　　(b) S波

图 4-15　剪切型震源辐射波场

根据上述的等效力分析方法，可获得等效震源的位移表达形式，进一步结合顶板实际的物理力学参数，即可对顶板断裂能量源的传播衰减特性进行定量评估。

4.3.3　现场工程条件

4.3.3.1　矿井概况

济宁二号煤矿隶属于兖州煤业股份有限公司，是国家“八五”重点建设项目，位于山东省济宁市境内，井田面积约 87 km^2。矿井于 1997 年 11 月建成投产，2000 年达产，核定生产能力 390 万 t/a，是一座国有特大型现代化矿井。

济宁二号煤矿矿井开采水平为－555 m、－740 m，主要开采 $3_{上}$、$3_{下}$煤层，埋藏深度为 494～900 m。矿井共设计布置 14 个采区，目前，矿井采掘活动主要集中在二、三、九、十、十二、十三采区。开采的 $3_{上}$、$3_{下}$煤层均具有强冲击倾向，其顶底板均具有弱冲击倾向，当前最大开采深度 798 m，历史最大开采深度 900 m。

4.3.3.2　采区位置

十采区位于济宁二号井田中部，东起八里铺断层保护煤柱，南到十一采区北部边界，西起 39464000 经线，北边界为兖新铁路煤柱，东西宽约 2 200 m，南北长约 2 300 m，其位置如图 4-16 所示。该区生产水平煤层有 $3_上$、$3_下$ 和 6 煤层，标高分别为 −590～−820 m、−620～−850 m、−650～−880 m，地面标高为 +33.70～+38.58 m。

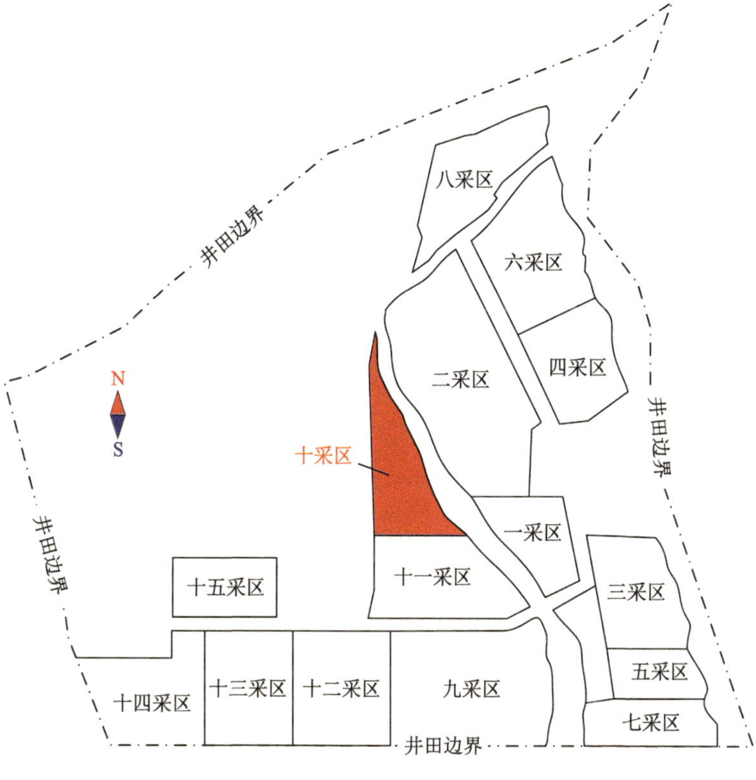

图 4-16　采区划分示意图

4.3.3.3　地质构造

济宁二号井田内含煤地层走向总体趋势近南北，向西倾斜，倾角平缓，煤层倾角为 2°～10°。地质构造以 NNE 的宽缓褶曲为主，少量 NW 向褶曲。落差大于 10 m 的断层 96 条，其中落差大于 20 m 的断层 42 条，落差小于 5 m 的小断层密集发育，井田构造复杂程度为中等类型。矿井地质构造如图 4-17 所示。

十采区煤层构造形态总体呈西北及西南部高、中间低的态势，由一个背斜和一个向斜组成。背斜为白庄背斜，位于采区东南部；向斜为许庄向斜，位于采区中稍偏北部。该区煤层倾角 3°～12°，一般在背、向斜的轴部较陡。煤层底板赋存：$3_上$ 煤层底板为 −590～−820 m，$3_下$ 煤层底板为 −620～−850 m。

十采区东部边界为八里铺断层（H＝170～260 m）煤柱，西部有代庄断层

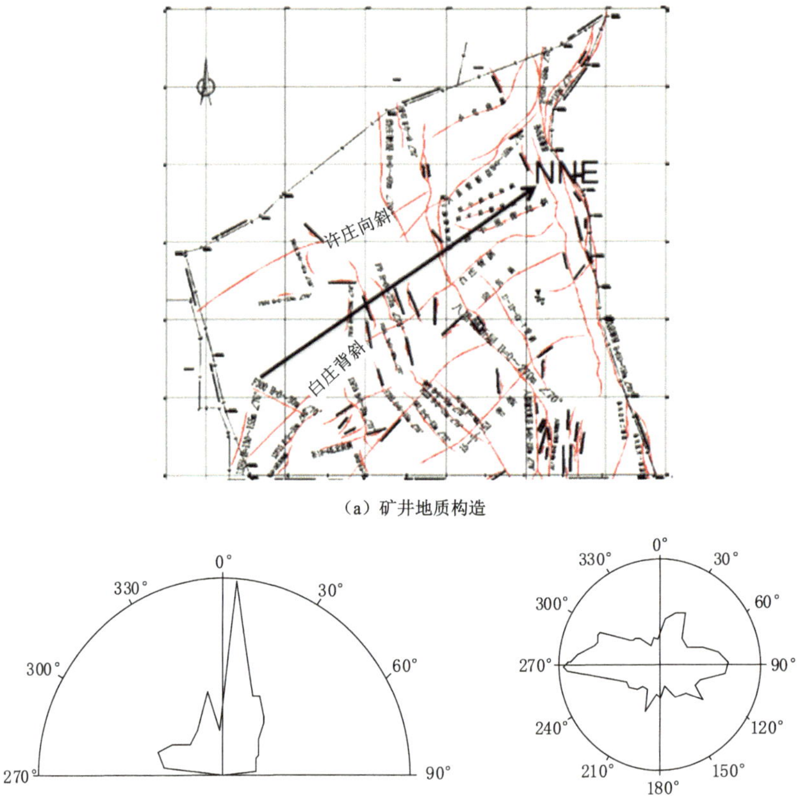

（a）矿井地质构造

（b）断层走向玫瑰图

（c）断层倾向玫瑰图

图 4-17　矿井地质构造图

(H＝0～43 m)，中部有八里营断层(H＝50～98 m)，采区西南部有 F9(H＝0～37 m)、F328(H＝0～26 m)、F226(H＝0～34 m)、F48-2(H＝0～25 m)等断层，受其影响，本区断裂构造较发育。

4.3.3.4　煤层赋存

区域内煤层结构复杂，采区生产煤层为 $3_上$、$3_下$ 和 6 煤层，为黑色-深黑色、软-中等坚硬煤层，各煤层宏观煤岩组分中以亮煤为主，含有丝质体条带。$3_上$ 和 $3_下$ 煤层大部分可采，6 煤层局部可采；3 煤层含 0～5 层夹石，厚度 0～0.72 m，主要为泥岩和粉砂岩。$3_上$ 煤层厚度 0.74～5.42 m，平均 3.29 m；$3_下$ 煤层厚度 0～16.6 m，平均 4.88 m；6 煤层厚度 0.25～1.21 m，平均 0.67 m；$3_上$ 和 $3_下$ 煤层为较稳定煤层，6 煤层为极不稳定煤层。图 4-18 为采区内地层综合柱状图。

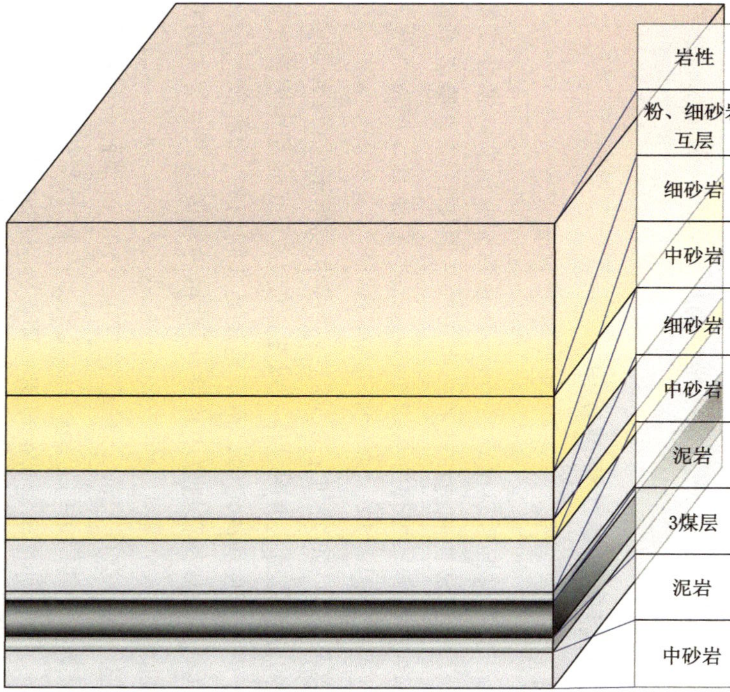

岩性	层厚/m	岩性描述
粉、细砂岩互层	39.1～50.2 / 44.65	浅灰色，主要成分为石英，另含少量长石、白云母，泥质胶结，含少量炭化植物碎片
细砂岩	10.4～28.7 / 19.6	灰白色，斜层理发育，含少量泥质包裹体，上部裂隙发育
中砂岩	10～14.75 / 12.38	灰白色，成分以石英、长石为主，含少量泥质包裹体，钙质胶结，斜层理发育
细砂岩	5.2～6.0 / 5.6	灰色，缓波状斜层理，裂隙发育，被方解石充填
中砂岩	12.25～14.7 / 13.48	灰白色，成分以石英、长石为主，含大量暗色矿物，裂隙发育，薄层状单斜层理发育
泥岩	0～7.17 / 2.53	灰黑色，局部含植物化石碎片，缓波状斜层理
3煤层	6.1～11.1 / 9.35	黑色，块状，成分以亮煤和镜煤为主，半亮型，玻璃光泽，节理较发育，局部含一层粉砂岩夹矸
泥岩	1.1～7.22 / 3.69	深灰色，含大量植物根部化石，局部夹有炭化煤屑和黄铁矿薄膜
中砂岩	9.1～9.8 / 9.45	灰白色，成分以石英、长石为主，见少量裂隙，具微波状近水平层理，硅质胶结

图4-18　地层综合柱状图

4.3.4 波速场模型建立

对于 4.3.1 小节所述的弹性波方程的数值求解，有多种数值方法可以采用，包括有限元、有限差分、离散元、伪谱法、谱元法等。考虑到实际地层结构的复杂性、计算精度和计算效率，本小节采用有限差分法进行计算。其基本原理是将地层计算区域划分为规则的网格，在每个网格点上定义介质参数和波场量。将震源波场作为输入量，通过 C 语言弹性波动方程编程迭代，实现各网格点上的参数响应计算。

为了模拟 $103_{下}03$ 工作面顶板断裂能量的传播衰减过程，建立 $103_{下}03$ 工作面所处的地层波速场模型。模型为二维平面模型，尺寸为 1 200 m×800 m，共分为两部分：① 在 $103_{下}03$ 工作面附近垂向 140 m 范围内建立不规则的地质模型，模型中设置三条断层，从左至右分别为 F274(H=7.7 m,78°)、F103(H=10.5 m,80°)和八里铺断层(H=170 m,65°)；② 对于上覆岩层和底板边界，根据实际地层参数进行了设置。模型采用全透射无反射边界，离散网格间距是纵向 $dz=2$ m、横向 $dx=2$ m；根据稳定性条件，取时间离散采样间隔为 $dt=0.2$ ms。模型范围划定后，将地层参数换算为纵、横波速度，其中纵、横波波速场如图 4-19 所示。以震源位置的激发位移作为加载输入量，输入坐标为(800,380)，具体层位为煤层上方约 60 m 的砂岩层内。

4.3.5 顶板断裂能量源参数衰减规律

4.3.5.1 基本波场特征

根据 4.3.4 小节对顶板断裂模式的分析，顶板断裂所诱发的弹性波场的两种极限形式分别是纯纵波源和纯横波源。图 4-20～图 4-21 分别给出了数值模拟中纯纵波源和纯横波源的弹性波场快照，以质点位移垂直分量为例展示了两种波场的传播过程。由图 4-20～图 4-21 可知：

① 纵波波场于 $T=150$ 时初至 $3_{下}$ 煤层，而横波波场于 $T=250$ 时初至 $3_{下}$ 煤层，横波震源的波前传播速度明显低于纵波速度，这是由地层中岩石介质的横波速度普遍低于纵波速度所决定的。由于地层是非均匀的，两种震源均在传播过程中转换出了另一种波型在地层中传播，因此两种震源所产生的波场特征具有一定的相似性。

② 由于地层中埋深 150～250 m 的位置存在约 100 m 厚的岩浆岩层，其纵、横波传播速度显著高于其周边的岩层，导致其成为一个“波导层”，即震动波在岩浆岩与相邻岩层交界面处产生显著的反射。顶板砂岩层断裂震源引发的震动位移向上传播至岩浆岩层后，部分震动波位移经过反射重新向下传播至煤层，导致

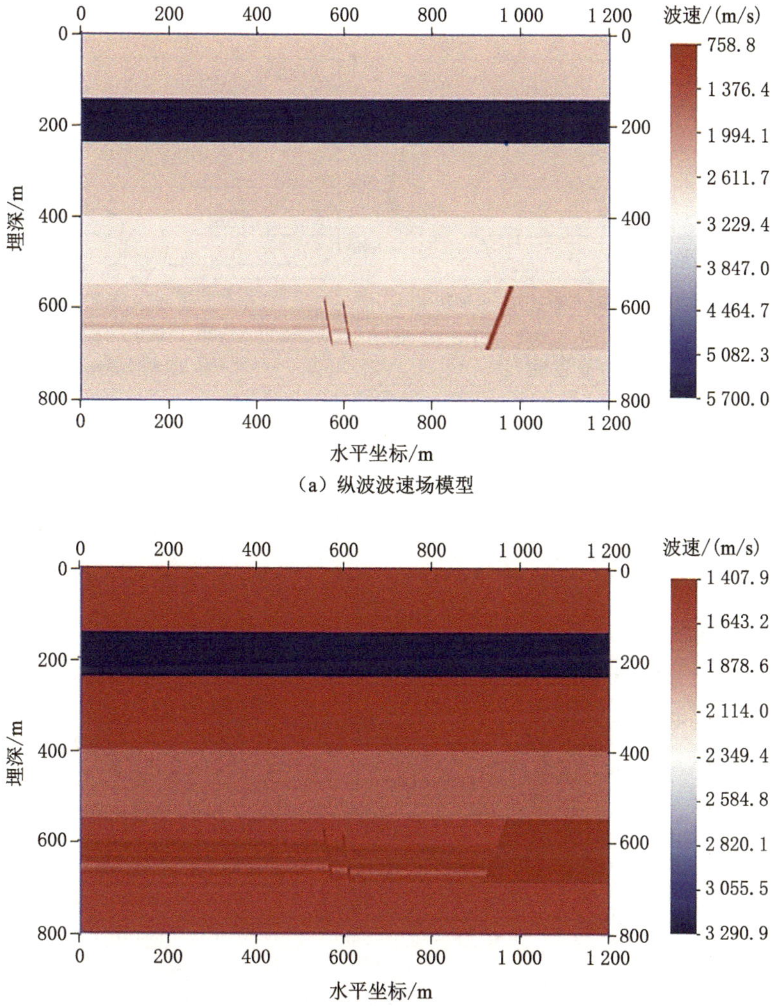

（a）纵波波速场模型

（b）横波波速场模型

图 4-19　$103_{下}03$ 工作面地层波速场数值模型

了煤层震动波的二次余震，余震的位移强度明显低于初震。同时，有较多位移分量被保留在岩浆岩中并快速沿着岩浆岩层水平传播至远处，这种效应减少了砂岩层断裂能量向地表的传播，起到了能量疏导的作用。

③ 在各岩层的分界面上，均发生了波型转换现象，即：纵波到达界面之后，除了产生透射和反射的纵波，同时还产生了反射和透射的横波；横波到达界面之后，

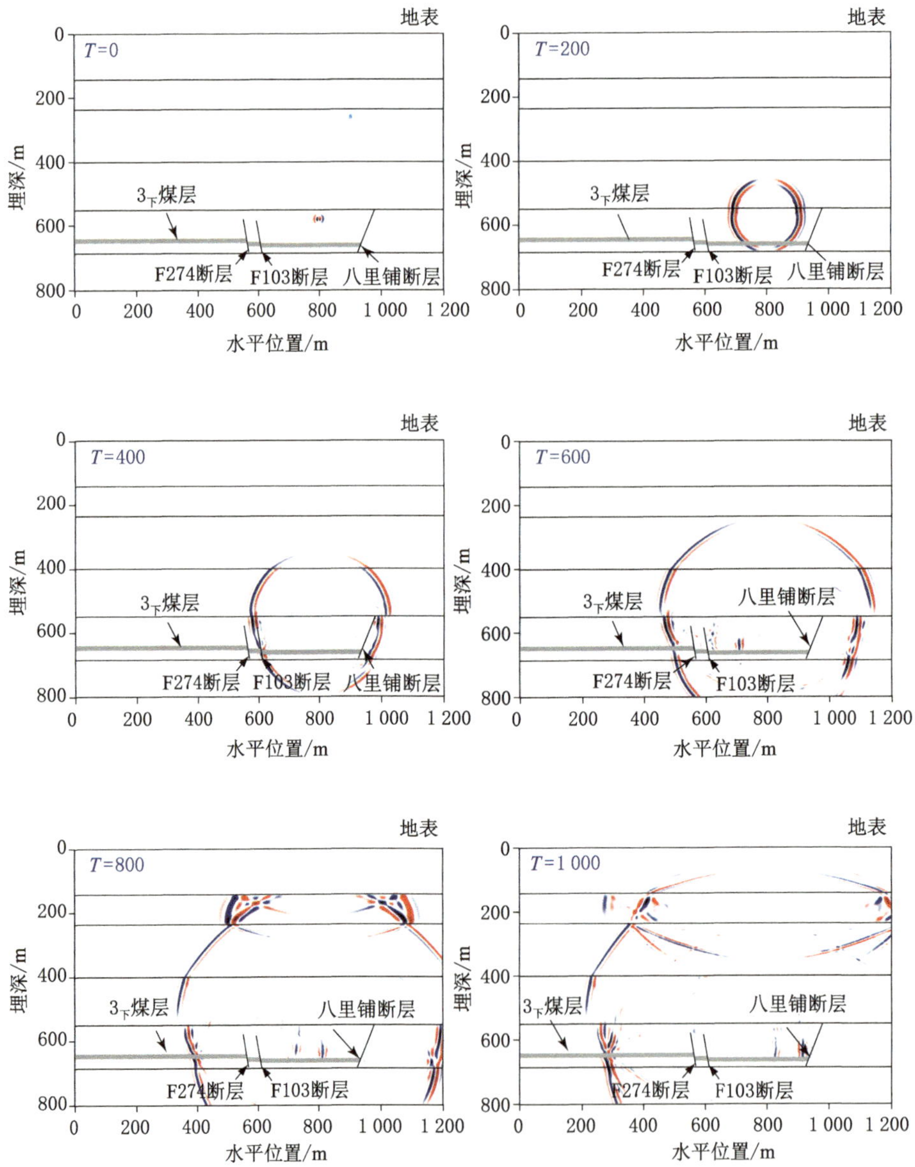

T=0
T=200
T=400
T=600
T=800
T=1 000
地表
埋深/m
水平位置/m
3下煤层
F274断层
F103断层
八里铺断层

图 4-20　P 波波场快照

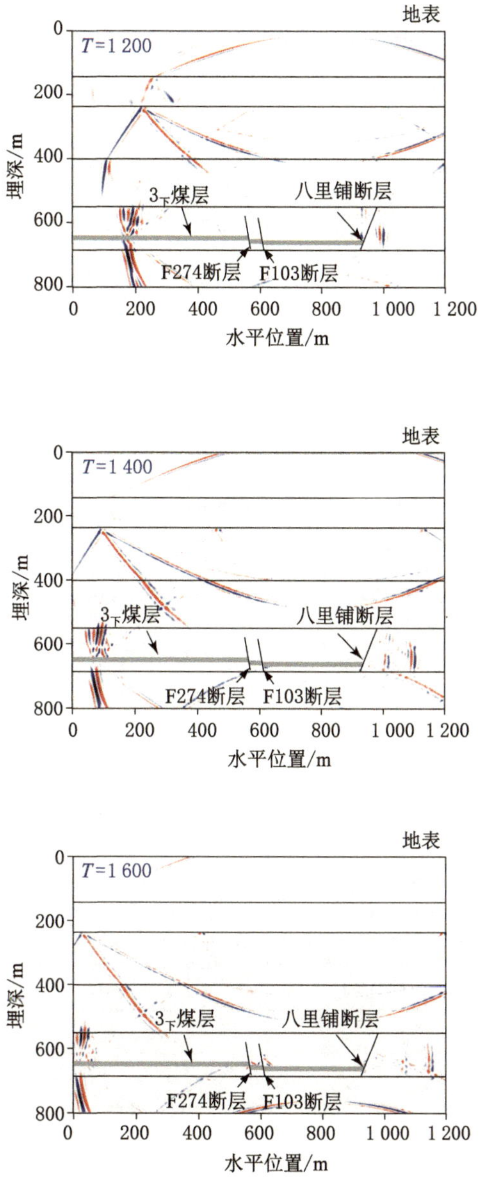
地表
T=1 200
3下煤层
八里铺断层
F274断层
F103断层
埋深/m
水平位置/m
0
200
400
600
800
1 000
1 200
地表
T=1 400
3下煤层
八里铺断层
F274断层
F103断层
埋深/m
水平位置/m
地表
T=1 600
3下煤层
八里铺断层
F274断层
F103断层
埋深/m
水平位置/m

图 4-20 （续）

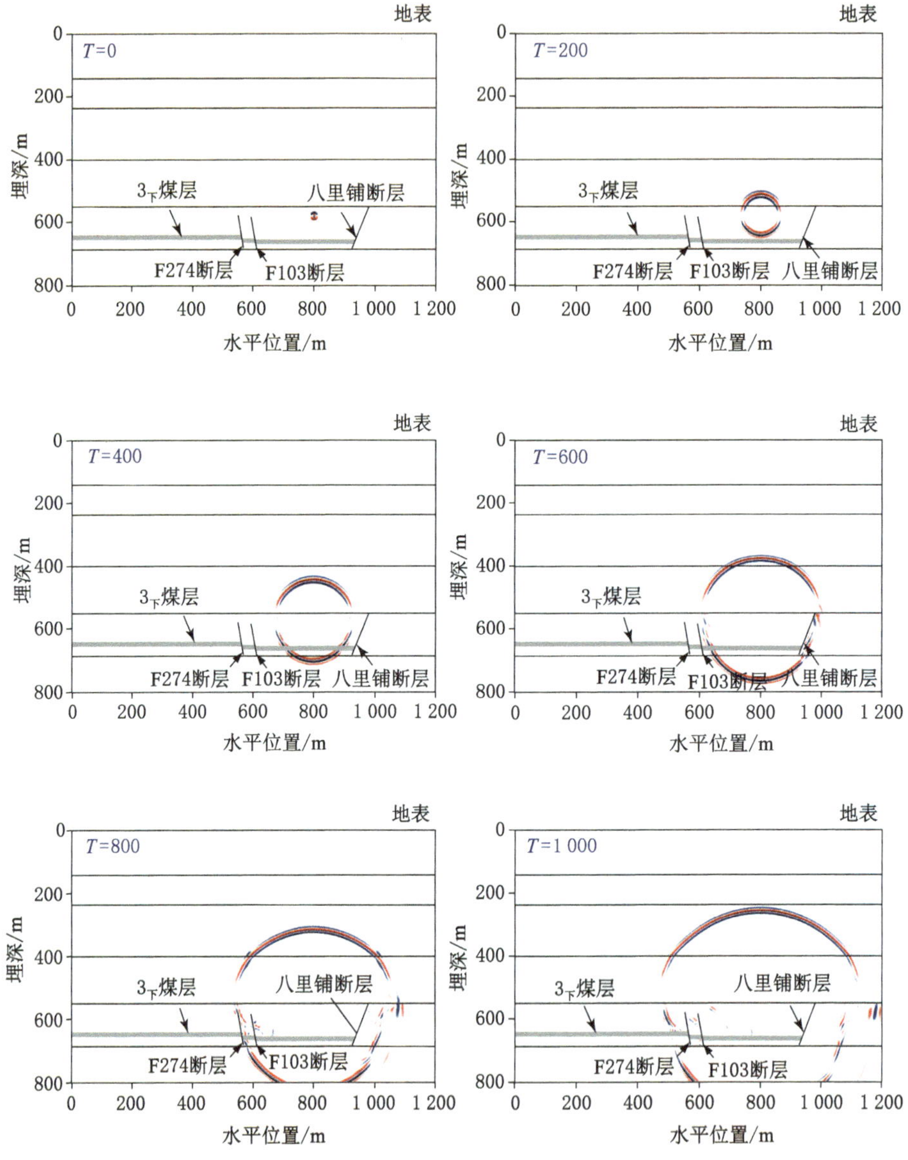
地表
T=0
T=200
T=400
T=600
T=800
T=1 000
3下煤层
八里铺断层
F274断层
F103断层
埋深/m
水平位置/m
0
200
400
600
800
1 000
1 200

图 4-21　S波波场快照

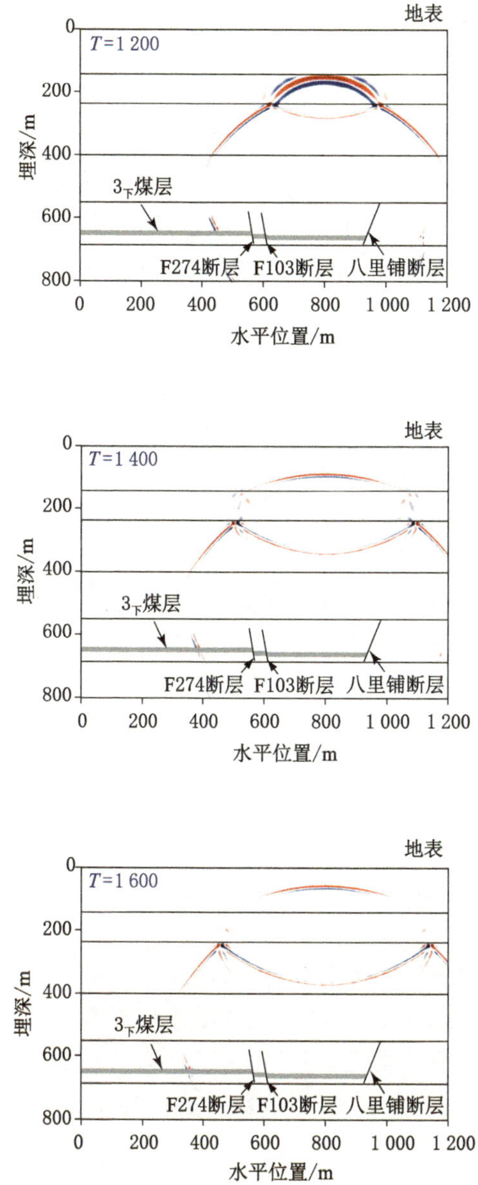
地表
T=1 200
3下煤层
F274断层
F103断层
八里铺断层
埋深/m
水平位置/m
地表
T=1 400
3下煤层
F274断层
F103断层
八里铺断层
埋深/m
水平位置/m
地表
T=1 600
3下煤层
F274断层
F103断层
八里铺断层
埋深/m
水平位置/m

图 4-21 （续）

除了产生透射和反射的横波，同样产生了透射和反射的纵波。由于纵、横波传播的速度不同，这种转换作用不断地将震动波能量“打散”，从而逐步传播至$3_下$煤层。

④ 当震动波传播至断层附近时，波前出现了明显的“发散”现象，这是由于断层面局部的低速和周边介质的剧烈变化所导致的波场散射，进一步使得波场能量更为分散。

综上所述，$103_下03$工作面上覆岩层的实际构造形态和物理力学性质，对顶板断裂能量起到了较为明显的疏导、分散作用，与震动波在空间内传播所必然发生的几何扩散作用相叠加，使得顶板断裂释放的能量中的一小部分能够逐步传播到$3_下$煤层区域。因此，需进一步对震动波场的传播衰减作用进行定量分析。

4.3.5.2 位移衰减规律

为了进一步研究波场传播过程中地层中质点参数的衰减过程，开展多种顶板震源类型的震动场传播衰减模拟。不同类型的顶板断裂所产生的震源波场有所不同，其衰减规律也可能存在差异。在实际情况中，顶板断裂形式较为复杂。但无论何种类型的断裂，其产生的震源场均可以分解为纵波和横波。因此，通过改变震源中纵波和横波的振幅比，建立不同类型震源的数值模型，即可涵盖所有的顶板断裂类型。模拟中，在每个空间网格点上，提取了弹性波传播过程中的最大质点值、垂直分量和水平分量。对于位移值，以震源点(顶板断裂位置)处的位移峰值作为基准值，对全空间范围内的位移值进行归一化，从而得到衰减系数。计算公式如式(4-13)所示。

$$\gamma_{u_i}=\frac{u_i}{u_s} \tag{4-13}$$

式中 i——空间内的网格点编号；

γ_{u_i}——i点处的位移衰减系数；

u_i——i点处的位移值；

u_s——震源处的位移值。

纵波和横波的位移衰减系数分布云图如图4-22所示。同时，在模型中$x=800$ m、$z=580$ m、$z=650$ m的位置布置三条测线，计算测线上网格点的位移衰减系数分布。衰减系数分布曲线如图4-23所示。

① 震源同层位($z=580$ m)上，位移衰减系数大致呈正态分布，震源发出的震动波位移向两侧迅速衰减，200 m范围内衰减系数迅速降低至20%，200 m范围外衰减速度逐渐降低，模型边界处衰减系数降低为10%左右。

② 震动波传播至煤层($z=650$ m)上，位移峰值均衰减为震源的28%以下，震源正下方煤层300 m左右范围内衰减系数大致呈线性衰减，位移峰值分别在$x=500$ m和$x=1\ 100$ m的位置降低至7%左右。模型中部两条断层的存在，

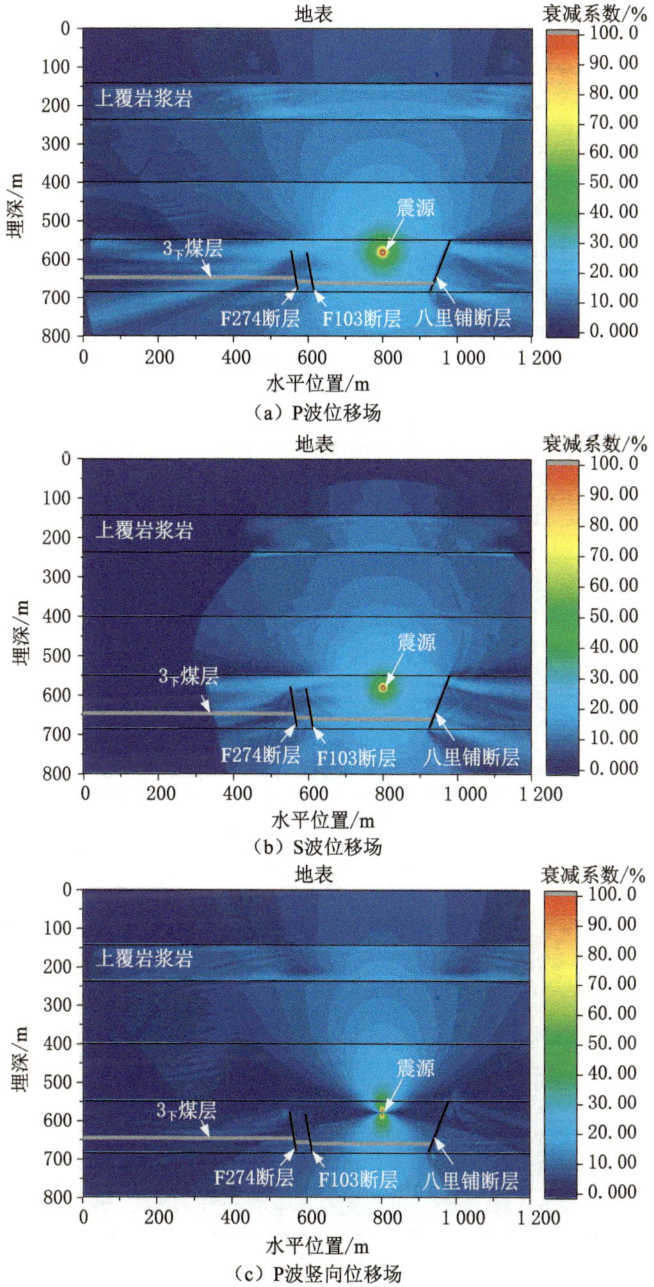

图 4-22　位移衰减系数分布云图

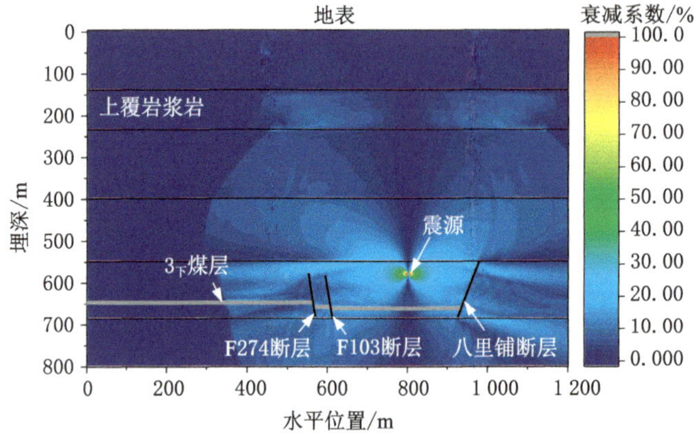

（d）S波竖向位移场

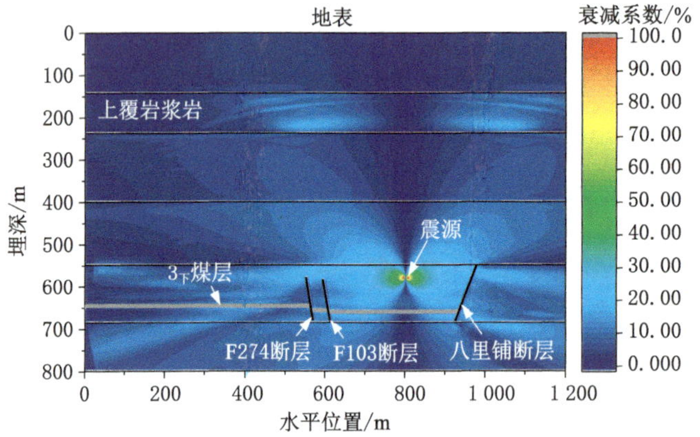

（e）P波水平位移场

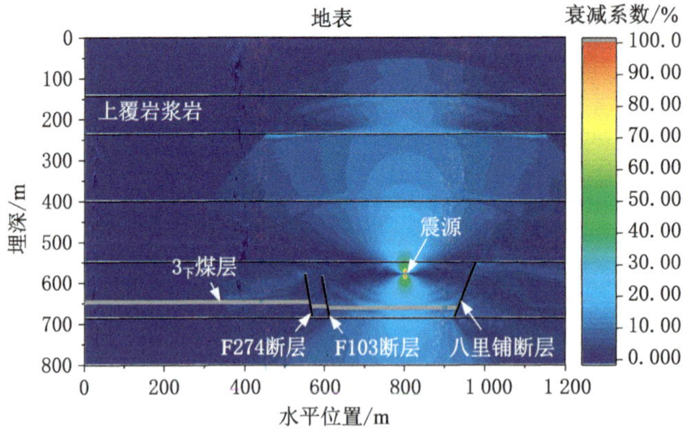

（f）S波水平位移场

图 4-22 （续）

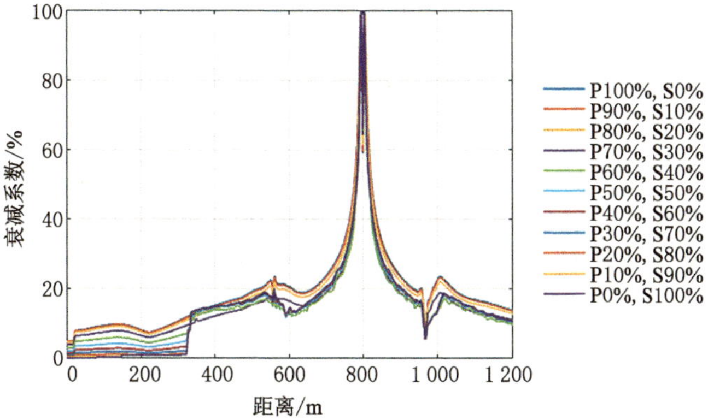

（a）z=580 m测线

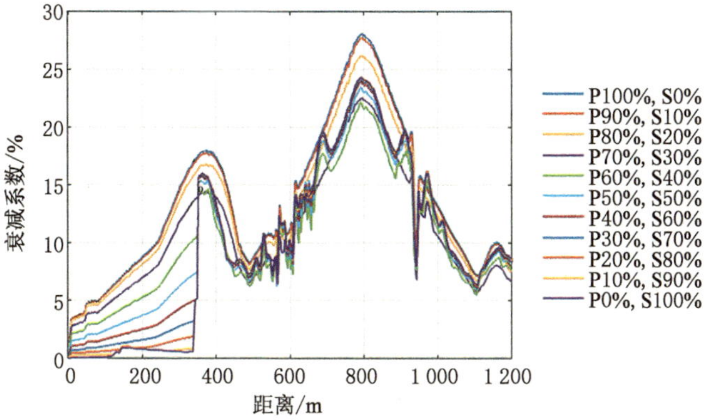

（b）z=650 m测线

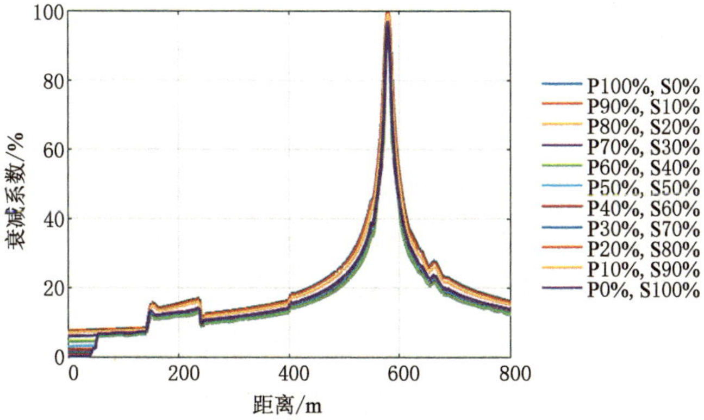

（c）x=800 m测线

图 4-23　位移衰减系数演化曲线

阻挡了震动波的直线传播路径，导致了煤层同层位上 $0<x<400$ m 的范围内衰减特征复杂，断层内部的位移峰值显著低于邻近区域。这种阻挡作用对 S 波的作用明显，因此 S 波比例越大，$x=400$ m 附近出现位移峰值的突变增幅越大。

③ 震源同水平位置($x=800$ m)上，位移衰减系数同样大致呈正态分布，其中在 $x=150$ m、250 m、400 m、550 m 处均出现了衰减系数的波动，上述位置与岩层分界面相对应，两侧岩层不同的波速使震动波的透射发生了微弱的衰减，表明岩层内的长距离传播主导了震动波位移的衰减效应，震动位移在分界面上衰减并不明显。

4.3.5.3 应力衰减规律

应力的衰减通过应力衰减系数定量表示，如式(4-14)所示。

$$\gamma_{\sigma_i}=\frac{\sigma_i}{\sigma_s} \tag{4-14}$$

式中 γ_{σ_i}——i 点处的应力衰减系数；

σ_i——i 点处的波动应力值；

σ_s——震源处的波动应力值。

图 4-24 所示为模型内网格点的主应力和两个方向正应力的衰减系数分布，图 4-25 所示为 $x=800$ m、$z=580$ m、$z=650$ m 测线上应力衰减系数分布曲线。

应力衰减系数分布曲线与位移衰减系数特征类似，由图可知：

① $z=580$ m、$x=800$ m 两条测线上，震源附近的应力衰减系数大致呈正态分布，震源发出的震动波应力向两侧迅速衰减，200 m 范围内衰减系数迅速降低至 20%以下，200 m 范围外衰减系数具备明显的分段特征，这种分段特征在水平方向上由三条断层导致，在竖直方向上由岩层分界面导致。相对于位移衰减系数，应力衰减系数受到分界面影响更为明显。

② 煤层同层位($z=650$ m)上，应力峰值均衰减为震源的 25%以下，震源正下方煤层 300 m 左右范围内衰减系数大致呈线性衰减，在 $x=580$ m、620 m、950 m 的位置出现了三处明显的衰减系数突降，表明断层使应力在水平方向上的传播受到阻碍，断层内部的应力显著低于周围岩体。同时，断层两侧出现了较为明显的相对异常高值，表明在震动波传播过程中，断层周边出现了一定程度的应力集中。

③ 水平测线和竖直测线中，均出现了 P 波衰减系数较小的现象，表明震动波传播过程中，受长距离传播衰减及分界面的影响，P 波引起的附加应力衰减效应比 S 波更为明显。

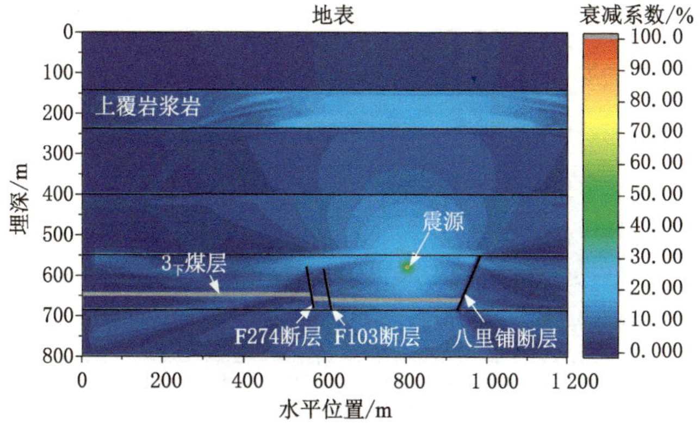

（a）P波主应力场

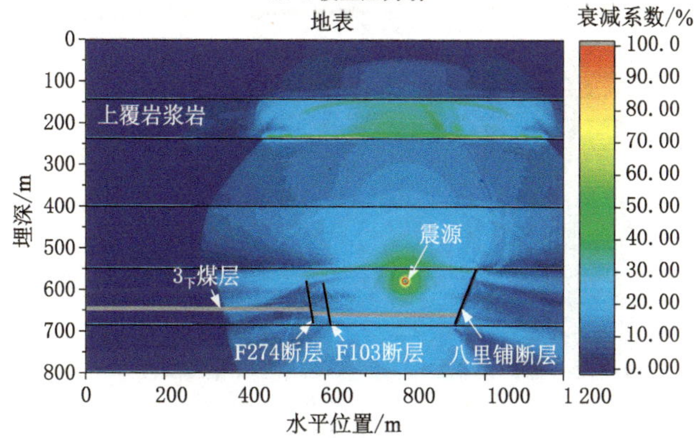

（b）S波主应力场

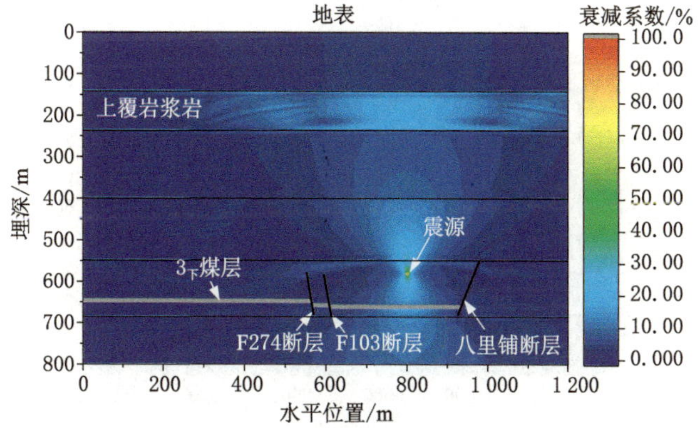

（c）P波垂直应力场

图 4-24　应力衰减系数分布云图

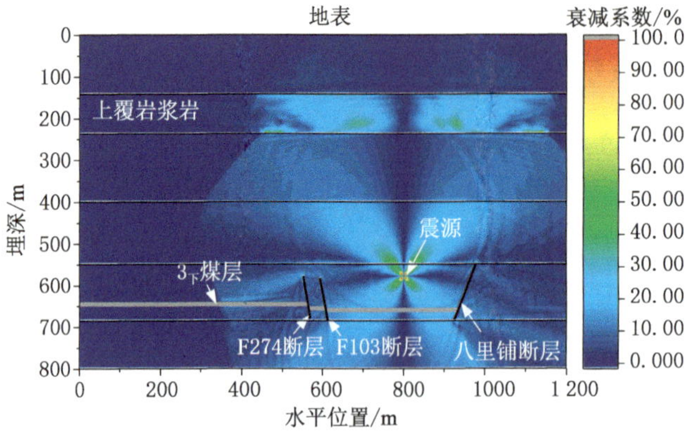

（d）S波垂直应力场

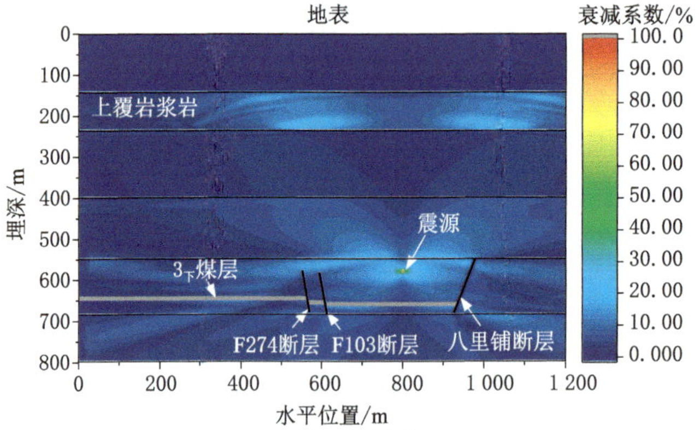

（e）P波水平应力场

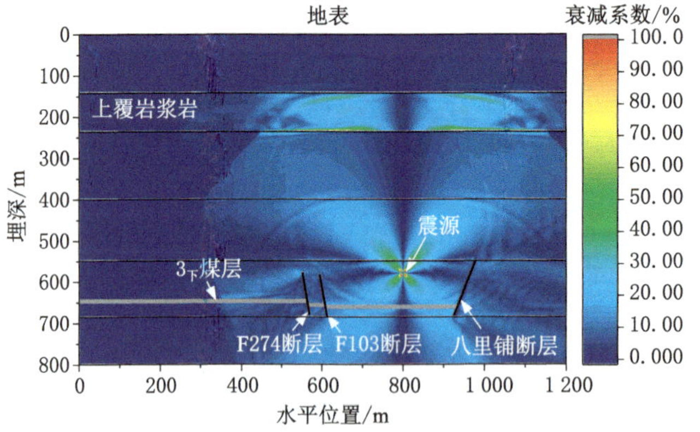

（f）S波水平应力场

图 4-24 （续）

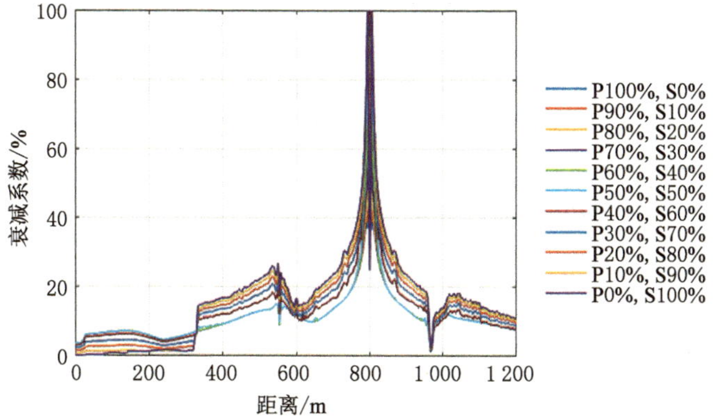

（a）z=580 m测线

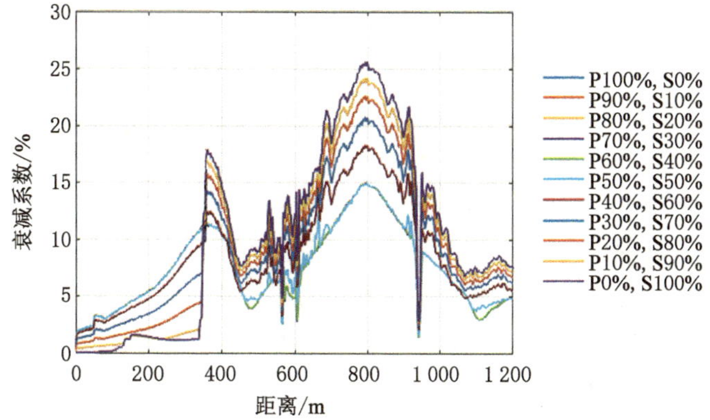

（b）z=650 m测线

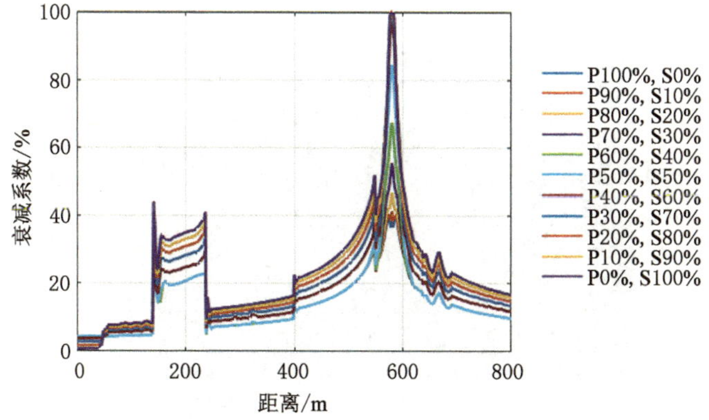

（c）x=800 m测线

图 4-25　应力衰减系数演化曲线

4.3.5.4　能量衰减规律

动能密度和能流密度均反映了震动波能量到达目标区域的密集程度。因此，能量的衰减可用能量密度衰减系数表示，如式(4-15)所示。

$$\gamma_{U_i}=\frac{U_i}{U_s} \tag{4-15}$$

式中　γ_{U_i}——i 点处的能量密度衰减系数；

U_i——i 点处的能量密度；

U_s——震源处的能量密度。

图 4-26 所示为模型内网格点的动能密度和能流密度的衰减系数分布，图 4-27 为 $x=800$ m、$z=580$ m、$z=650$ m 测线上能量密度衰减系数分布曲线。

由图可知：

① 相对于位移和应力衰减，能量的衰减更为明显。$z=580$ m、$x=800$ m 两条测线上，距震源 200 m 的位置能量密度衰减至震源的 5%以下，模型边界能量密度衰减系数仅为 1%。

② 煤层同层位($z=650$ m)上，能量密度衰减为震源的 9%以下，震源正下方煤层 300 m 左右范围内衰减系数大致呈线性衰减，在 $x=580$ m、620 m、950 m 的位置出现了三处明显的衰减系数突降，表明断层使能量在水平方向上的传播受到阻碍。同时，断层两侧出现了较为明显的相对异常高值，表明震动波在断层附近发生散射的过程中同时发生了与后续波场的叠加作用，使断层周边出现了一定程度的能量集中。

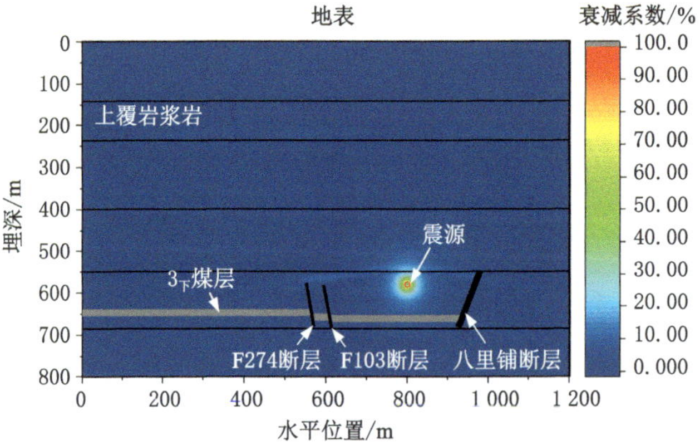

(a) P波动能密度场

图 4-26　能量衰减系数分布云图

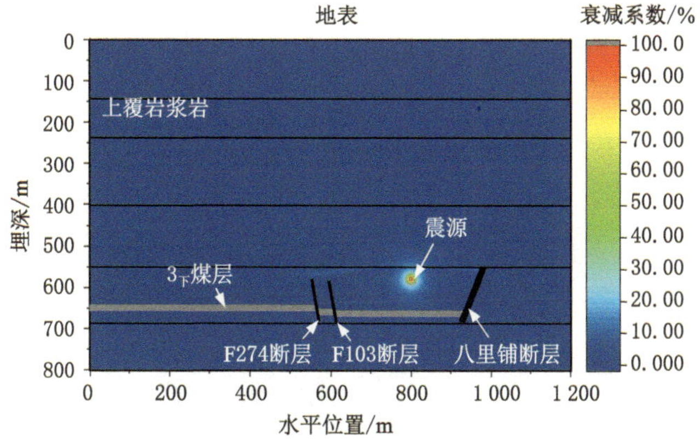

（b）S波动能密度场

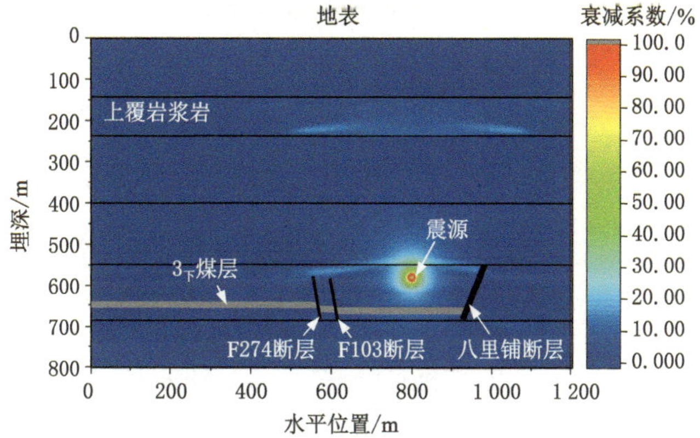

（c）P波能流密度场

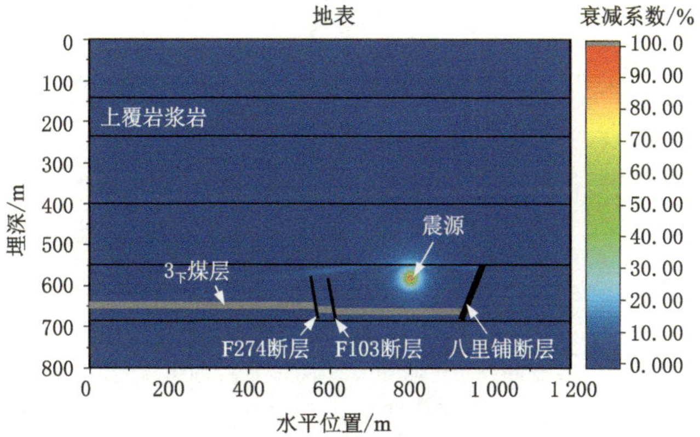

（d）S波能流密度场

图 4-26 （续）

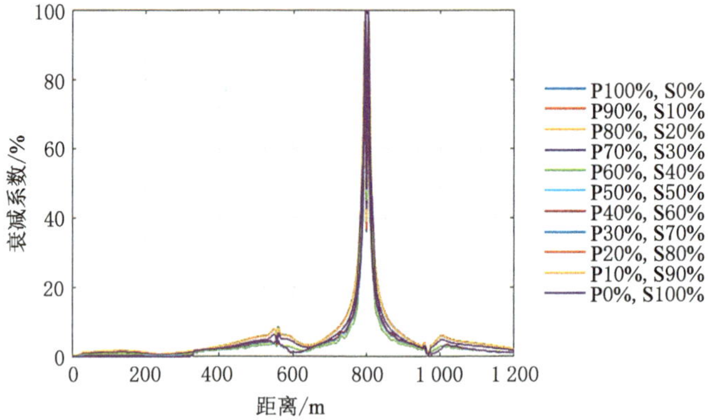

（a）z=580 m测线

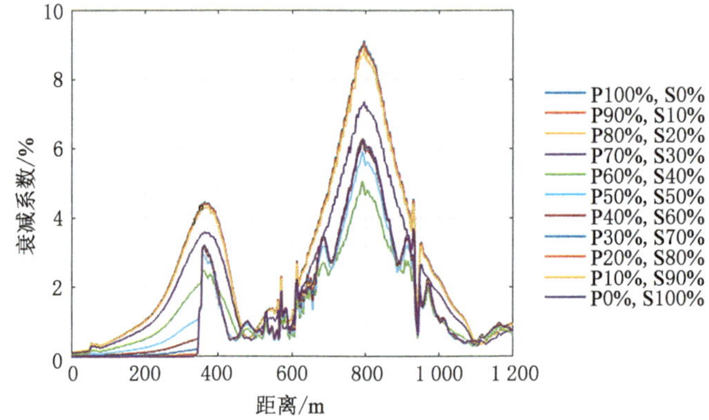

（b）z=650 m测线

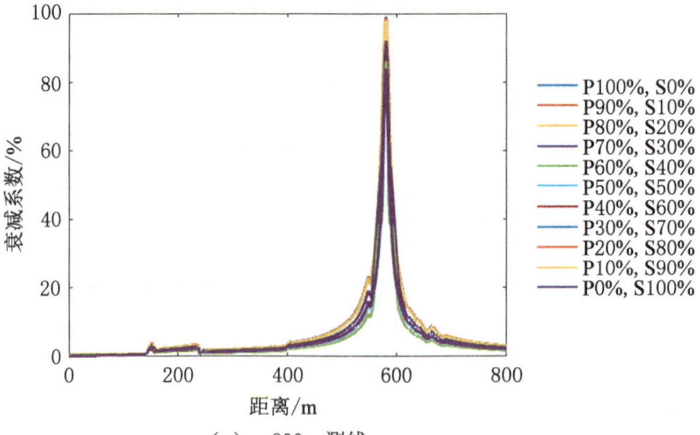

（c）x=800 m测线

图 4-27 能量衰减系数演化曲线

4.3.5.5　不同震源位置的影响

为了研究不同震源层位对波场参数传播衰减的影响，保持原地层模型不变，建立了另外两种震源位置条件下的数值模型。震源深度分别为 $z_2=500$ m、$z_3=380$ m，分别对应煤层上方 150 m 和 270 m 的岩层，模拟该两处位置的岩层断裂时产生的震动波在地层中的传播衰减规律。图 4-28 和图 4-29 所示为两组模型在震源同水平位置测线（$x=800$ m）上的衰减系数演化曲线。由图可知：当震源处于不同层位时，各波场参数在竖直方向上的衰减规律存在一定的相似性，其中在同样远离震源 100 m 的位置，主应力和位移均衰减至 20%左右，动能密度衰减至 8%左右，表明当震源处于地层中的不同层位时，其衰减规律为与传播距离表现出高度的相关性，因此需要针对震动波衰减的距离效应进行量化分析。

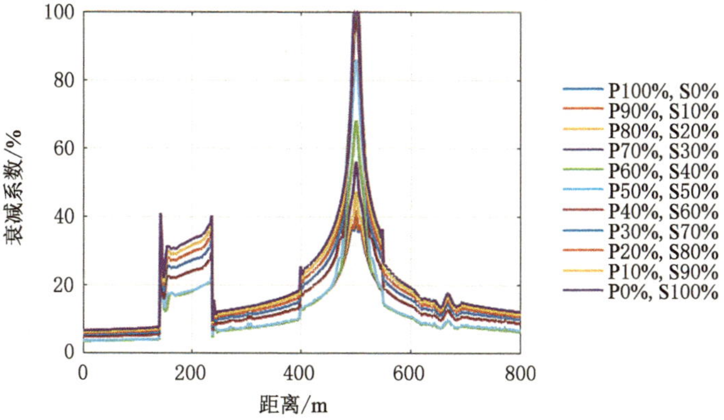

(a) 主应力衰减系数

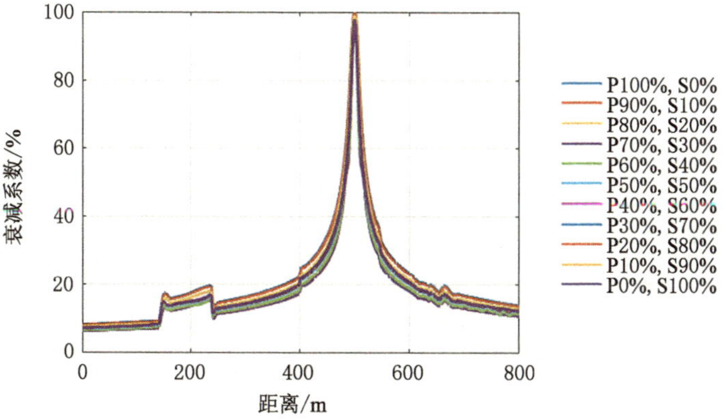

(b) 位移衰减系数

图 4-28　$x=800$ m 的衰减系数演化曲线（震源深度 500 m）

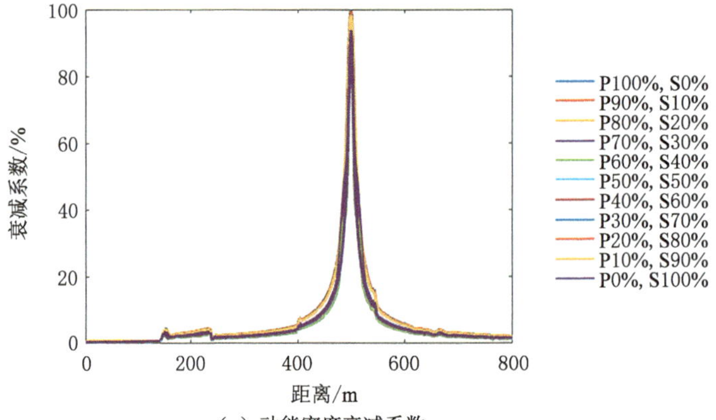

（c）动能密度衰减系数

图 4-28 （续）

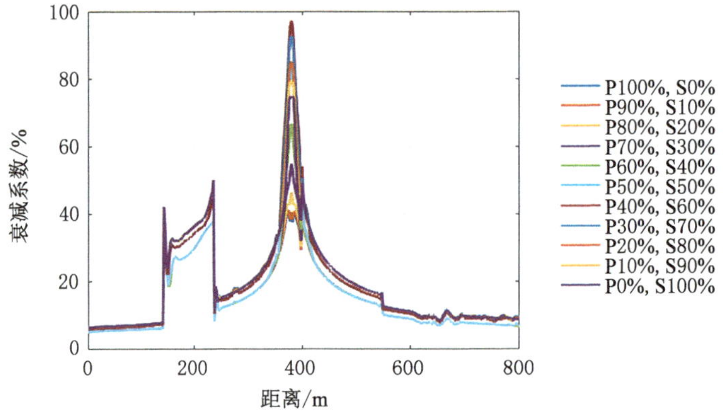

（a）主应力衰减系数

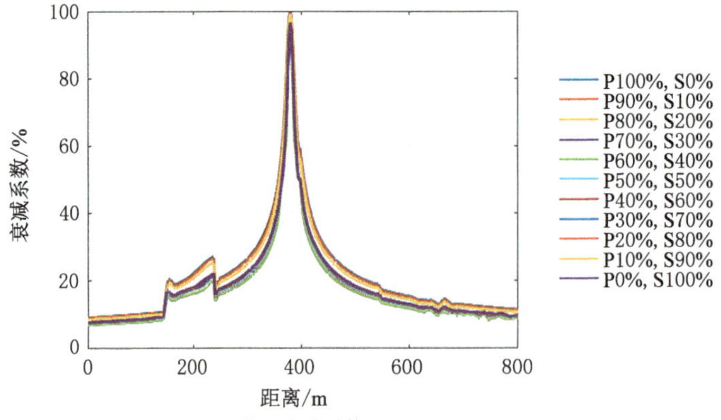

（b）位移衰减系数

图 4-29 $x=800$ m 的衰减系数演化曲线(震源深度 380 m)

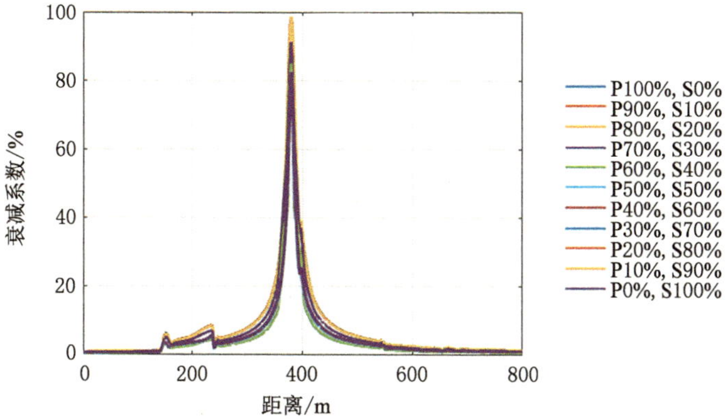

(c) 动能密度衰减系数

图 4-29 (续)

4.3.5.6 震动波能量传递量化表征

为了研究震动波能量传递与距离的关系，对震源能量在竖直方向上的衰减系数演化规律进行分析。分析过程中，取位置为 $z=380$ m 的震源向下方岩层传递的能量衰减曲线进行拟合，如图 4-30 所示。

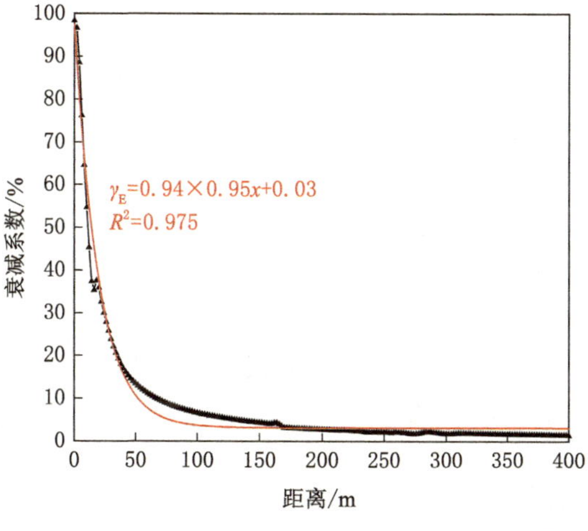

图 4-30 能量衰减曲线

对能量衰减曲线进行渐进型指数拟合后，得到的震动波能量距离衰减方程为：

$$\gamma_E = 0.94 \times 0.95x + 0.03 \tag{4-16}$$

式(4-16)的相关性系数 $R^2=0.975$。因此,可通过式(4-16)的结果表征顶板断裂释放的震动波能量的距离衰减效应。

4.4 远场顶板断裂释能诱冲机理

4.4.1 基本方程

远场顶板断裂后,释放的弹性波经过地层传播作用到近场围岩上,可能诱发冲击地压。为了揭示远场顶板断裂释能诱冲机理,需要结合远场顶板和近场围岩的力学特性进行分析。近场围岩塑性区煤体一般处于单向或双向应力状态,其强度远低于深部弹性区煤体及顶底板。塑性区破坏所需的能量由远场顶板破断释能、弹性区煤体供能和塑性区自身储能共同提供。当作用于塑性区煤体的能量大于其自身储能极限时,多余的能量将转化为动能进行释放。单位体积塑性区煤体储能计算公式为:

$$U_s = U_e - U_r \tag{4-17}$$

$$U_e = \frac{\sigma_c^2}{2E_+} \tag{4-18}$$

$$U_r = \frac{\sigma_c^2}{2E_-} \tag{4-19}$$

式中 U_e——煤体存储的最大应变能密度;

U_r——塑性区破坏消耗的能量;

σ_c——塑性区单轴抗压强度;

E_+——煤体峰前弹性模量;

E_-——煤体峰后弹性模量。

为了便于进行理论计算,将巷帮支承应力分布曲线简化为线性,如图 4-31 所示,则两帮支承应力分布函数 $\sigma(x)$为:

$$\sigma(x)=\begin{cases}\dfrac{K\sigma_0}{a}x, & 0\leqslant x\leqslant a\\[2ex] \dfrac{(1-K)\sigma_0}{b}x+\dfrac{K\sigma_0+a(K-1)\sigma_0}{b}, & a\leqslant x\leqslant a+b\end{cases} \tag{4-20}$$

式中 σ_0——原岩应力;

K——应力集中系数;

a——塑性区煤体宽度;

b——弹性区煤体宽度。

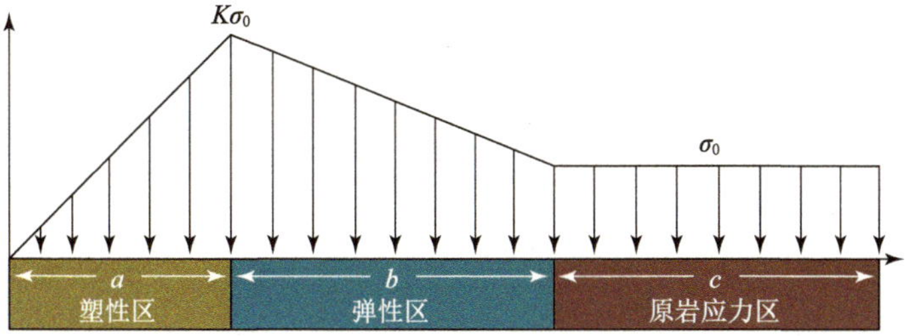

图 4-31　巷道帮部支承应力分布曲线

4.4.2　能量源供能关系

4.4.2.1　塑性区自身储能

巷帮在支承应力作用下积聚弹性应变能，其能量分布规律如图 4-32 所示。其中，塑性区自身储存能量为：

$$U_S=\int_0^h\int_0^a U_s\,\mathrm{d}x\,\mathrm{d}y=h\int_0^a\left(\frac{1}{2E_+}-\frac{1}{2E_-}\right)\left(\frac{Kp_0}{a}x\right)^2\mathrm{d}x=\frac{hK^2p_0^2a}{6}\left(\frac{1}{E_+}-\frac{1}{E_-}\right) \tag{4-21}$$

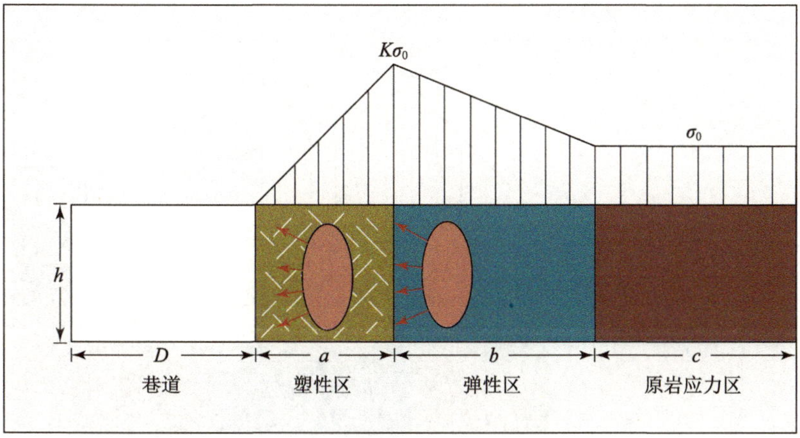

图 4-32　巷帮煤体供能示意图

4.4.2.2　弹性区供能

当巷帮发生动力破坏后，随着塑性区宽度增加，对巷帮深部弹性区煤体的水平约束力减小，导致弹性区煤体应力状态显著改变，即由三向应力状态转变为两向应力状态。为了便于理论计算，此处假设弹性区煤体释放的应变能全部驱动冲击体动力破坏，且垂直压力恢复到原岩应力，则弹性区煤体释放的弹性应变能大小为：

$$U_{\mathrm{B}}=\int_0^h\int_a^{a+b}\frac{1}{2E_+}\left[\frac{(1-K)\sigma_0}{b}x+\frac{K\sigma_0+a(K-1)\sigma_0}{b}-\sigma_0\right]^2\mathrm{d}x\mathrm{d}y$$
$$=\frac{bh\left[(K-1)^2+3(K-1)\right]\sigma_0^2}{6E_+} \tag{4-22}$$

4.4.2.3 近场顶板回弹供能

当巷帮发生动力破坏后，顶底板强度远大于煤体，一般不发生破坏，但可能导致顶底板通过反弹作用释放一部分弹性应变能。对于巷道近场围岩结构，顶板与底板在空间上呈对称结构，在冲击体发生动力破坏瞬间均通过反弹作用进行能量驱动。因此，本节仅分析顶板反弹作用的能量驱动。

巷帮发生动力破坏时，其对上部顶板的垂直支撑力会瞬间卸荷，而作用于顶板的支承压力仍然存在(图 4-33)，则顶板驱动能量 U_{R} 为：

$$U_{\mathrm{R}}=U_{\mathrm{R}_1}+U_{\mathrm{R}_2}+U_{\mathrm{R}_3}+\cdots+U_{\mathrm{R}_n} \tag{4-23}$$

式中 $U_{\mathrm{R}_1},U_{\mathrm{R}_2},U_{\mathrm{R}_3},\cdots,U_{\mathrm{R}_n}$——各层顶板释放的弹性应变能。

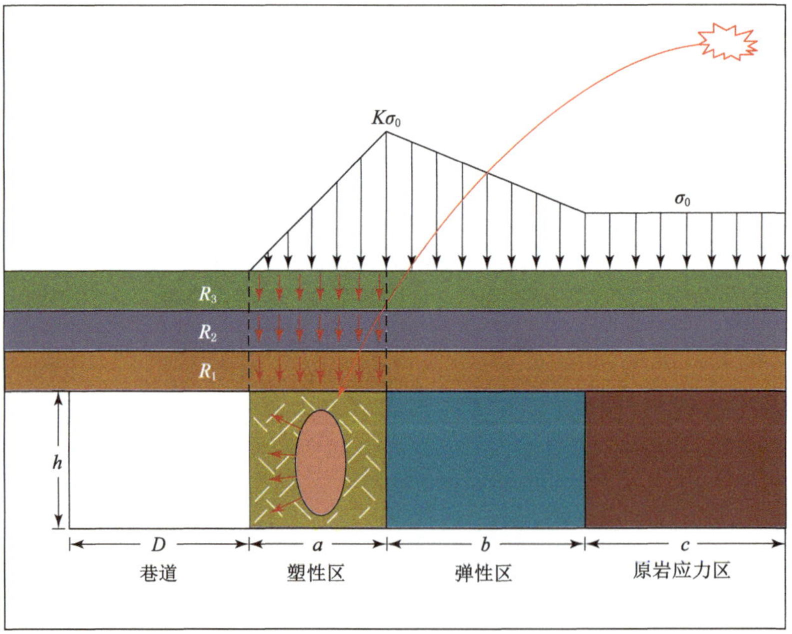

图 4-33 顶板供能示意图

各顶板岩层释放的弹性应变能 U_{R_i} 由能量密度ΔU_{R_i} 通过在厚度与宽度上积分得到，即：

$$U_{R_i} = \int_0^H \int_0^a \Delta U_{R_i}(x, y)\,dx\,dy = \frac{H_i K^2 \sigma_0^2 a}{6E_i} \tag{4-24}$$

式中　E_i——顶板岩石的弹性模量。

求和可得冲击体上方顶板释放的弹性应变能为：

$$U_R = \sum U_{R_i} = \frac{K^2 \sigma_0^2 a}{6} \sum \left(\frac{H_i}{E_i}\right) \tag{4-25}$$

4.4.2.4　远场顶板破断供能

根据第 2 章及本章的研究结果，远场顶板破断作用在巷帮塑性区上的能量可以表示为：

$$U_{FR} = w\gamma_E U_{FS} \tag{4-26}$$

式中　U_{FS}——远场顶板储存的最大应变能；

w——远场顶板能量释放率；

γ_E——能量衰减系数。

4.4.3　远近场多源能量诱冲机制

根据最小能量理论，当近场围岩的供能体提供的能量大于其自身储存的能量极限时，发生冲击失稳，即：

$$\Delta E = E_p - E_e > 0 \tag{4-27}$$

式(4-27)中的 E_p 为多能量源供能总量，即：

$$E_p = U_S + U_B + U_R + U_{FR} \tag{4-28}$$

将巷道近场围岩供能体提供的能量与储存的最大能量比值定义为 k，即：

$$k = \frac{U_S + U_B + U_R + U_{FR}}{U_e} \tag{4-29}$$

则巷道近场围岩冲击失稳能量判据可表示为：

$$\begin{cases} k \geqslant 1, & \text{发生冲击} \\ k < 1, & \text{不发生冲击} \end{cases} \tag{4-30}$$

综上所述，式(4-30)给出了远场顶板断裂能量源参与供能的条件下，巷道围岩发生冲击失稳的能量判据。

4.5　本章小结

本章设计并开展了不同岩性的巴西劈裂、直接剪切和单轴压缩试验，获取了由拉伸型裂纹和剪切型裂纹主导的岩石破坏过程，研究了岩石不同破裂类型的典型声发射模式，基于弹性波动方程建立了济宁二号煤矿地层波速场模型，模拟分析了不同震源类型和震源位置条件下的震动波衰减规律，揭示了远场顶板断裂释能诱冲机制。主要结论如下：

① 单轴压缩、巴西劈裂、直接剪切试验的荷载和声发射时程曲线均表现出阶段性加剧特征，同时通过声发射 b 值、活动度 S、峰值频率等信息反映出来，三种试验中的岩石破坏分别由剪切型裂纹、拉伸型裂纹、剪切型裂纹主导，主控裂纹占总裂纹数目的 65%～85%，中、高能量的岩体破裂信号在压密阶段和破坏阶段分布较为密集，且大部分集中于中、低频段。

② 剪切型裂纹主导的岩石破裂声发射信号具有高幅值、高持续时间、高上升时间、高能量的特征，拉伸型裂纹主导的岩石破裂的声发射信号具有低幅值、低持续时间、低上升时间、低能量的特征；基于提出的反映相同破裂尺度下的声发射能量级的参数 EAR（能量幅值比）的计算结果，相同尺度下的剪切型裂纹释放的能量均大于拉伸型裂纹，通过该参数描述不同形成机制裂纹的能量释放特性具有一定的参考意义。

③ 横波和纵波在地层中的传播特征具有一定的相似性，在岩层内部随距离迅速衰减、分界面上发生波型转换现象，在断层附近波前出现了明显的“发散”的现象，顶板断裂产生的震动波中仅部分能够传播到煤层中，其中位移峰值衰减为震源的 28%以下，应力峰值衰减为震源的 25%以下，能量密度衰减为震源的 9%以下，基于模拟结果建立的震动波能量距离衰减方程为：$\gamma_E = 0.94 \times 0.95x + 0.03$，相关性系数 $R^2 = 0.975$。

第 5 章　顶板能量源调控方法及应用效果

在煤层开采过程中，由厚层坚硬顶板的断裂失稳导致的冲击地压等动力灾害时有发生[159,238-239]。其主要原因是厚层坚硬顶板具有强度高、整体性强、结构致密和节理裂隙不发育等特点，容易积聚大量弹性能。当厚层顶板破断失稳时，大量弹性能突然释放，形成强烈震动诱发了冲击矿压[240-241]。顶板预裂是控制具有潜在冲击危险顶板的有效手段。因此，为了揭示预制裂隙对远场顶板的控制作用机理，本章设计并开展了不同预裂深度的岩梁三点弯曲试验，分析了预裂深度对岩梁力学特性和断裂释能的影响，基于推导的预裂岩梁起裂和能量判据，提出了以预裂深度为变量的远场顶板能量源调控设计方法，根据济宁二号煤矿十采区工程条件设计了合理的调控参数，通过数值模拟分析了能量源调控对采场围岩应力场和变形场的调控效果，并通过济宁二号煤矿 $103_{下}01$ 和 $103_{下}03$ 工作面的微震监测数据验证了该方法的应用效果。

5.1　预裂岩梁弯曲变形破坏试验

5.1.1　试样制备及试验方案

5.1.1.1　试样制备

为了获取预裂长度对岩石梁断裂特性的影响，本章进行了预裂岩梁的三点弯曲试验。为了最大程度上降低岩样中的原生节理、结构面、不均匀结晶体对试验结果的影响，试验材料选用中砂岩，其取自济宁二号煤矿 $103_{下}03$ 工作面顶板，由同一块完整的岩体分割而成。分割后的岩块被加工成长×高×宽为 200 mm×60 mm×40 mm 的长方体试样，然后利用磨石机确保端面的不平整度小于0.2%。最后，利用高压水射流切割（图 5-1）在试样中轴线上切割预制裂隙，裂隙长度分别为 0 mm、5 mm、15 mm、25 mm、35 mm 五种，裂隙宽度约为 1 mm。

图 5-1　高压水射流切割

正式试验开始前，首先对试样的基础力学参数进行了测试，测试结果见表 5-1。筛选各项指标与平均值接近的五块试样作为本试验的试样，编号及变量见表 5-2。

表 5-1　中砂岩基本物理力学参数

岩性	密度 ρ /(g/cm^3)	抗压强度 σ_c/MPa	抗拉强度 σ_t/MPa	弹性模量 E/GPa	横波速度 c_S/(m/s)	纵波速度 c_P/(m/s)
中砂岩	2.74	147.63	15.93	13.41	2 201.64	3 941.23

表 5-2　试样编号及几何参数

试样编号	长度/mm	厚度/mm	宽度/mm	预裂长度/mm
Y0	199.8	59.9	39.9	0
Y5	199.8	60.2	40.0	5.0
Y15	200.1	60.1	39.8	15.0
Y25	199.9	60.0	40.2	25.0
Y35	200.3	60.2	39.9	35.0

5.1.1.2　试验系统

本节的试验系统包括加载系统、声发射测试系统、应变测试系统、数字散斑测试系统和同轴电缆测试系统，如图 5-2 所示。加载系统采用山东科技大学的 RLJW-2000 型伺服控制岩石压力试验机。试验中，加载速率设置为 0.05 mm/min，采样频率 10 Hz。图 5-3 为试样上传感器布置示意图。

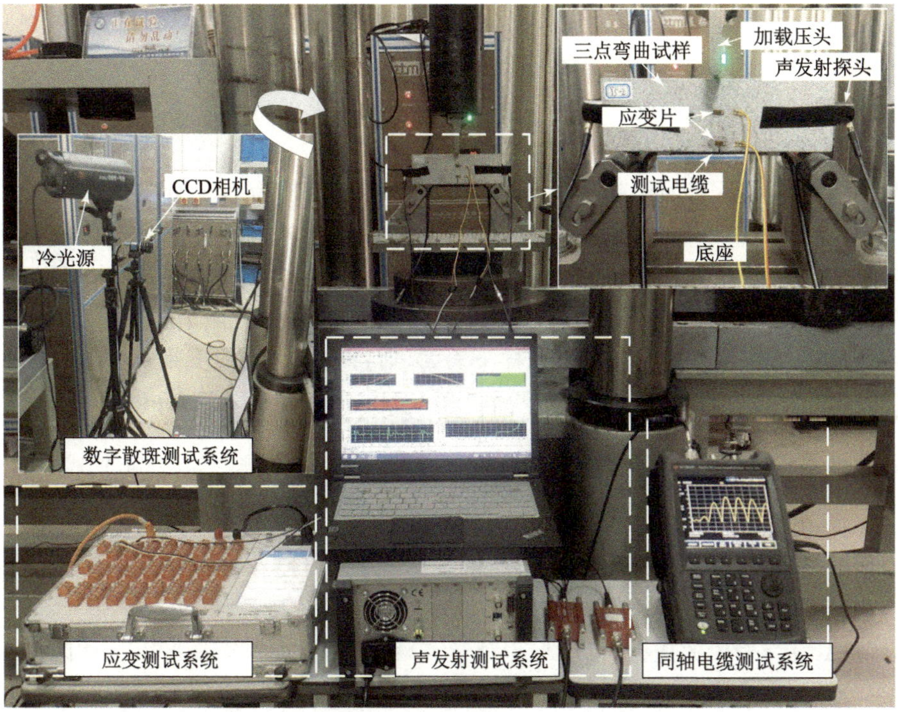

图 5-2　试验系统

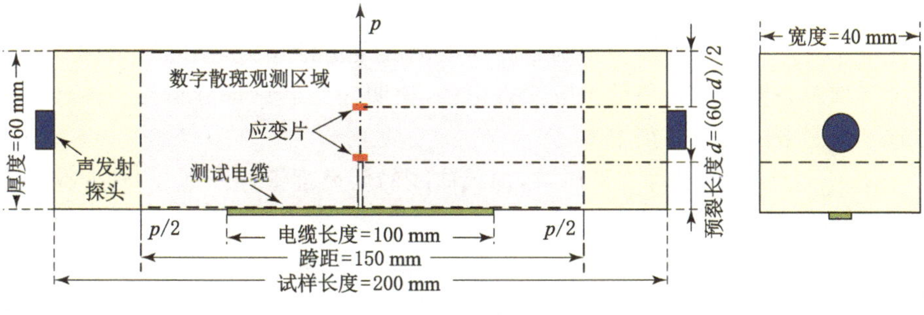

图 5-3　试样上传感器布置示意图

声发射测试设备为 Vallen 公司生产的 AMSY-6 声发射系统，采样频率 10 MHz，前置放大器增益 34 dB，阈值设为 45 dB。试验前，在试样的两侧面布置两个 WS45-H 型声发射探头，采集试样破坏过程中的声发射信号。

应变测试系统采用东华公司生产的 DH3818Y 型静态应变仪，应变片采用半桥连接，同时连接温度补偿片，抵消温度和材料对测试精度的影响。采样频率设置为 20 Hz，使之与试验机的采样频率相匹配。试验前，在预制裂隙尖端和完整梁厚度 1/2 处粘贴两个应变片，测量试样中轴线上的水平应变。

数字散斑测试系统由 CCD 相机、光源和计算机组成。采样频率为 5 Hz。试验中，将试样后表面中部 150 mm×60 mm 的区域作为 DSCM 的测试区域。

同轴电缆法布里-珀罗干涉仪（CCFPI）是一种有效的应变测量及裂缝检测技术，可以精确测量多个测点之间的应变[242-243]。测试系统由 N9923A 型矢量网络分析仪（VNA）和 CCFPI 传感器构成。试验前，将带有两个间距为 100 mm 反射点的 CCFPI 传感器固定于试样下表面，通过传感器的应变来反映试样的预制裂隙开口处的变形情况。采样频率为 0.5 Hz，测量精度 1 700 $\mu\varepsilon$。

5.1.2 预裂岩梁的加载演化规律

5.1.2.1 岩梁的完整断裂过程

图 5-4 给出了不同试样的加载时程曲线、声发射演化特征、水平变形场、水平应变场和破裂形态。岩梁的断裂过程具有明显的阶段性特征。

OA 段为岩梁的压密阶段，*A* 点处达到峰值荷载的 20%～30%。该阶段加载曲线呈现轻微的上凹形，岩石内部微裂隙逐渐被压缩闭合而产生非线性弹性变形。声发射活动不明显，振铃计数和能量均没有出现明显增大。试样的表面应变场和变形场表现为一种无序的状态。

AB 段为岩梁的线弹性变形阶段，*B* 点处达到峰值荷载的 80%～90%。该阶段加载曲线近似直线，声发射振铃计数出现少量的事件累计，但声发射能量几乎保持不变。水平变形场沿预制裂隙向两侧底角逐渐增大，同时在试件中部形成了与预制裂隙长度近似的拉应变集中区，说明完整岩梁部分积累的弹性变形导致了预制裂隙的张开度增大。

BC 段为岩梁的塑性变形阶段，加载曲线的斜率逐渐趋于平缓，轴向荷载在 *C* 点达到峰值。该阶段试样内部出现大量微裂隙，声发射计数的累计速率明显加快。预裂试样的声发射能量已经出现了明显的破裂前兆信息，而且随预裂长度的增大，前兆能量的出现时间更早，能量值更大。试样的水平变形出现了明显的沿预制裂隙区域的 Y 形分界线，同时水平应变集中区的应变值进一步增大。

CD 段为岩梁的裂纹扩展阶段，该阶段加载曲线出现应力波动，承载力明显降低，岩石内部微裂纹扩展贯通。声发射计数出现激增，声发射能量爆发达到峰值。随着预裂长度的增大，*CD* 段的声发射能量峰值逐渐降低，由单峰值向多峰值过渡，同时 *CD* 段的持续时间也有所增长，说明预制裂隙的存在可以有效降低

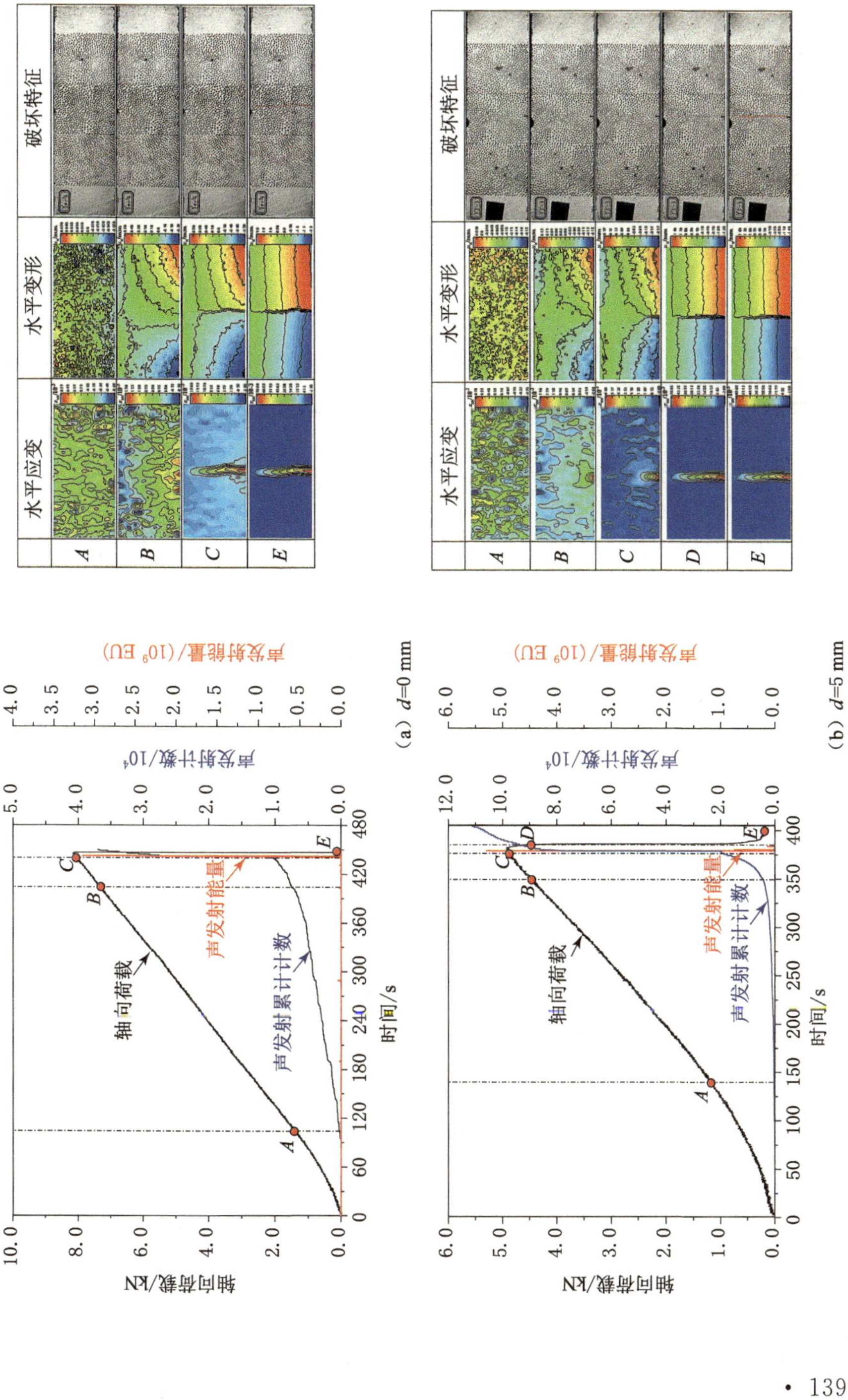

(a) d=0 mm

(b) d=5 mm

图5-4　试样的裂纹发育过程

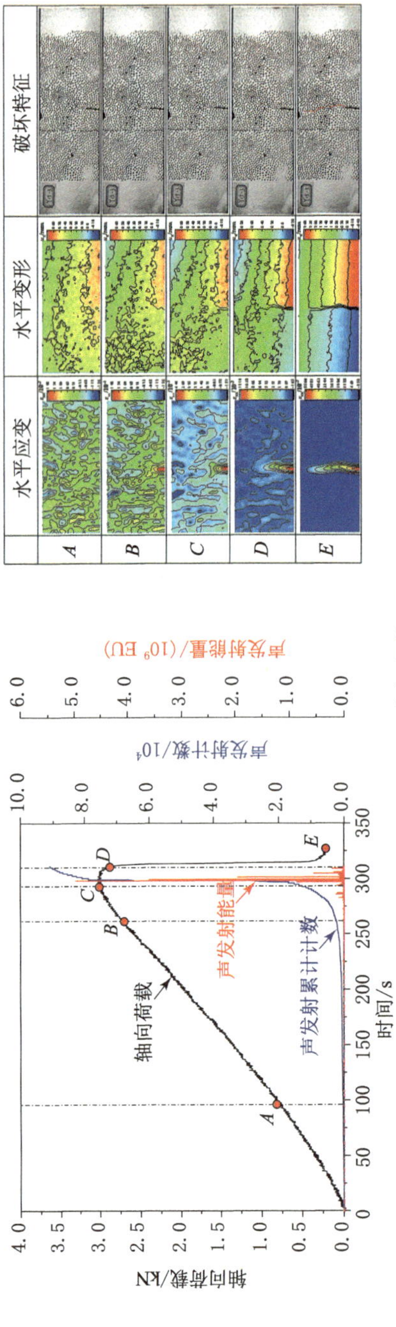

（c）d=15 mm

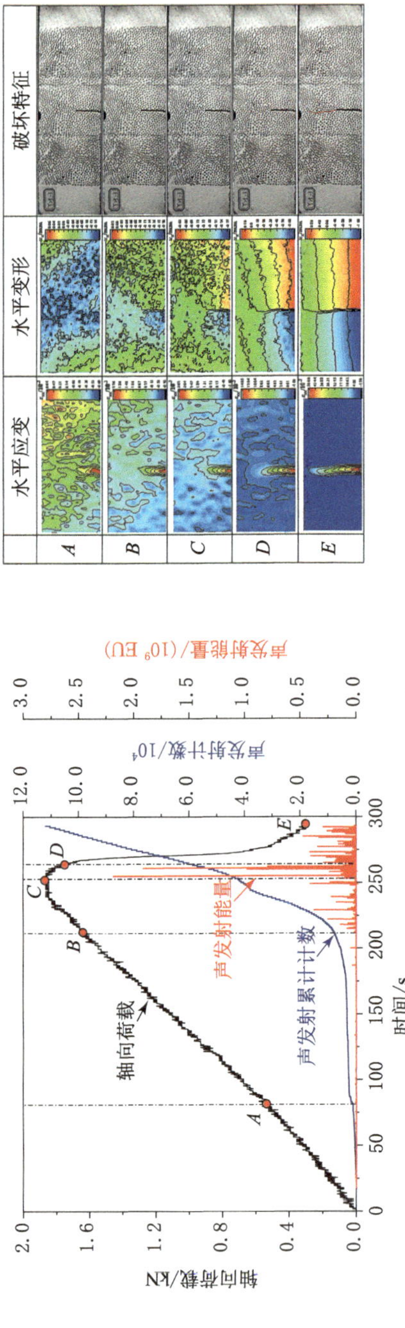

（d）d=25 mm

图5-4 （续）

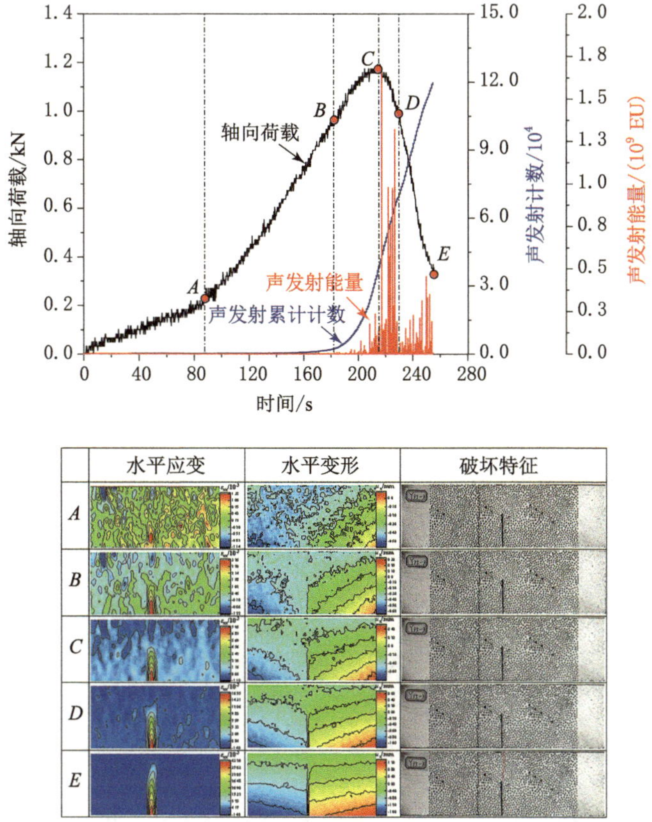

（e）d=35 mm

图 5-4　（续）

岩梁断裂的剧烈程度。水平应变集中区和水平变形分界线的长度明显超过了预制裂隙的长度，说明完整区的试样也出现了明显的拉伸变形，预制裂隙沿着尖端向完整的部分扩展。

DE 段为岩梁的断裂失稳阶段，该阶段岩梁的承载力出现骤降。预裂长度更大的试样，在试样达到峰值荷载后表现出了更明显的峰后效应，保持了更高的残余强度，声发射振铃计数和能量仍然出现了部分的残余积累。值得注意的是，完整岩梁在达到峰值荷载点 C 后，极短时间内出现了断裂失稳，没有明显的 D 点。水平变形和水平应变在 D 点的基础上进一步累计，宏观裂纹进一步扩展延长。

5.1.2.2 加载特性和应力-应变关系

图 5-5 所示为试样加载的荷载-挠度曲线。不同试样的加载曲线形状相似，均为峰前近似线性递增、峰后应力骤减。同时，随着预裂长度的增加，曲线的峰后阶段表现出了更明显的峰后效应，逐渐由瞬间跌落的脆性断裂形式向保留残余强度的延性破坏形式过渡。试样的峰值荷载、临界挠度与预裂长度呈负相关关系。

图 5-6 所示为预制裂隙尖端的拉应力-拉应变曲线。其中，拉伸应变通过应变片直接测得，拉伸应力由式(5-1)计算[244]。

$$\sigma_x = \frac{3pS}{2b(H-d)^2} \tag{5-1}$$

式中 σ_x——水平拉应力；

p——试样所受的轴向荷载；

S——试样跨距，取 150 mm；

b——试样的宽度，取 40 mm；

H——试样的厚度，取 60 mm；

d——试样的预裂长度。

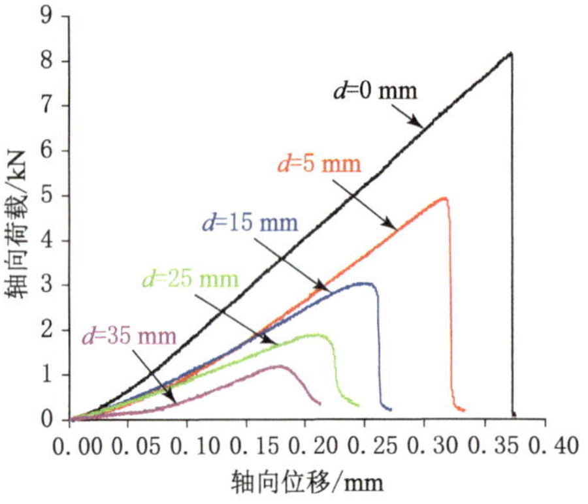

图 5-5 试样加载的荷载-挠度曲线

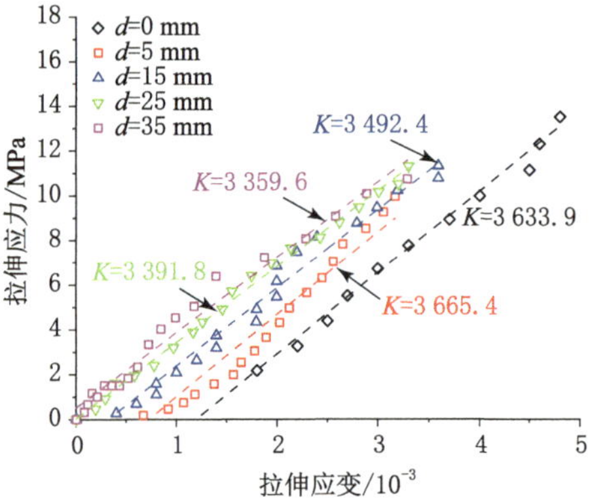

图 5-6 预制裂隙尖端的拉应力-应变曲线

由于应变是通过应变片直接测得，所以当应变片粘贴位置发生塑性破坏(如宏观裂隙等)时，应变片测试数据不准确。因此图 5-6 只能反映试样加载峰值前的拉伸应力-应变关系。对峰前应力-应变曲线近似线性的阶段进行拟合，计算试样的弹性模量。不同试样的拉伸模量范围为 3 359.6～3 665.4 MPa，没有表现出随着预裂长度而规律性变化的现象，因此可认为试样的拉伸模量与预裂长度无关。

5.1.3　预裂长度对岩梁参数的影响

5.1.3.1　岩梁的力学参数

根据试样的加载曲线，计算了不同力学参数受预裂长度的影响，包括拉伸模量、抗拉强度、预制裂隙尖端最大拉应变、预制裂隙开口处最大位移，如图 5-7 所示。相比于完整的岩梁试样，预裂长度为 5 mm 的试样的抗拉强度降低了 27.7%，当预裂长度增大至 35 mm 时，抗拉强度进一步降低了 5.7%，并没有随着预裂长度的增大出现明显进一步减小的趋势。相比于完整试样，35 mm 预裂岩梁断裂时，预制裂隙尖端的最大拉伸应变由 4.90×10^{-3}减小至 3.28×10^{-3}（减小 33.1%），预制裂隙开口处的最大位移由 0.491 mm 增大至 1.603 mm（增大 226.5%）。这说明了随着预裂长度的增大，明显降低了试样抵抗拉伸变形的能力，使岩梁更容易发生拉断裂。

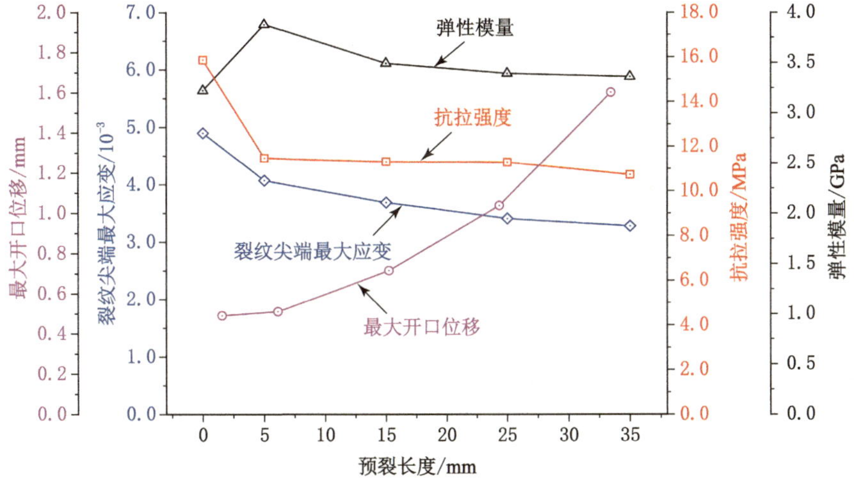

图 5-7　预裂长度对力学参数的影响

5.1.3.2　声发射信号强度

图 5-8 为声发射参数的分布图。图 5-8(a)反映了声发射事件的总能量和峰值能量。随着预裂长度的增大，声发射能量大幅缩减，呈指数级降低，其中预裂 35 mm 使岩梁释放的能量降低为完整岩梁的 5.4%，表明岩梁断裂释放的能量受预裂长度影响明显。图 5-8(b)中的声发射幅值是表征声发射信号强度的参数，完整试样加载过程中的最大振幅为 100 dB，随着预裂长度的增大，峰值振幅

的最大值和平均值都逐渐减小，表明岩梁断裂的剧烈程度同样受预裂长度影响明显。图 5-8(c)中的持续时间和图 5-8(d)中的上升时间均表示了声发射信号的持续性，随着预裂长度的增大，持续时间和上升时间均有一定程度的缩减。根据文献[245]的研究结论，当完整岩梁的厚度降低时，岩梁断裂前储存的弯曲应变能逐渐减小，断裂时的声发射能量和信号强度同样减小。预裂岩梁弯曲和断裂时，真正发挥储能和释能作用的是上部的完整部分。从控制效果的角度来说，试样中的预制裂隙相当于减小了梁的有效厚度，使厚梁变成了更薄的梁，因此声发射信号表现出了更明显的低能量、低信号强度的特征。但当预裂长度达到 15 mm 后，这种特征进一步降低的趋势有所减缓。这说明了预制裂隙对降低岩梁破坏时的剧烈程度很有作用，但这种控制作用存在最佳作用范围，当预裂达到一定程度后，这种控制作用不再进一步增加。

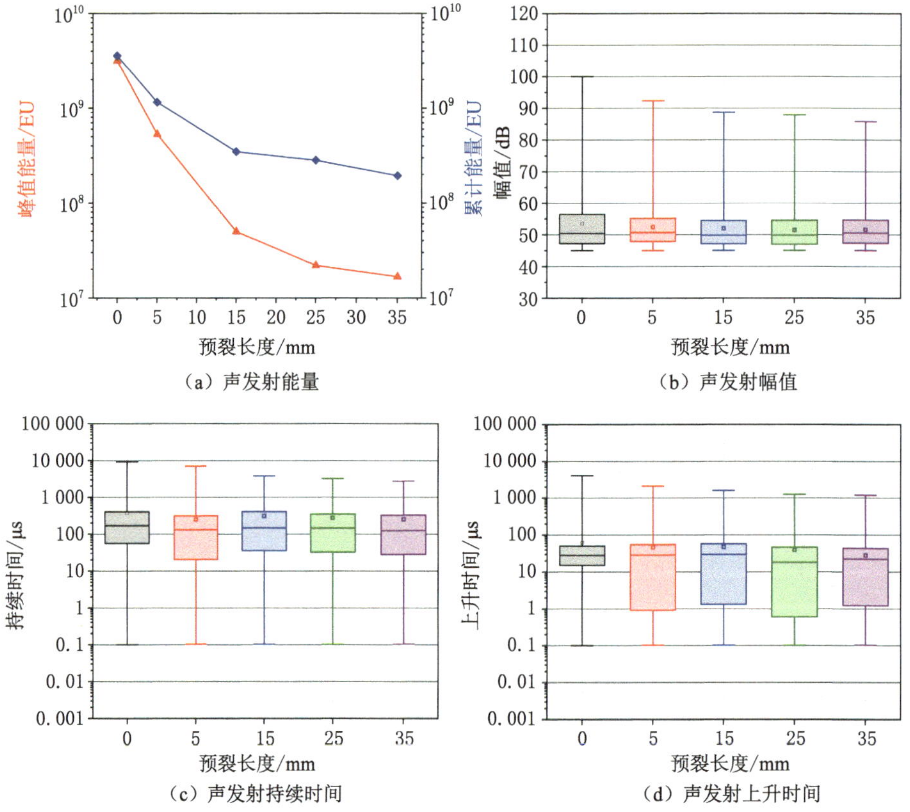

(a) 声发射能量　(b) 声发射幅值
(c) 声发射持续时间　(d) 声发射上升时间

图 5-8　预裂长度对声发射参数的影响

5.1.3.3　岩梁的破坏模式

为了分析预裂岩梁不同阶段的活动特性，计算试样的声发射 b 值。由于声发射 b 值由最小二乘法拟合而成，因此每种预裂长度增加了两块完全相同的对照试样，提高测试结果的准确性，计算结果见表 5-3。图 5-9(a)所示为试样的震级-频度分布曲线，完整试样的拟合曲线斜率明显小于预裂试样。将每组试样的 b 值统计后计算平均值，得到图 5-9(b)所示的 b 值随预裂长度变化的曲线。完整试样的 b 值约为 1.070，处于较低水平，表明加载过程中试样内部产生的微裂纹较少，取而代之的是贯穿试样的主裂隙。结合前文分析内容，当试样加载至峰值荷载附近时主裂隙突然出现，主导了声发射能量的单峰值特征。预制裂隙岩梁的声发射 b 值明显增大，但当预裂长度进一步增大时，声发射 b 值呈现出缓慢增加的趋势，预裂长度为 35 mm 的试样的 b 值约为 1.393，相比于完整试样增大 30.2%，表明试样的破坏模式由单一的主裂纹演化为数量繁多的微裂纹。试样断裂过程中的能量多以微裂纹扩展的形式随机分布，断裂时的能量集中效应有所衰减，试样突发失稳的可能性降低。

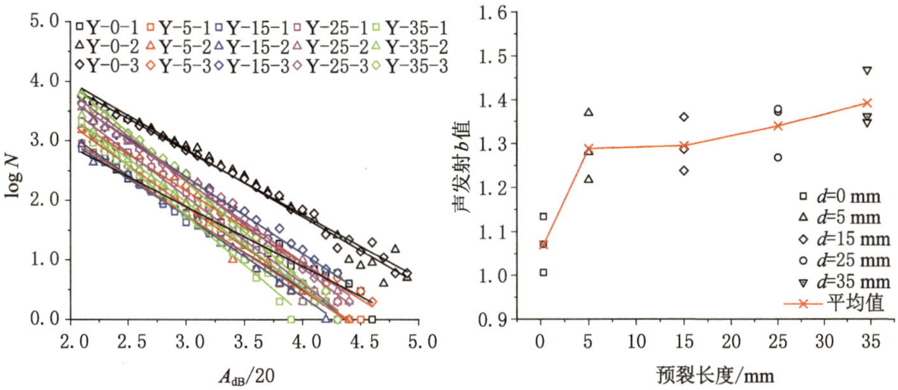

(a) 震级-频度分布曲线　　(b) b 值-预裂长度变化曲线

图 5-9　声发射 b 值分布曲线

表 5-3　声发射 b 值计算结果

预裂长度/mm	b_1	R_{12}	b_2	R_{22}	b_3	R_{32}	$\bar{b}$
0	1.006	0.981	1.134	0.979	1.071	0.992	1.070
5	1.280	0.992	1.370	0.988	1.217	0.994	1.289
15	1.238	0.991	1.360	0.990	1.287	0.990	1.295
25	1.268	0.989	1.373	0.995	1.379	0.993	1.340
35	1.362	0.988	1.348	0.994	1.468	0.995	1.393

5.1.3.4 岩梁的断裂韧度

断裂韧度 K_{IC}是断裂力学中最重要的参数之一，在极限荷载状态下取值等于应力强度因子 K_I，能反映材料抵抗脆性断裂的内在能力。三点弯曲试验中，K_{IC}是通过计算 K_I对应的峰值荷载得到的。设 α 和 β 分别为裂纹前厚度比和跨厚比，则有：

$$\alpha = \frac{d}{H} \tag{5-2}$$

$$\beta = \frac{S}{H} \tag{5-3}$$

在此基础上，K_I和 K_{IC}的计算公式为[246]：

$$K_I = \frac{3pS}{2BH^2}\sqrt{H}k_\beta(\alpha) \tag{5-4}$$

$$K_{IC} = \frac{3p_{max}S}{2BH^2}\sqrt{H}k_\beta(\alpha) \tag{5-5}$$

式中　$k_\beta(\alpha)$——形状因子，近似为 $\beta=4$ 和 $\beta=\infty$的解叠加。

$$k_\beta(\alpha) = \frac{\sqrt{\alpha}}{(1-\alpha)^{3/2}(1+3\alpha)} \cdot \left\{p_\infty(\alpha) + \frac{4}{\beta}[p_4(\alpha) - p_\infty(\alpha)]\right\} \tag{5-6}$$

式中，$p_4(\alpha)$和 $p_\infty(\alpha)$是关于 α 的三次多项式，参考理论数据进行曲线拟合得到：

$$p_4(\alpha) = 1.9 + 0.41\alpha + 0.51\alpha^2 - 0.71\alpha^3 \tag{5-7}$$

$$p_\infty(\alpha) = 1.99 + 0.83\alpha - 0.31\alpha^2 + 0.14\alpha^3 \tag{5-8}$$

根据式(5-5)计算出不同试件断裂韧性 K_{IC}的计算结果见表 5-4。4 组试件的 K_{IC}值非常接近，平均值为 0.949 MPa· $m^{1/2}$。

表 5-4　断裂力学参数计算结果

试样编号	跨度/mm	预裂长度/mm	峰值荷载/kN	断裂韧度/（MPa· $m^{1/2}$）
Y5	150.0	5.0	4.924	0.925
Y15	150.0	15.0	3.026	0.983
Y25	150.0	25.0	1.884	0.927
Y35	150.0	35.0	1.193	0.960

5.2 顶板岩梁预裂设计方法

在工程尺度下，当煤层顶板中存在厚硬岩层时，容易引起内部应力的积累，从而诱发冲击地压等顶板灾害。顶板预裂技术通过深孔爆破等方式将完整的顶板变为带有预制裂隙的岩梁，使其更容易发生断裂，是解决这一问题的有效手段。另外，厚层坚硬断裂释放的能量对煤层的影响是顶板控制需要考虑的另一个关键因素，因此防治时仍需考虑厚层顶板断裂释能传递至煤层后的残余能量大小。

对于岩石这种弹塑性材料，任意点的微元遵循弹塑性本构关系。以岩石的拉伸破坏为例，根据最大拉应力理论[247]，当岩石内部任意一点的最大拉应力达到拉伸强度时，岩石发生脆性断裂。因此，岩石的拉伸断裂准则可由式(5-9)表示。

$$\sigma_x \geqslant [\sigma_b] \tag{5-9}$$

当岩梁发生弹性弯曲变形时，中性轴的位置决定了岩梁的拉伸区和压缩区。对于轴对称截面的梁，中性层位于梁厚度的中心。因此，在裂缝扩展前，岩梁处于弹性区域内(弹性压缩区在中性层以上，弹性拉伸区在中性层以下)，如图 5-10 所示。

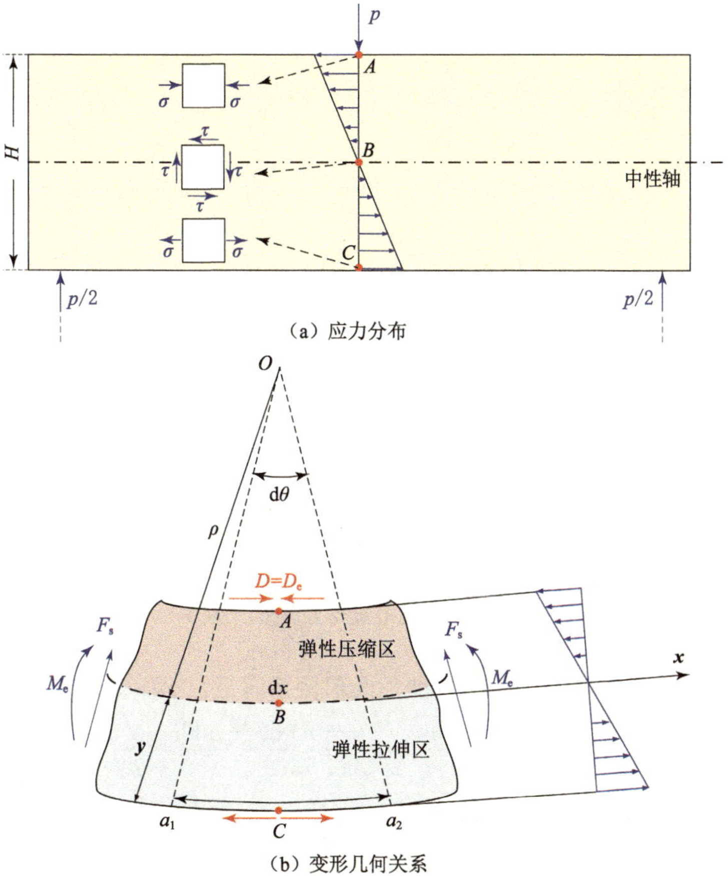

图 5-10　完整岩梁受力分析示意图

当对岩梁进行预裂处理后，相当于减小了顶板完整部分的有效厚度，其弹性变形区位于上半部分完整的岩梁中，如图 5-11 所示。

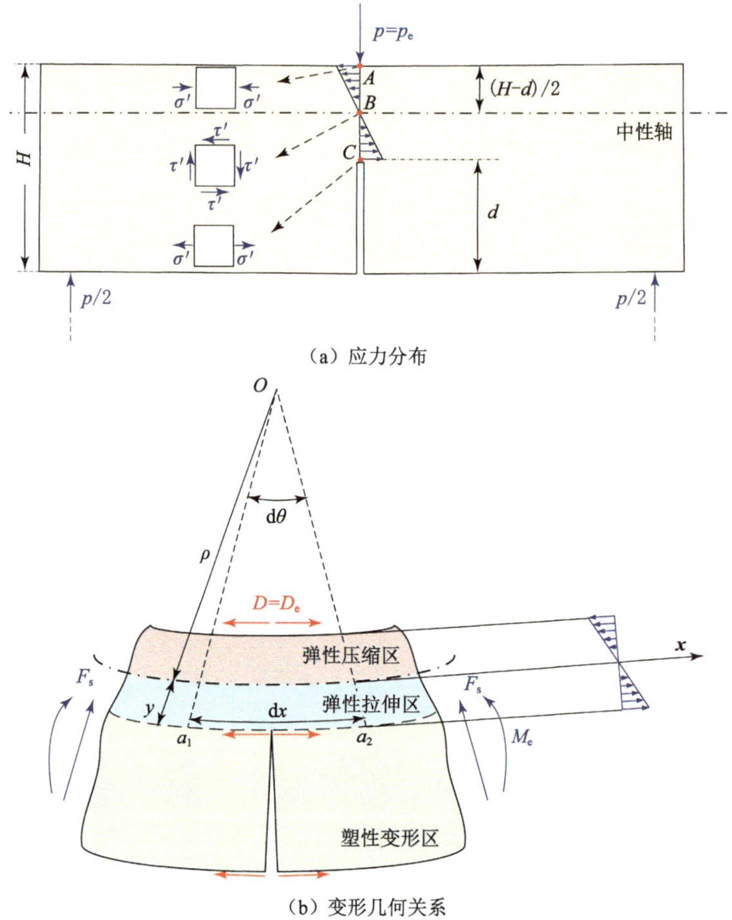

图 5-11　预裂岩梁受力分析示意图

对于处于弹性区域的岩梁，其变形几何关系满足：

$$\varepsilon=\frac{\widehat{a_1a_2}-\overline{a_1a_2}}{\overline{a_1a_2}}=\frac{(y+\rho)\,\mathrm{d}\theta-\rho\mathrm{d}\theta}{\rho\mathrm{d}\theta}=\frac{y}{\rho} \tag{5-10}$$

式中　y——任意点到中性轴的距离；

ρ——曲率半径。

弹性区域任意点的应力满足[225]：

$$\sigma_x = \frac{My}{I_z} = \frac{3pSy}{BH^3} \tag{5-11}$$

式中　M——任意点的弯矩；

I_z——岩梁的惯性矩；

p——岩梁的轴向载荷；

S——梁的跨度；

B——梁的宽度。

图 5-10 中的 C 点作为弯矩最大的点，最容易发生破坏。因此，C 点的应力表达式为：

$$\sigma_0 = \frac{3pS}{2BH^2} \tag{5-12}$$

在地层中，关键层在上覆岩层荷载作用下发生弯曲。根据关键层理论，覆岩荷载峰值一般为平均荷载的 1.2 倍[226]。因此，可认为作用在梁上的集中荷载为覆岩平均荷载的 1.2 倍，即：

$$p_{\max} = 1.2p = 1.2aB\sigma_y \tag{5-13}$$

式中　σ_y——垂直地应力；

a——覆岩荷载的作用距离。

为了考虑岩梁断裂的极限条件，假设上覆岩层施加的集中力作用在梁的中点处，作用范围 a 为单位长度。因此，将式(5-13)代入式(5-12)，可得顶板岩梁弹性状态下的破坏准则为：

$$\frac{9Sa\sigma_y}{5H^2} \geqslant [\sigma_b] \tag{5-14}$$

预裂条件下，顶板厚度临界值可表示为：

$$H' = H - d \leqslant \sqrt{\frac{9Sa\sigma_y}{5[\sigma_b]}} \tag{5-15}$$

变形后可得：

$$d \geqslant H - \sqrt{\frac{9Sa\sigma_y}{5[\sigma_b]}} \tag{5-16}$$

不等式(5-16)即为顶板预裂的设计公式，使不等式成立的 d 的最小值即为顶板预裂深度设计的下限临界值。当预裂深度 d 满足不等式(5-16)时，预裂后剩余的完整部分顶板能够起裂。同时，由顶板能量源传播至煤层的能量是评估能量源调控效果的重要考量，为了降低顶板断裂能量对煤层的影响，应将传播至煤层的能量控制在 10^5 J 以下。因此，顶板岩梁预裂设计的能量判据为：

$$U_{FR} = w\gamma_E U_\varepsilon \leqslant 10^5 \text{ J} \tag{5-17}$$

综上，顶板岩梁预裂设计方法的基本流程如图 5-12 所示。

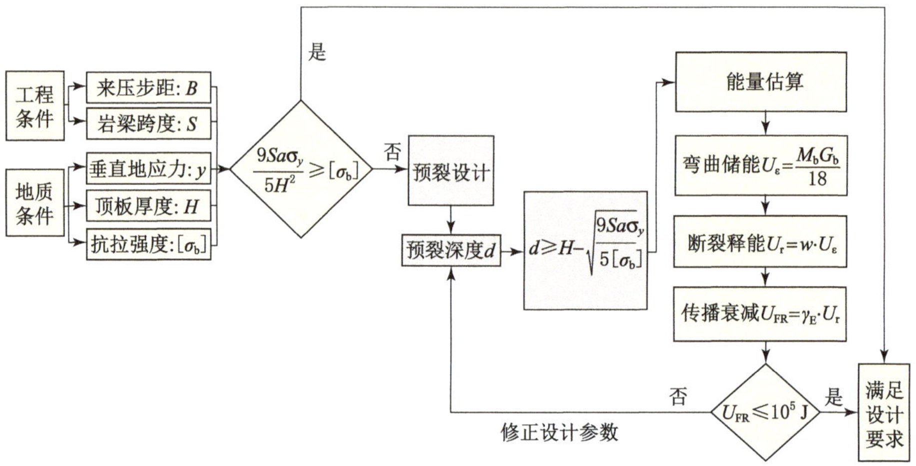

图 5-12　顶板预裂设计流程示意图

5.3　顶板能量源调控参数设计

5.3.1　工作面条件

济宁二号煤矿十采区 $3_下$ 煤层厚度 0～16.6 m，平均 4.88 m。煤层上方存在约 60 m 厚的砂岩层形成硬岩区，主要岩性为细砂岩和中砂岩互层。硬岩区上部为平均厚度 44.65 m 的粉砂岩层，其中由于含有大量黏土矿物，因而易形成顶板软岩区。煤层顶板岩性柱状图如图 5-13 所示。

十采区首采面为 $103_下01$ 综放工作面，该工作面位于十采区南部，南侧为十一采区（$113_下05$、$113_下06$、$113_下07$、$113_下08$、$113_下09$、$113_下10$）工作面采空区，北侧为设计的 $103_下02$ 工作面，东到八里铺断层保护煤柱，西侧为十采区胶带输送机巷、十采区轨道巷、十采区进风巷。工作面面宽 231.0 m，走向长 1 060.45～1 137.43 m，煤层倾角 3°～17°，工作面标高为－670.8～－816.3 m，平均为－743.55 m。$103_下01$ 工作面采用综采放顶煤一次采全高采煤法，工作面走向长壁布置，自东向西后退式开采，平均日进尺 1.81 m。工作面自 2015 年 12 月 11 日开始回采，2017 年 8 月 31 日回采结束，持续 629 d。图 5-14 所示为十采区工作面布置。

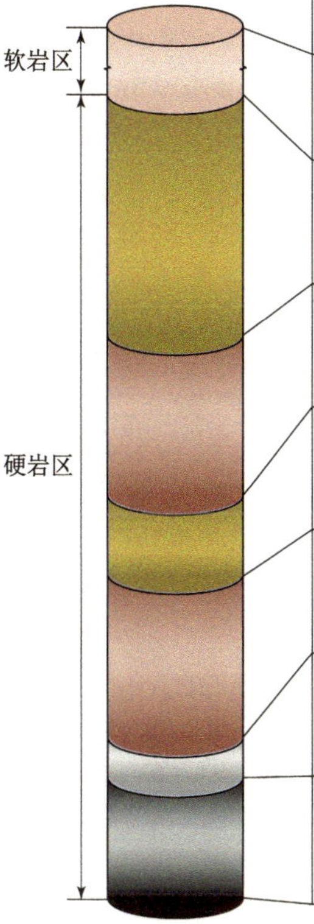

岩性	层厚/m	岩性描述
粉砂岩	39.1～50.2 44.65	浅灰色，主要成分为石英，另有少量长石，泥质胶结，含大量黏土矿物
细砂岩	20.4～28.7 26.7	灰白色，斜层理发育，含少量泥质包裹体，钙质胶结
中砂岩	10～14.75 12.38	灰白色，成分以石英、长石为主，含少量泥质包裹体，钙质胶结，斜层理发育
细砂岩	5.2～6.0 5.6	灰色，缓波状斜层理，裂隙发育，被方解石充填
中砂岩	12.25～14.7 13.48	灰白色，成分以石英、长石为主，含大量暗色矿物，裂隙发育，薄层状单斜层理发育
泥岩	0～7.17 3.53	灰黑色，局部含植物化石碎片，缓波状斜层理
煤	8.24～9.57 9.1	黑色，块状成分以亮煤和镜煤为主，半亮型，层状结构，玻璃光泽，节理发育，局部含一层或多层泥岩夹矸

图 5-13　顶板岩性柱状图

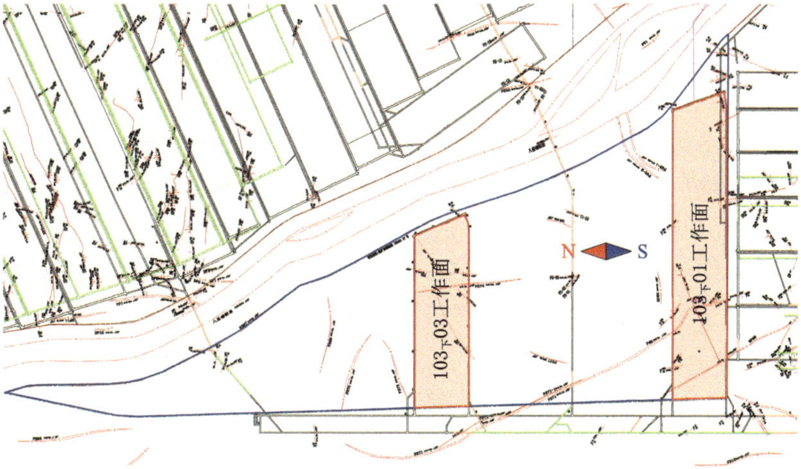

图 5-14　十采区工作面布置图

$103_下01$ 工作面回采巷道为矩形断面，宽×高＝4.6 m×3.3 m，采用锚网索带联合支护，如图 5-15 所示。顶部锚索规格为 ϕ22 mm×8 000 mm，间排距为1 800 mm×2 700 mm；顶部采用规格为 ϕ22 mm×2 400 mm 的树脂锚杆，间排距为 750 mm×900 mm；两帮锚索规格为 ϕ18 mm×5 000 mm，间排距为 2 700 mm；两帮采用规格为 ϕ20 mm×2 200 mm 的树脂锚杆，间排距为 750 mm×900 mm。

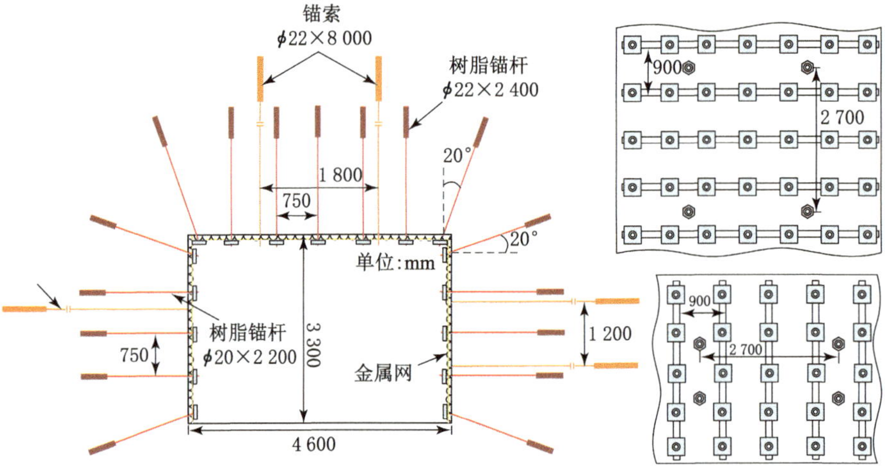

图 5-15　$103_下01$ 工作面回采巷道支护示意图

十采区目前回采 $103_下03$ 工作面，该工作面位于十采区中北部，东侧为八里铺断层，西侧为十采区胶带输送机巷和十采区进风巷，南距 $103_下01$ 工作面约 867 m，北侧为设计的 $103_下04$ 工作面。煤层倾角 2°～8°，井下标高－694.02～－739.55 m，平均－711.39 m。工作面基本顶以灰白色中砂岩为主，较坚硬，斜层理发育；煤层顶板局部存在泥岩伪顶，易冒落；煤层底板局部有泥岩，遇水易变软泥化。工作面设计面宽 229.6 m，走向长 578.5～663.9 m，平均日进尺2.25 m。工作面自 2021 年 9 月 21 日开始回采，2022 年 7 月 16 日回采结束，持续 298 d。

$103_下03$ 工作面回采巷道为梯形断面，上底 4.8 m、下底 5.2 m、高 3.5 m，采用锚网索带联合支护，如图 5-16 所示。顶部锚索规格为 ϕ22 mm×8 000 mm，间排距为 1 800 mm×2 700 mm；顶部采用规格为 ϕ22 mm×2 400 mm 的树脂锚杆，间排距为 890 mm×900 mm；两帮采用规格为 ϕ20 mm×2 200 mm 的全螺纹锚杆，间排距为 950 mm×900 mm。

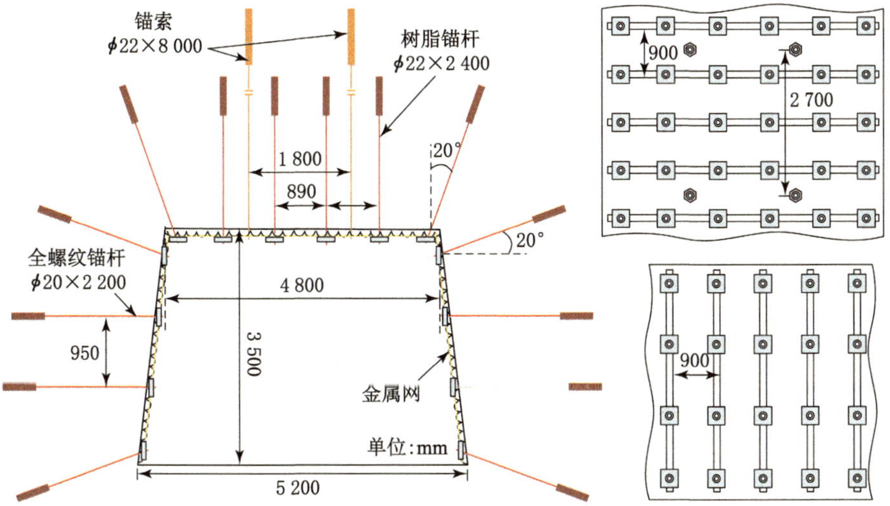

图 5-16　$103_下03$ 工作面回采巷道支护示意图

5.3.2　预裂参数设计

根据济宁二号煤矿十采区工作面回采计划，$103_下01$ 工作面已于 2017 年 8 月开采完毕。按照十采区回采接续，同采区的 $103_下03$ 工作面于 2021 年 9 月开始回采。回采前，为了控制上方厚层坚硬顶板带来的潜在冲击隐患，对 $103_下03$ 工作面实施顶板预裂设计。由于 $103_下03$ 工作面回采过程中经过断层，因此开切眼至断层的距离为顶板岩梁的跨度。$103_下03$ 工作面参数见表 5-5。

表 5-5　$103_下03$ 工作面参数

编号	顶板厚度/m	岩梁跨度/m	顶板平均抗拉强度/MPa	垂直地应力/MPa	同采区工作面周期来压步距/m
$103_下03$	60.7	160	15.93	19.16	23

将表 5-5 中的参数代入式(5-14)后，得到的不等式为：

$$\frac{9Sa\sigma_y}{5H^2}=1.50<[\sigma_b] \tag{5-18}$$

因此，$103_下03$ 工作面顶板岩梁预裂前不满足起裂条件。为避免高能量微震事件的频繁发生，防止高能量聚集在顶板造成潜在的冲击危险，在采准阶段对顶板进行了预裂处理。将表 5-5 中数据代入式(5-16)，计算得到的 $103_{下}03$ 工作面最小顶板深度为：

$$d \geqslant 42.1\ \mathrm{m} \tag{5-19}$$

综上，$103_{下}03$ 工作面顶板预裂深度最小值为 42.1 m，能使顶板岩梁发生断裂。

5.3.3 能量估算

根据前文研究内容及图 5-12 所示的流程，对 $103_{下}03$ 工作面顶板传递到工作面的能量进行估算校核。

(1) 顶板弯曲储能

$103_{下}03$ 工作面顶板岩梁跨度为 160 m，工作面来压步距为 23 m，顶板砂岩层厚度为 60.7 m，抗拉强度为 15.93 MPa，弹性模量为 13.41 GPa。因此，根据式(2-8)计算可得，顶板弯曲储能约为 2.35×10^5 J。

(2) 顶板断裂释能

根据式(2-6)，$103_{下}03$ 工作面顶板的岩性指标 M_b 为 18.92×10^3 Pa。因此，根据式(2-14)计算可得能量释放系数为 0.67，顶板断裂释能约为 1.57×10^5 J。

(3) 能量传播衰减

根据 $103_{下}03$ 工作面顶板条件，煤层与顶板砂岩层间的距离为 3.53 m，巷道顶煤厚度为 5.8 m。因此，根据式(4-16)计算可得衰减系数为 0.61，经过地层中的传播衰减后，传播至煤层的能量约为 0.96×10^5 J，满足设计要求。

5.3.4 顶板预裂方案

顶板预裂爆破卸压方案主要以降低大能量矿震发生的概率、防止井下发生冲击地压事件为目的，具体现场实施方案为：针对采空区中、低层位顶板采用两巷道顶板预裂爆破以及工作面切眼内预裂爆破，达到弱化顶板结构、降低顶板破断诱发矿震的能量的目的。济宁二号煤矿 $103_{下}03$ 工作面在切眼和巷道内施工爆破预裂孔，如图 5-17、图 5-18 所示。

具体参数设计及依据如下：

① 钻孔仰角：是保证坚硬顶板预裂调控效果的重要因素，仰角过大将导致煤层倾向预裂范围缩小、影响预裂效果，仰角过小虽然可以增大煤层倾向的爆破范围，但装药位置与顶板的距离减小可能导致顶板过于破碎。根据文献[248]的研究结论，结合济宁二号煤矿钻机尺寸、巷道尺寸及巷道内钻机摆放空间等实际因素，确定 $103_{下}03$ 工作面预裂钻孔仰角为 70°。

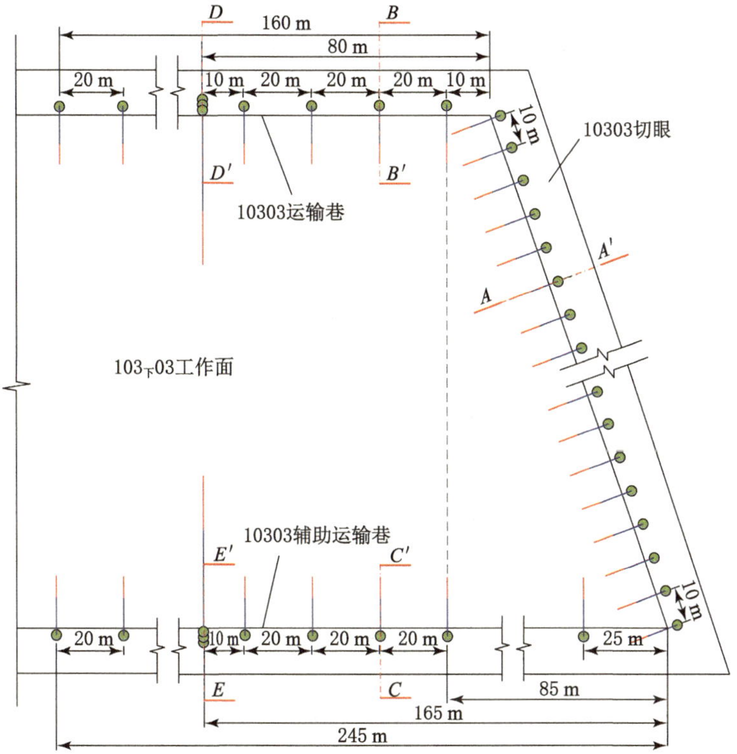

图 5-17　顶板预裂方案(水平剖面)

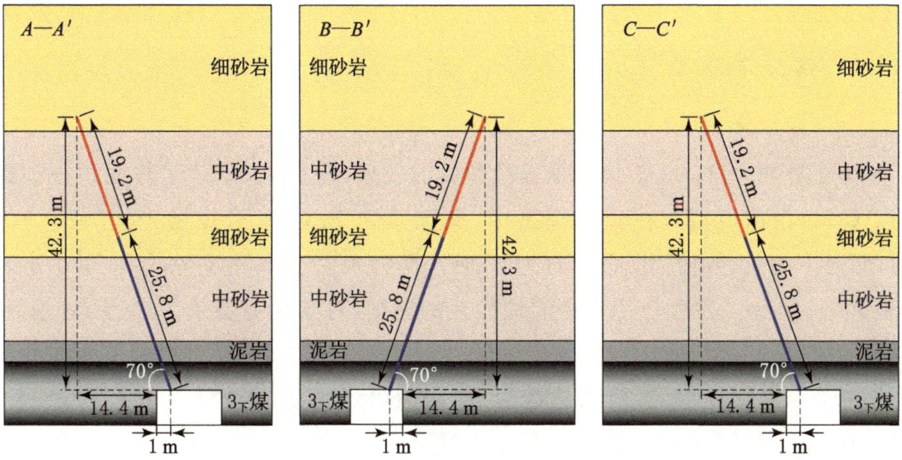

(a) A—A′截面　(b) B—B′截面　(c) C—C′截面

图 5-18　顶板预裂方案(竖直剖面)

② 钻孔深度:5.3.2 小节已经根据 $103_{下}03$ 工作面条件对顶板预裂深度进行了设计,确定顶板预裂深度不小于 42.1 m,钻孔仰角 70°条件下对应的钻孔深度不小于 44.8 m。为了避免钻杆连接引起的钻孔深度误差,同时便于施工,对孔深进行近似取整处理,确定钻孔施工深度为 45 m。

③ 走向排距:合理的深孔预裂爆破循环步距应小于采场支架可承受的高位关键层的周期来压步距,根据现场相关资料,同采区 $103_{下}01$ 工作面平均周期来压步距为 23 m,因此确定预裂爆破孔间距为 20 m。

④ 施工范围:工作面推采的"一次见方"位置为冲击地压防控的重点区域,考虑 $103_{下}03$ 工作面推采过程中到达"一次见方"位置前经过断层,因此确定巷道施工范围为开切眼至断层间的区域,运输巷自开切眼起 160 m,辅助运输巷自开切眼起 245 m。

⑤ 爆破参数:根据济宁二号煤矿施工经验,确定顶板预裂钻孔孔径为 75 mm,爆破炸药为水胶炸药,装药深度为 19.2 m。

⑥ 扇形断面:根据 5.1 节研究结论,在 $103_{下}03$ 工作面两巷道内布置两个扇形断面,有效减小顶板断裂时的能量释放。运输巷内扇形断面距切眼 80 m,辅助运输巷内扇形断面距切眼 165 m,每个扇形断面共布置 3 个钻孔,钻孔仰角分别为 50°、60°、70°,孔深分别为 55 m、49 m、45 m。

5.4 顶板能量源调控效果数值模拟

5.4.1 模型建立及模拟方案

5.4.1.1 模型建立

为了分析 $103_{下}03$ 工作面顶板预裂后的效果,建立 $103_{下}03$ 工作面顶板预裂 FLAC 3D 数值模型。在计算模型中,坐标系如下规定:沿煤层走向方向为 x 轴,倾向方向为 y 轴,铅垂方向为 z 轴。模型尺寸为 $x\times y\times z=1\ 400\ \text{m}\times 630\ \text{m}\times 140\ \text{m}$。模型按照相似岩层简化的原则,对实际地层条件进行了一定程度的简化处理,共设置 12 层,地层物理力学参数见表 5-6。模型中的单元类型全部为 8 节点六面体单元,单元总数为 10 973 426 个,节点总数为 1 877 648 个,图 5-19(a)为模型建立效果图。

表 5-6　数值模拟参数

岩层名称	厚度 /m	密度 /(g/cm³)	体积模量 /GPa	剪切模量 /GPa	内摩擦角 /(°)	内聚力 /MPa	抗拉强度 /MPa
粉砂岩	12	2 560	10.67	6.40	40	6.5	3.80
细砂岩	27	2 650	8.47	5.37	42	7.5	3.50
中-细砂岩互层	18	2 630	8.67	5.40	40	7.5	3.80
中砂岩	13	2 680	8.64	5.69	38	7.1	3.50
泥岩	2	2 461	7.14	4.92	33	3.5	1.64
3 煤层	10	1 400	4.40	1.50	25	1.0	0.15
泥岩	2	2 461	7.14	4.92	33	3.5	1.64
中砂岩	12	2 580	8.64	5.69	38	7.1	3.50
粉砂岩	16	2 630	10.67	6.40	40	7.5	3.80
中-细砂岩互层	10	2 580	7.47	5.37	42	12.5	4.50
泥岩-粉砂岩互层	18	2 461	7.14	4.92	33	3.5	1.64

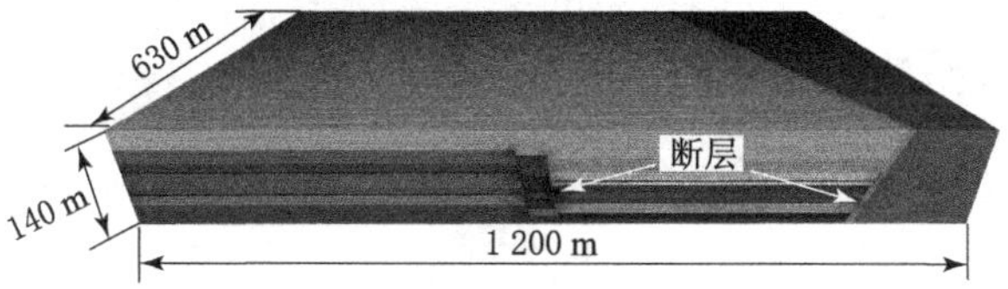

(a) 模型图

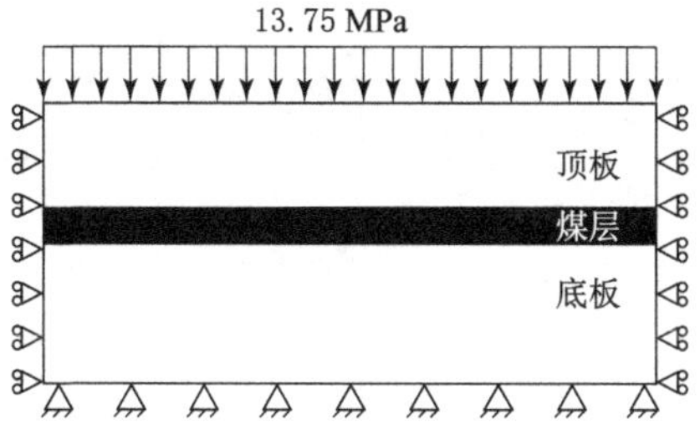

(b) 边界条件

图 5-19　数值模型及边界条件示意图

模型上方为应力边界条件，按实际埋深施加垂直方向的载荷 13.75 MPa，模拟上覆岩层的自重应力。在模型四个侧面采用法向位移约束，底部边界施加水平及垂直位移约束，如图 5-19(b)所示。

5.4.1.2 数值模拟方案

数值模拟步骤如下：

① 模型进行初始地应力计算，计算至模型收敛。

② $103_{下}03$ 工作面周边巷道进行开挖，计算收敛后获得巷道开挖后应力场、变形场。

③ 根据 5.3.3 小节中的设计方案，对顶板预裂区域的参数弱化，模拟预裂后采场的应力分布，计算收敛后获得断顶后的应力场及变形场规律。

④ 工作面回采，分 62 次回采完成（每次开挖进尺约 10 m），每次回采后计算模型平衡，然后进行下一次的回采和计算，回采完成直至模型应力平衡。回采过程如图 5-20 所示。

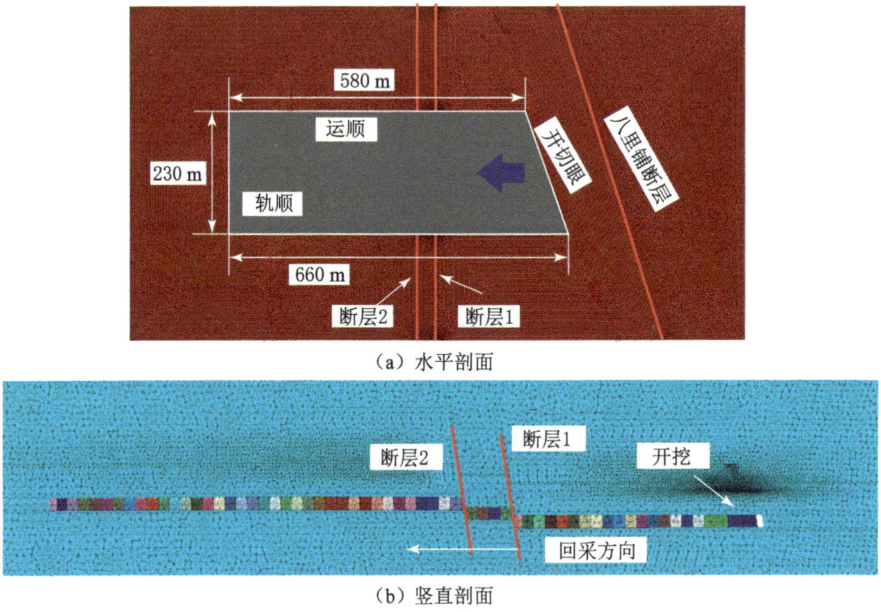

图 5-20 模型回采方案示意图

5.4.2 数值模拟结果分析

5.4.2.1 预裂效果对比

图 5-21(a)、(b)分别给出了预裂前后的围岩应力场分布。预裂前煤层上下方应力场分布均匀，煤层应力约为 19 MPa；工作面开切眼附近，巷道两侧煤体存在部分的应力集中，应力峰值约为 20 MPa。预裂后煤层顶板中出现明显的应力降低区，预裂区下方对应的煤层应力存在一定的降低，煤体垂直应力峰值约为

17.5 MPa，降低了 7.9%，表明预裂弱化影响了覆岩载荷的传递，有效降低了顶板和煤层中的应力，达到了顶板和煤层卸压的目的。

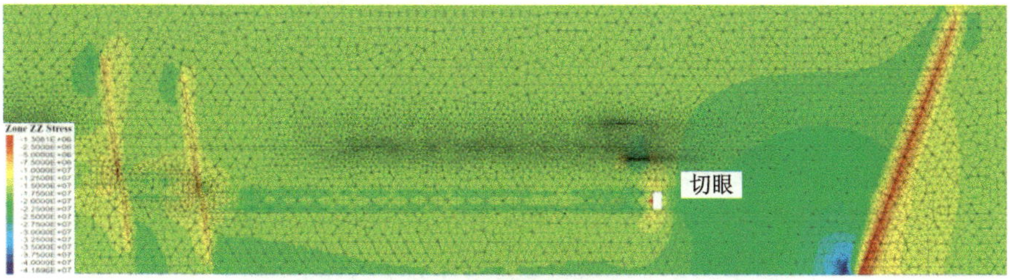

(a) 预裂施工前

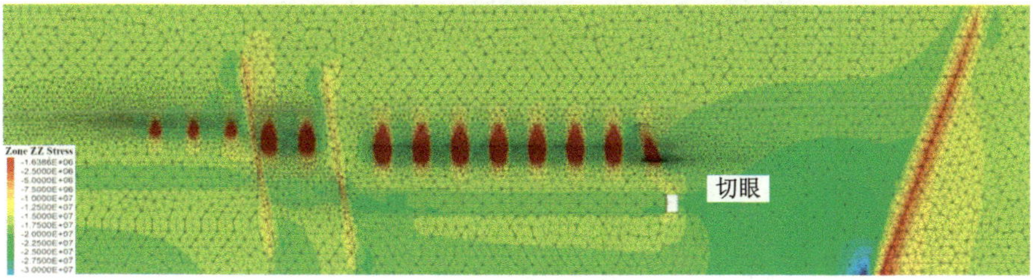

(b) 预裂施工后

图 5-21　预裂前后围岩应力场分布云图

5.4.2.2　回采过程中的应力场分布

根据 5.4.1 小节的回采方案，对 $103_{下}03$ 工作面分步进行回采，分 62 次开挖完成，分析不同回采距离下工作面附近围岩的应力场分布。不同开采进尺下工作面应力分布呈现出一定的规律，选取典型回采进尺下的应力分布进行分析，不同回采距离下 $103_{下}03$ 工作面附近应力场分布如图 5-22～图 5-26 所示。

(1) 工作面调斜后

图 5-22 给出了工作面回采至齐平 0 号点后工作面附近应力场分布图。由图 5-22(a)可知，由于工作面的回采，采空区上方、下方均为应力卸压区，采空区下方近似呈倒拱形，采空区上方由于顶板预裂的影响，应力降低区未呈现对称拱形。由于回采作用，采空区两侧的实体煤出现了应力集中。图 5-22(b)给出了 z 方向剖面的垂直应力分布，采空区周围出现了明显的应力集中，围绕采空区存在；工作面前方最大支承压力为 29 MPa，应力集中系数约为 1.5；应力峰值约为工作面前方 20 m 处，工作面前方约 70 m 受超前压力影响明显。

(2) 工作面回采 100 m

图 5-23 给出了工作面回采 100 m 时工作面附近应力场分布图。随着回采距离的增加，工作面前方的应力集中区域逐渐向前移动，采空区上方、下方均为应力降低区，下方应力降低区已扩散至模型边界，上方应力降低区仍呈不规则

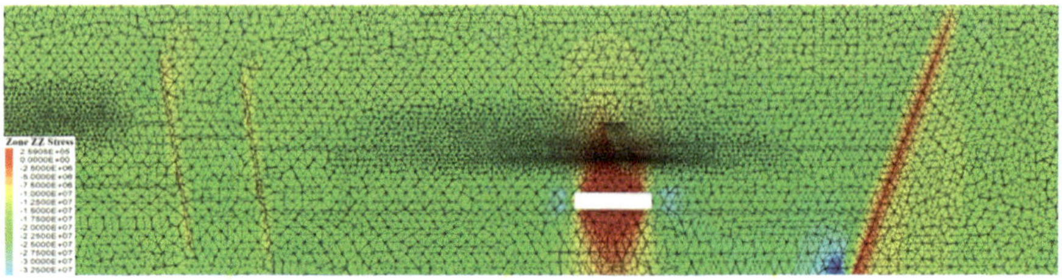

（a）*y*剖面图

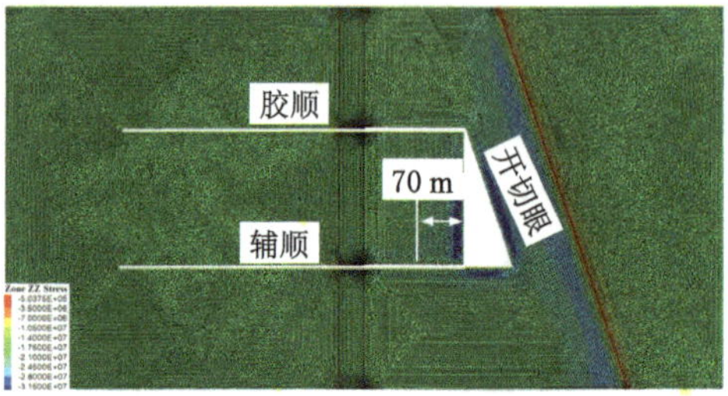

（b）*z*剖面图

图 5-22　工作面附近应力场分布云图(工作面调斜后)

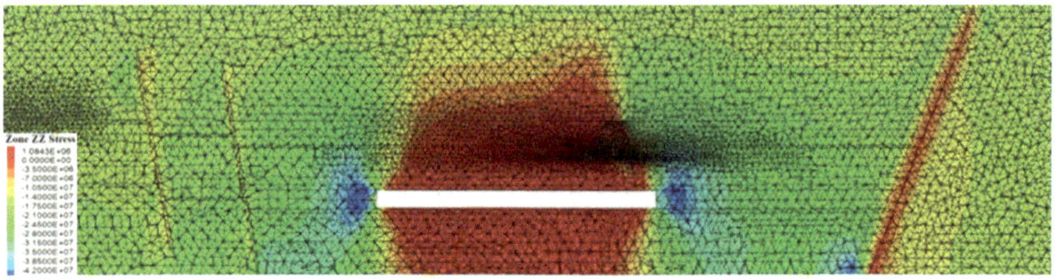

（a）*y*剖面图

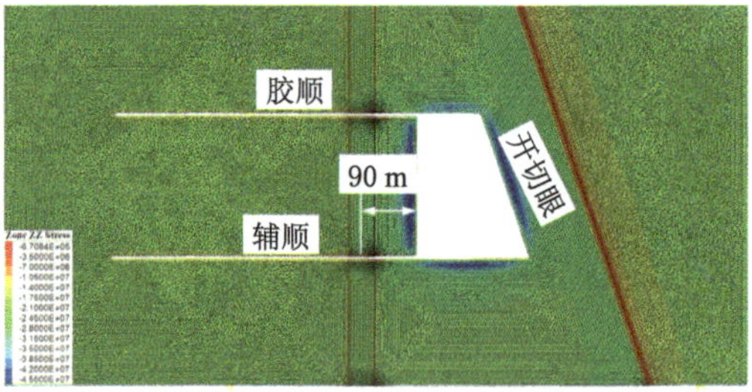

（b）*z*剖面图

图 5-23　工作面附近应力场分布云图(回采 100 m)

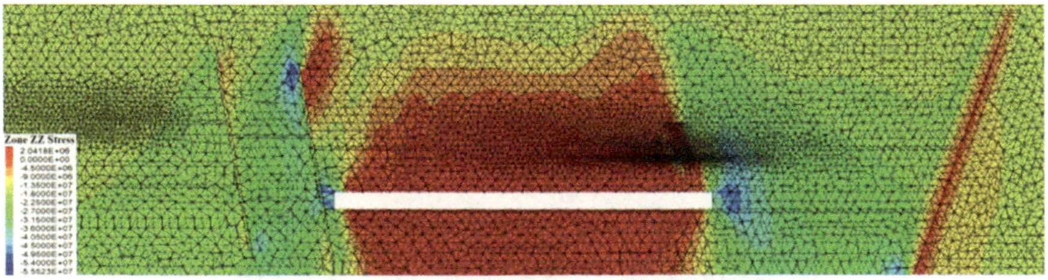

(a) *y*剖面图

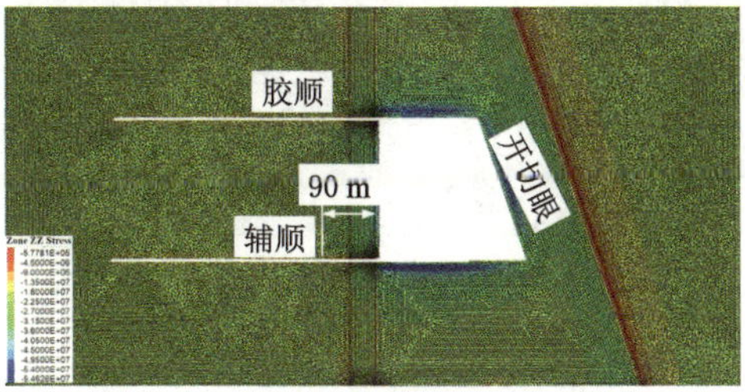

(b) *z*剖面图

图 5-24　工作面附近应力场分布云图(回采 160 m)

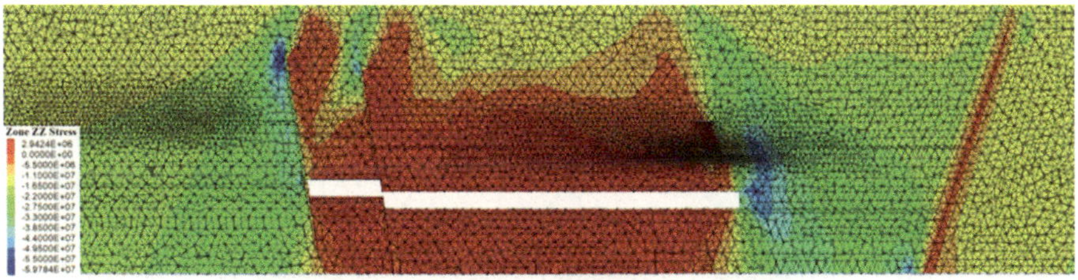

(a) *y*剖面图

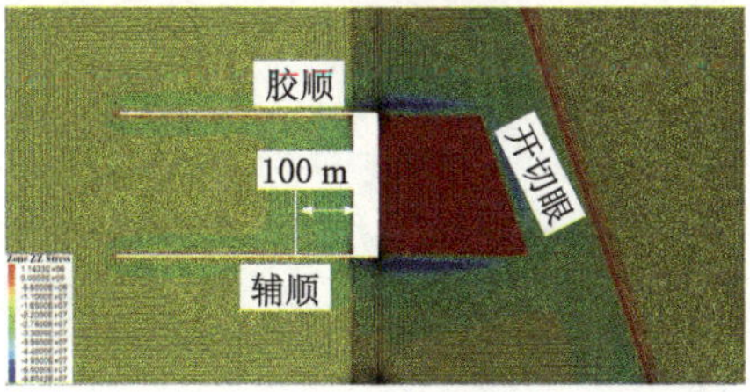

(b) *z*剖面图

图 5-25　工作面附近应力场分布云图(回采 210 m)

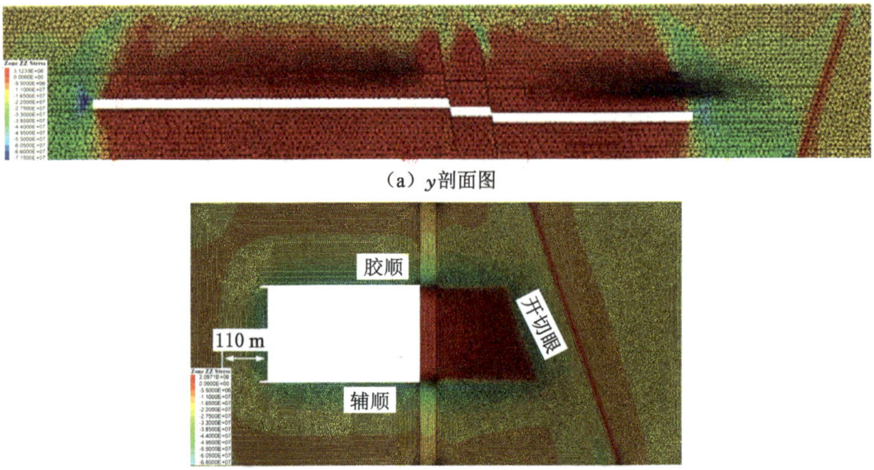

(a) y剖面图

(b) z剖面图

图 5-26 工作面附近应力场分布云图(回采 580 m)

状。同时,应力集中数值小幅增长,表明超前应力的大小随着采空区面积的增加而增加。工作面前方最大支承压力为 42 MPa,应力集中系数为 2.21。

(3) 工作面回采 160 m

图 5-24 给出了工作面回采 160 m 时工作面附近应力场分布图。随着工作面的回采,超前压力对断层的影响逐渐强烈,断层附近的应力场逐渐复杂,断层上盘上方附近出现了明显的应力降低区,超前应力影响范围已超过两条断层,但超前应力峰值区域几乎与断层重合,应力集中核消失。工作面前方最大支承压力约为 50 MPa,应力集中系数为 2.63;工作面距离断层的 10 m 范围内应力集中明显,工作面前方 10 m(断层 1、2 之间 40 m 煤层)受到超前影响,应力增加明显。

(4) 工作面回采 210 m

图 5-25 给出了工作面回采 210 m 时应力场分布图。由图可知,工作面位于断层附近,断层右侧出现了明显的应力降低区,工作面前方断层附近未形成超前应力集中核。工作面应力超前影响范围约为 100 m,应力峰值约为 36 MPa,应力集中系数为 1.89;断层前方 10～30 m 范围应力集中程度大。

(5) 工作面回采 580 m

图 5-26 给出工作面回采 580 m 时应力场分布图。由图可知,工作面回采完毕后,采空区上方的煤体变形且应力降低明显,采空区周围存在一定范围的应力集中。工作面应力超前影响范围约为 110 m,应力峰值约为 63 MPa,应力集中系数为 3.32。

5.5　现场工业性试验

5.5.1　工作面微震监测方案

济宁二号煤矿装备了波兰生产的 SOS 微震监测系统，利用微震系统监测 $103_下01$ 工作面和 $103_下03$ 工作面回采期间微震事件的位置及特征。SOS 微震监测系统由信号采集器、记录仪、分析仪、拾震器、电源、交换机、防雷栅和传输电缆组成，同时配备了 SEISGRAM 定位软件及 MultiLok 能量计算软件，系统构成如图 5-27 所示。

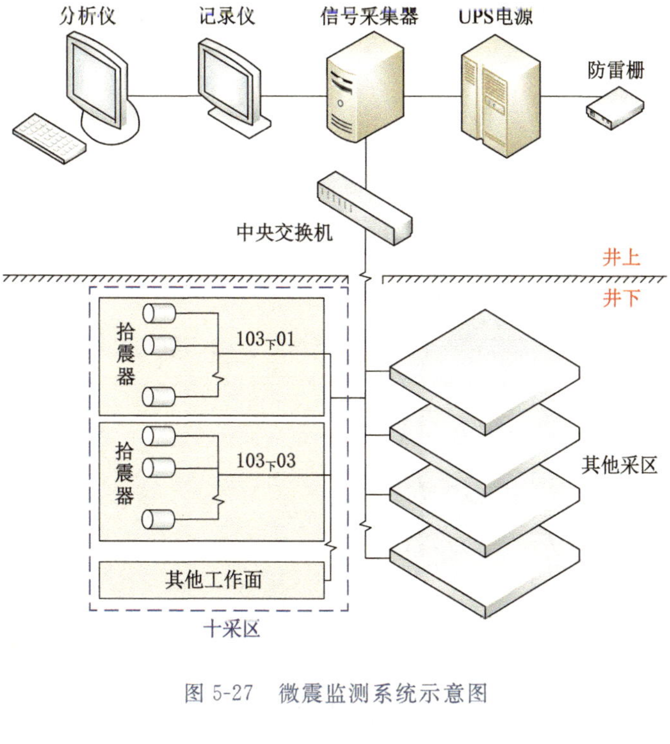

图 5-27　微震监测系统示意图

为了对比分析顶板预裂的能量源调控效果，对未采取顶板预裂的 $103_下01$ 工作面和预裂后的 $103_下03$ 工作面回采过程中的微震特征进行对比分析。十采区在 $103_下01$ 工作面和 $103_下03$ 工作面分别布置了 5 个微震拾震器，主要布置在工作面和周边的巷道中，确保同一工作面的 5 个拾震器位于不同高程上。其中，$103_下01$ 工作面周边为 $1^{\#}$～$5^{\#}$，$103_下03$ 工作面周边为 $6^{\#}$～$10^{\#}$。拾震仪布置于工作面前方，随着工作面位置的推进，拾震器的位置相应地发生改变，具体位置如图 5-28 所示。

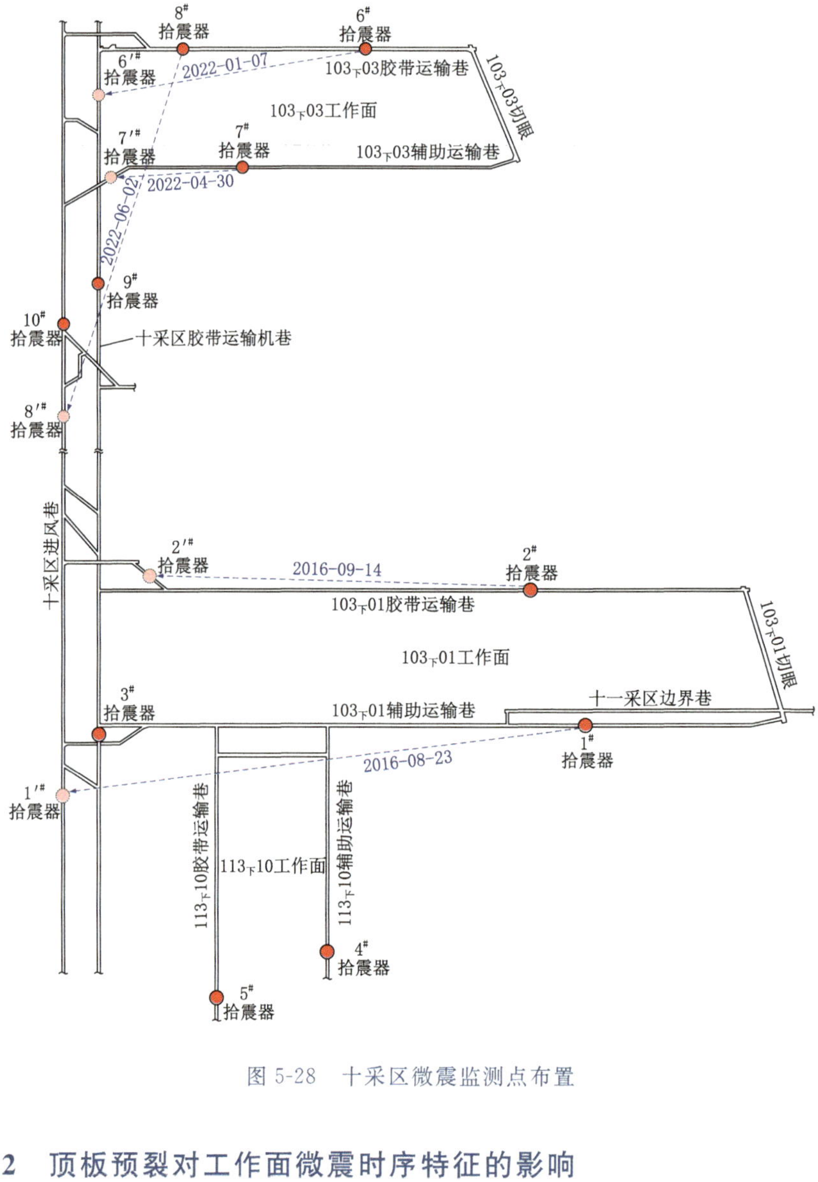

图 5-28　十采区微震监测点布置

5.5.2　顶板预裂对工作面微震时序特征的影响

5.5.2.1　微震频次

为了对比深孔预裂对工作面微震的调控效果，对未采取顶板预裂的 $103_{下}01$ 工作面和预裂后的 $103_{下}03$ 工作面回采过程中的微震频次特征进行对比分析。

图 5-29(a)、(c)给出了工作面回采期间的微震频次统计图。$103_{\text{下}}01$ 工作面回采共监测到微震事件 10 227 次，平均单日发生有效微震 16.26 次。

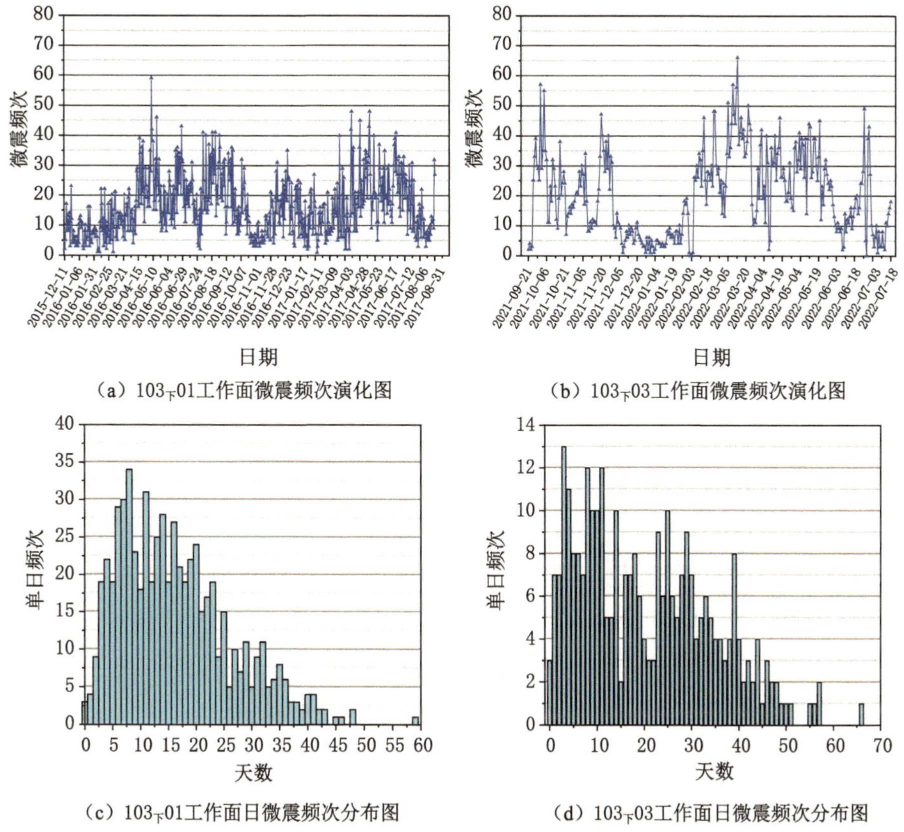

(a) $103_{\text{下}}01$工作面微震频次演化图

(b) $103_{\text{下}}03$工作面微震频次演化图

(c) $103_{\text{下}}01$工作面日微震频次分布图

(d) $103_{\text{下}}03$工作面日微震频次分布图

图 5-29　预裂前后的工作面微震频次统计

未预裂的工作面微震频次具有以下特征：

① 日微震频次大部分集中于中、低区间，日微震频次 5～25 次的天数占总回采天数的 71.6%，单日少于 5 次或大于 30 次的天数总和仅占总回采天数的 18.4%。

② 微震频次随工作面开采阶段的变化而变化，其中工作面回采初期和末期推进速率较低，导致震动频次明显减少。2016 年 4 月初和 6 月初，工作面分别回采至“见方”和“双见方”区域，该阶段顶板活动剧烈、矿压显现明显，导致该阶段微震事件频次处于较高的区间。

③ 微震频次受工作面推进速度和回采强度影响明显，回采期间单日最大微震

事件数为 59 次，发生于 2016 年 5 月 7 日，该日工作面推进 4.1 m，远超工作面平均进尺 1.8 m；单日最小微震事件数为 0 次，共发生 3 次，分别为 2015 年 12 月 13 日、2016 年 11 月 11 日、2016 年 11 月 14 日，该三日由于工作面停产检修等原因，均没有微震事件出现，说明工作面采掘活动会对采场围岩微震数量具有明显的影响。

图 5-29(b)、(d)给出了 $103_{下}03$ 工作面回采期间的微震频次统计图。$103_{下}03$ 工作面回采期间共监测到微震事件 6 028 次，平均单日发生有效微震 20.23 次。相较 $103_{下}01$ 工作面，$103_{下}03$ 工作面微震频次具有以下特征：

① 日微震频次波动性有所加剧。工作面回采过程中，单日超过 30 次震动的天数占比明显上升。工作面回采初期由于巷道内进行了深孔预裂等爆破施工，导致爆破诱发的微震事件增多，日微震频次维持在较高的水平。

② 微震频次随工作面开采阶段而变化的趋势同样明显，2021 年 12 月工作面回采至断层附近，回采速率明显降低，全月平均日进尺 1.98 m，低于工作面平均日进尺 2.25 m，因此该阶段日微震频次明显降低。2021 年 3 月，工作面推进至“双见方”区域，该阶段顶板活动剧烈、矿压显现明显，导致该阶段微震事件频次处于较高的区间。

③ $103_{下}03$ 工作面微震频次同样受推进速度和回采强度影响明显，回采期间单日最大微震事件数为 66 次，发生于 2022 年 3 月 3 日，该日工作面推进 3.75 m，远超工作面平均进尺 2.25 m；单日最小微震事件数为 0 次，共发生 3 次，分别为 2022 年 2 月 2 日、2022 年 2 月 3 日、2022 年 6 月 28 日，该三日由于工作面停产检修的原因，均没有微震事件出现。

5.5.2.2 微震能量

图 5-30(a)、(c)、(e)、(g)给出了 $103_{下}01$ 工作面开采过程中的微震能量统计图。$103_{下}01$ 工作面回采期间，微震以中、低能量事件为主，平均事件能量为 2 681.7 J。单日平均能量、最大事件能量、单日总能量的变化规律具有相似性，工作面初采、回采至走向中部、末采期间事件频次分布较高，最大事件能量为 88 200.0 J、单日最大平均能量为 19 871.3 J、最大单日总能量为 536 524 J，均发生在 2016 年 9 月 17 日，工作面回采至走向中部附近。微震事件能量大多分布于低能量区间，随微震事件能量升高频次占比逐渐降低，能量处于 0～2 000 J 区间内的频次占总频次的 69.81%，能量超过 10 000 J 的频次占总频次的 5.74%。

图 5-30(b)、(d)、(f)、(h)给出了 $103_{下}03$ 工作面开采过程中的微震能量统计图。$103_{下}03$ 工作面回采期间，微震同样以中、低能量事件为主，平均事件能量为 2 211.80 J。工作面采至两条断层附近时微震事件频次分布较高，最大事件能量为 69 700.0 J、单日最大平均能量为 36 532.0 J、单日最大总能量为 292 256 J，均发生在 2021 年 12 月 7 日，工作面回采至断层附近。能量处于 0～2 000 J 区

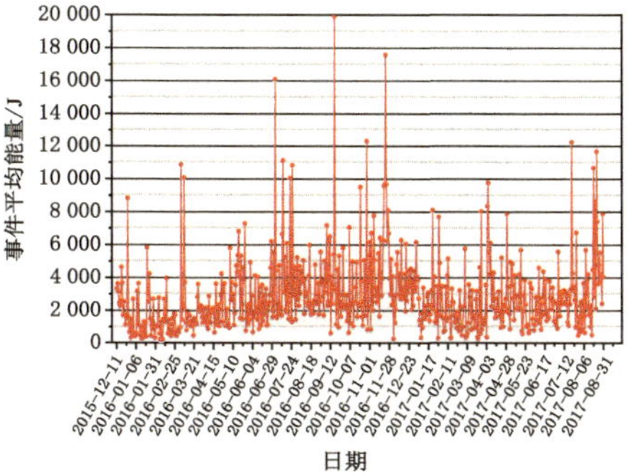

（a）103下01工作面单日平均能量

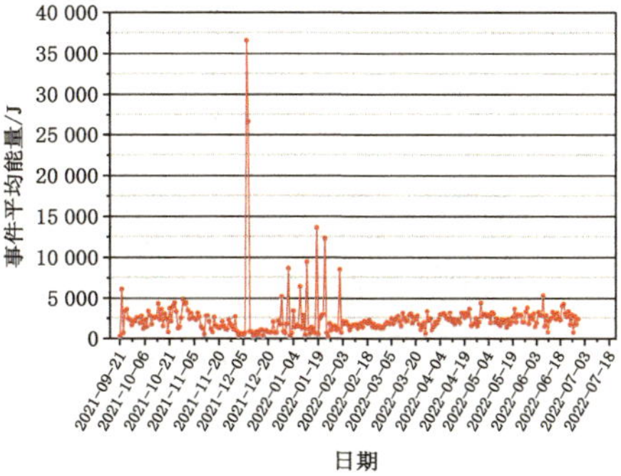

（b）103下03工作面单日平均能量

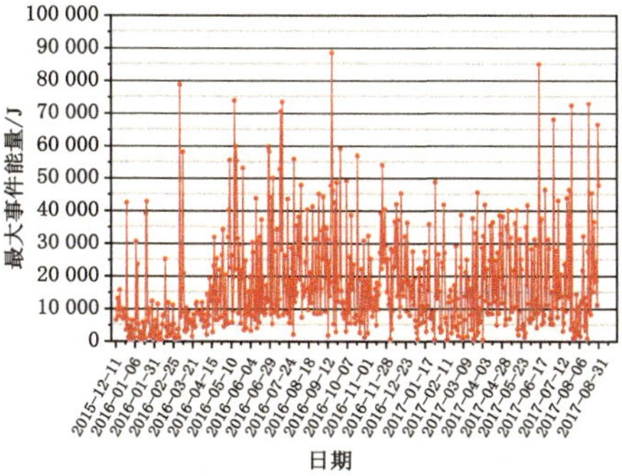

（c）103下01工作面单日最大能量

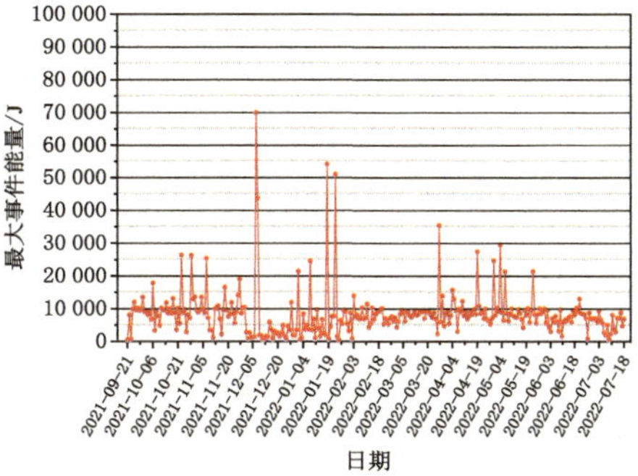

（d）103下03工作面单日最大能量

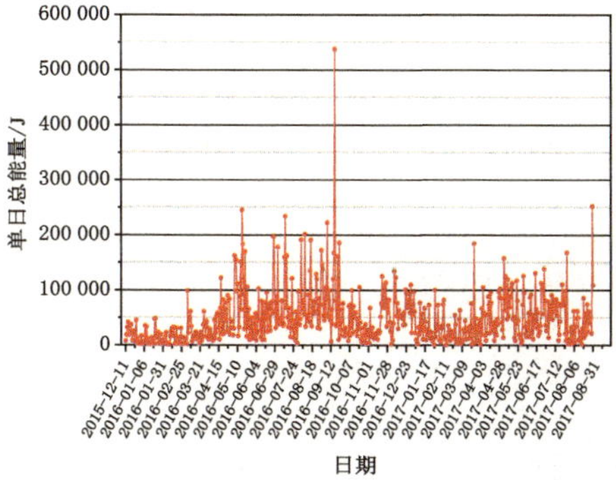

（e）103下01工作面单日累计能量

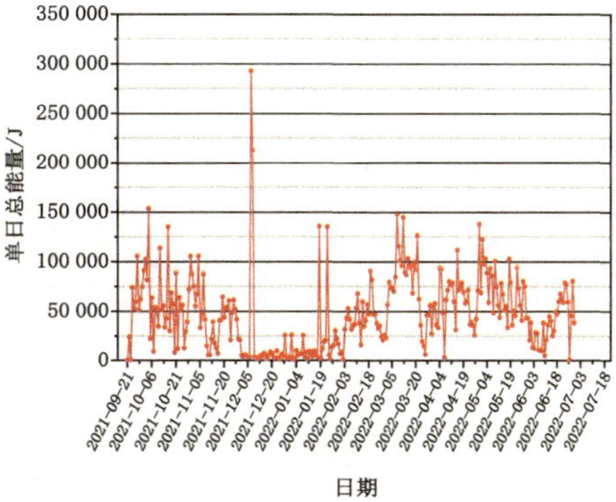

（f）103下03工作面单日累计能量

图 5-30　预裂前后的工作面微震能量统计

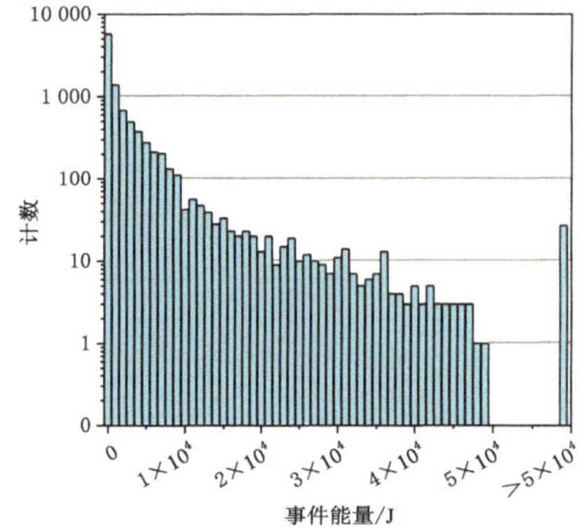

(g) $103_{下}01$工作面微震能量分布

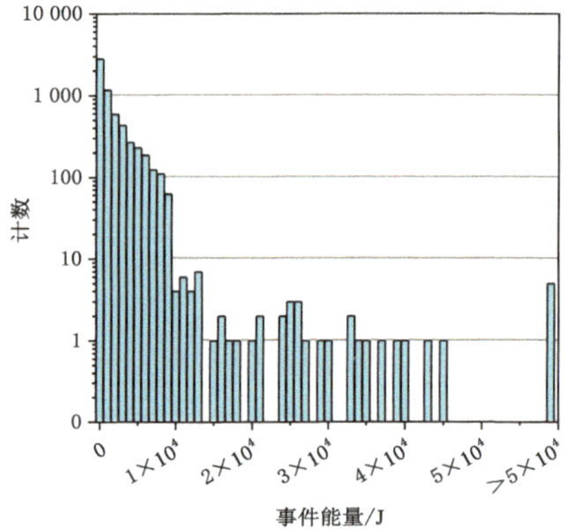

(h) $103_{下}03$工作面微震能量分布

图 5-30 (续)

间内的频次占比略有降低,占总事件数的 65.81%,能量超过 10 000 J 的频次占比降低明显,仅占总频次的 0.09%。

5.5.3 顶板预裂对工作面微震空间分布的影响

5.5.3.1 $103_{下}01$ 工作面微震空间特征

图 5-31～图 5-33 分别为 $103_{下}01$ 工作面开采不同阶段的微震震源定位平面图和剖面图。

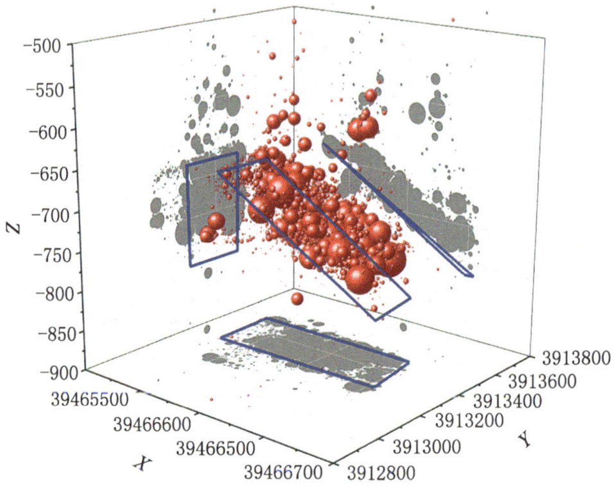

图 5-31 $103_{下}01$ 工作面微震事件空间分布

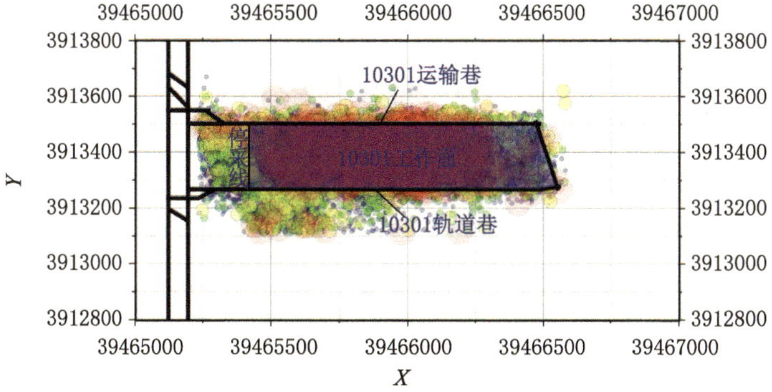

(a) 工作面开采全过程

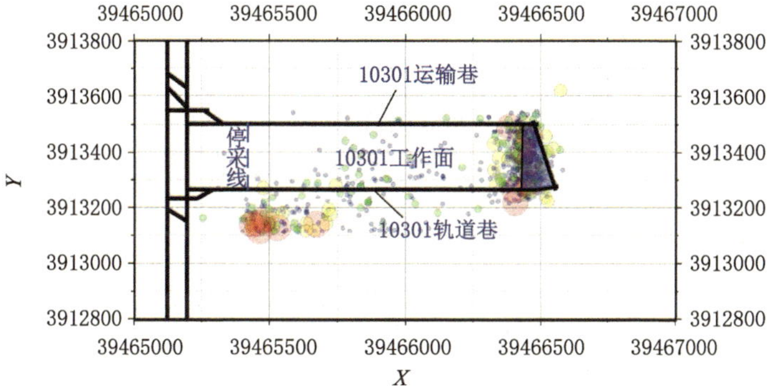

(b) 2015.12—2016.02

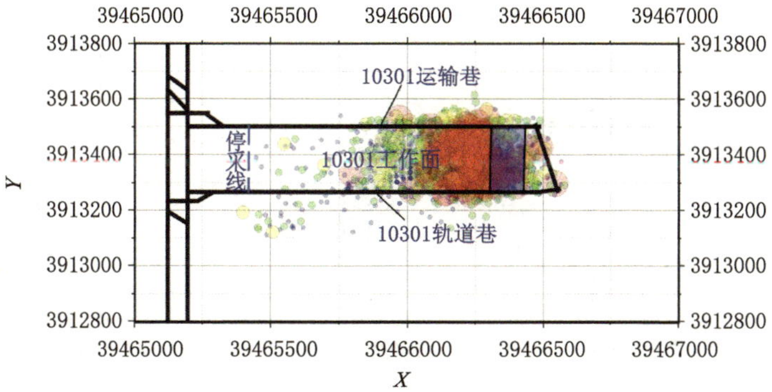

(c) 2016.03—2016.05

图 5-32 $103_{下}01$ 工作面微震事件定位(水平剖面)

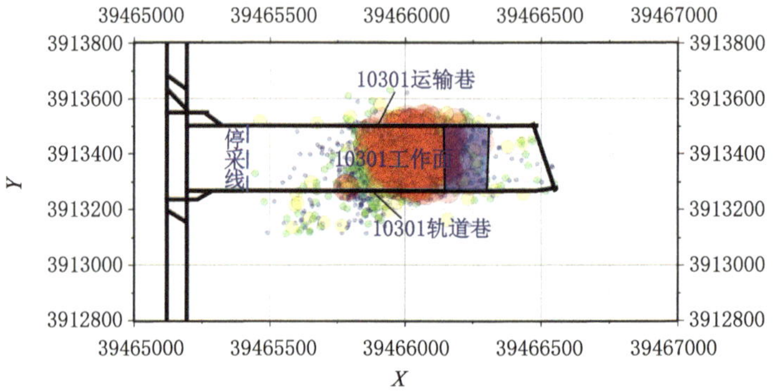

(d) 2016.06—2016.08

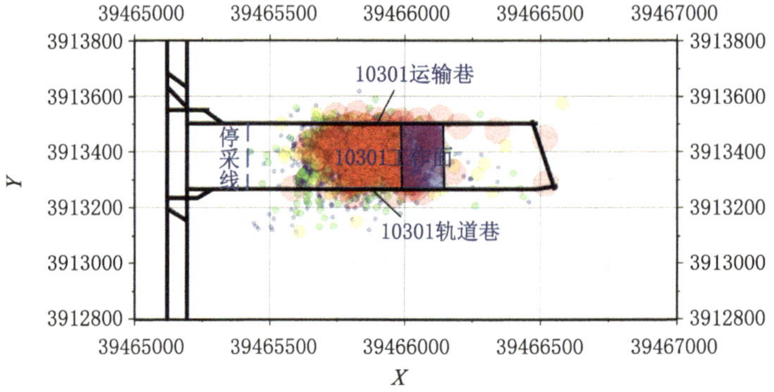

(e) 2016.09—2016.11

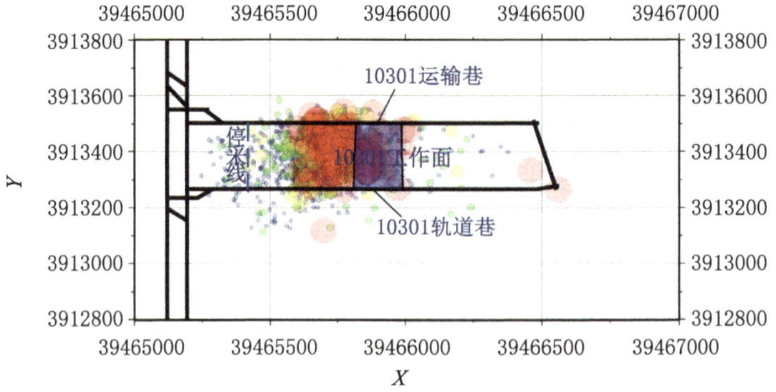

(f) 2016.12—2017.02

图 5-32 (续)

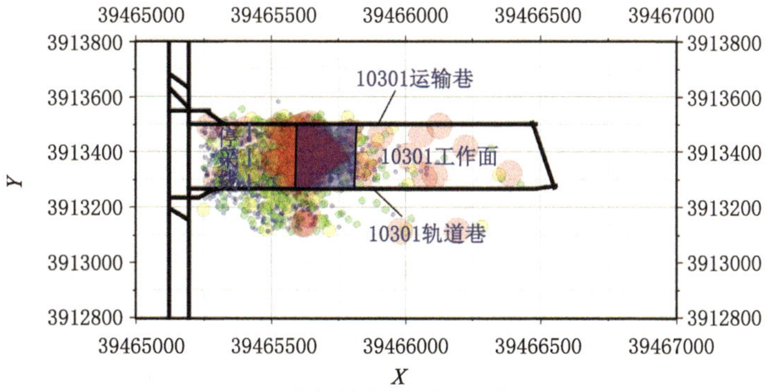

(g) 2017.03—2017.05

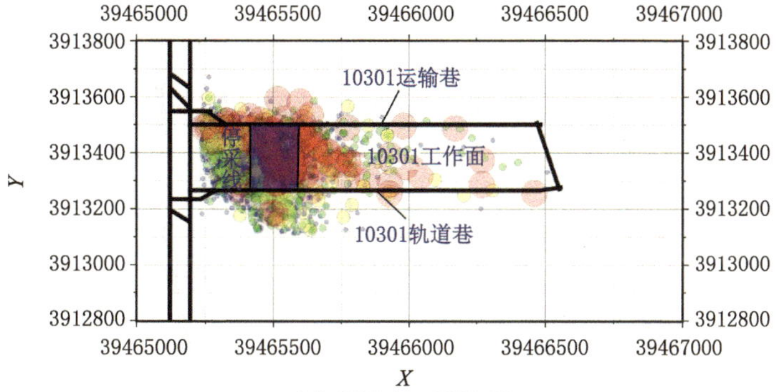

(h) 2017.06—2017.08

图 5-32 (续)

由图可知：

① 震源大部分位于煤层上方顶板 50 m 范围内，随着工作面的推进，逐步往前移动、向上发展；采空区底板中出现的震动随开采进行也逐渐增多；工作面上方发生的震动多在 $103_{下}01$ 工作面前方和采空区顶板内，且分布上与煤层走向基本平行，表明开采诱发震动与采空区顶板冒落密切相关。除直接顶中集中出现了大量高能量震动事件外，基本顶范围内也出现了较多的高能量震动信号，说明除了直接顶垮落外，基本顶岩梁的破断运移也是顶板中能量释放的途径之一。

② 工作面开采初期，在－700～－750 m 范围出现了大量的微震事件，这些微震事件主要聚集于切眼附近、停采线附近的轨道巷南侧，与该阶段工作面内主要采掘工程位置吻合。说明除了顶板冒落、岩梁破断等岩层运动行为外，采掘设备的破煤、运煤同样会引发震动信号。

③ 同时，震动多集中在 $103_{下}01$ 工作面轨道巷侧，在运输巷侧的震动则较

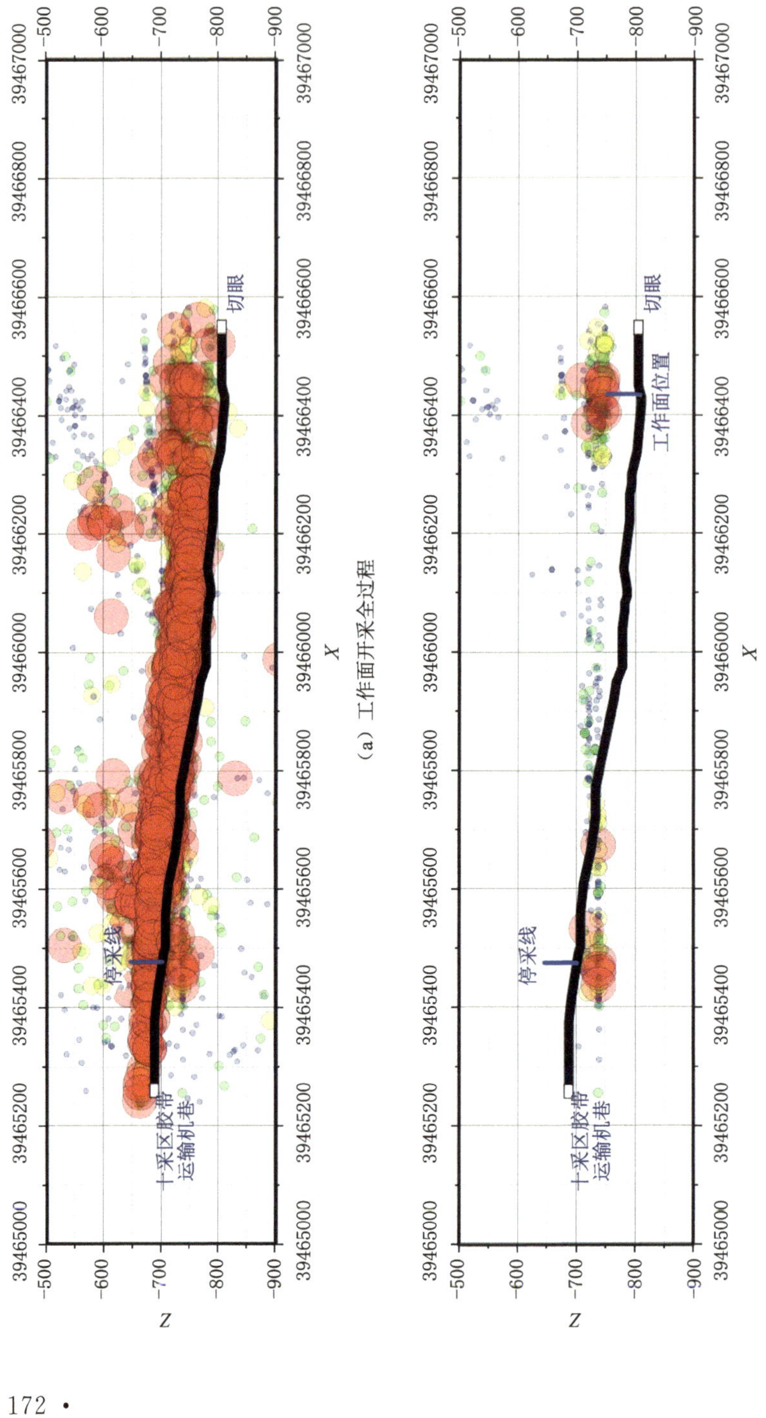

（a）工作面开采全过程

（b）2015.12—2016.02

图5-33　103$_{下}$01工作面微震事件定位（垂直剖面）

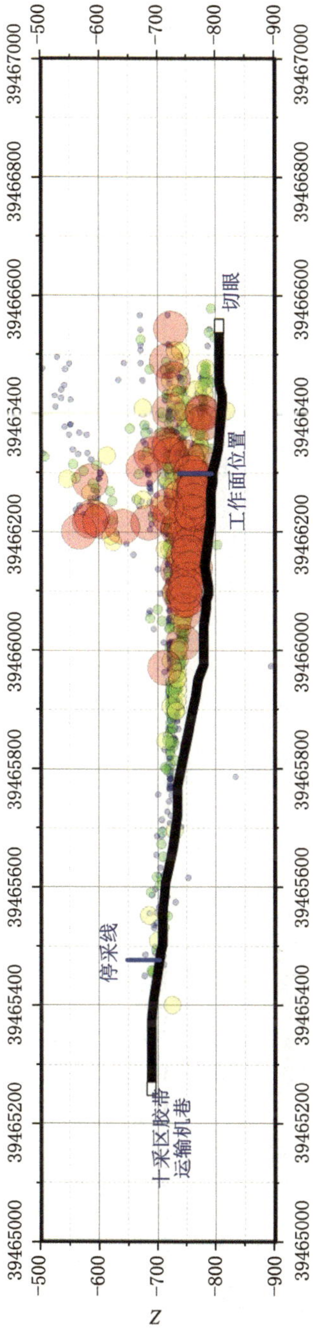

（c）2016.03—2016.05

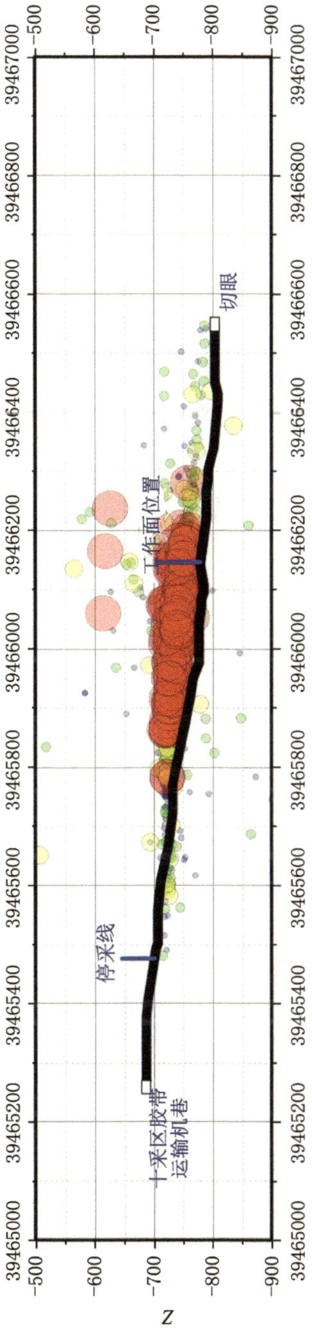

（d）2016.06—2016.08

图5-33 （续）

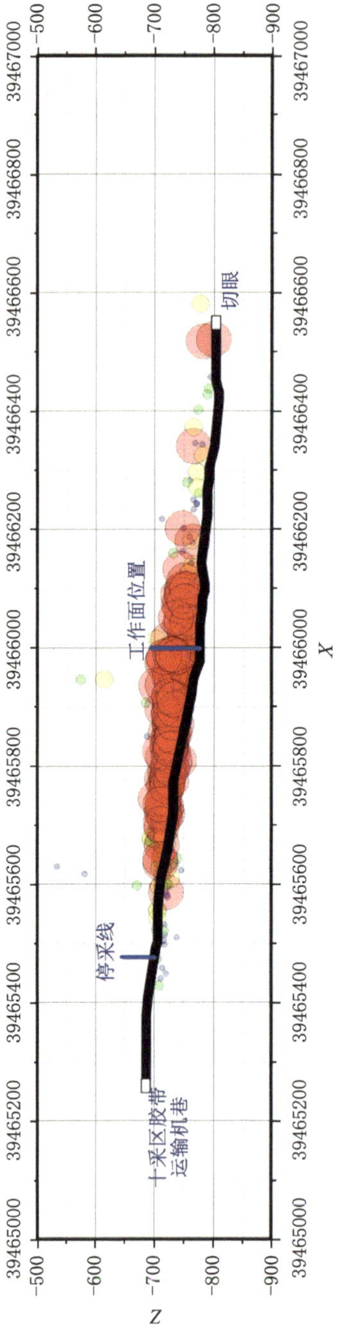

（e）2016.09—2016.11

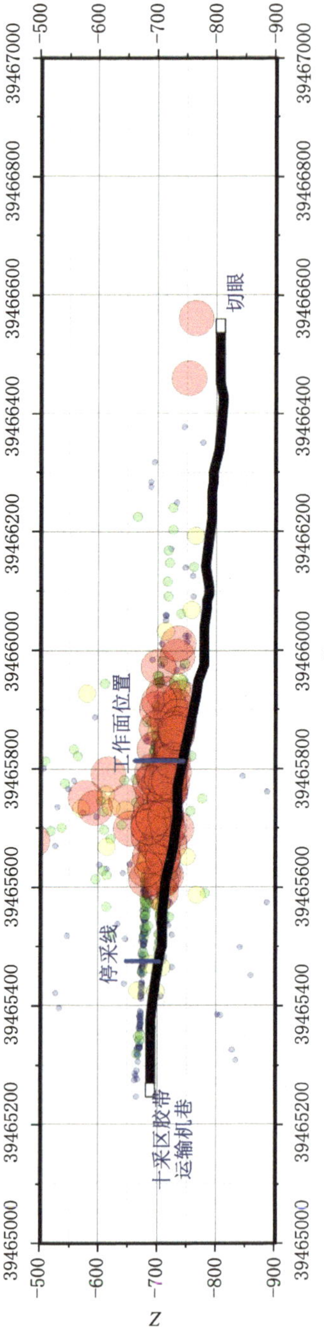

（f）2016.12—2017.02

图5-33 （续）

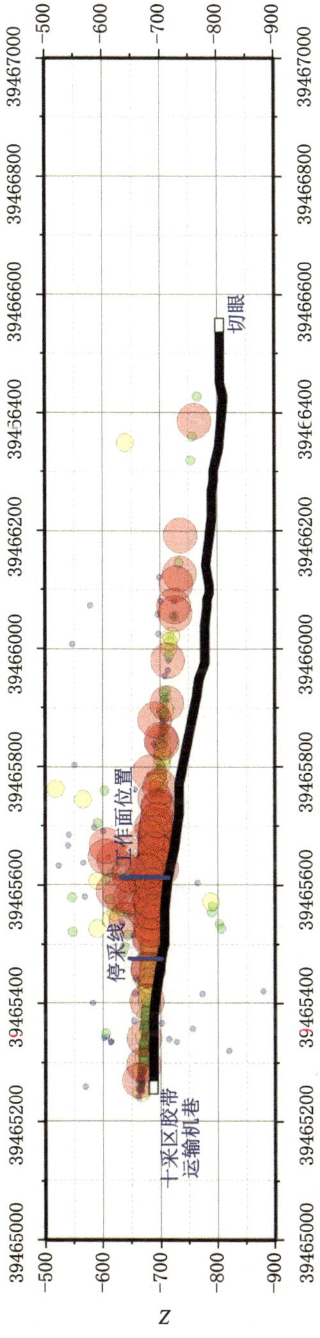

（g）2017.03—2017.05

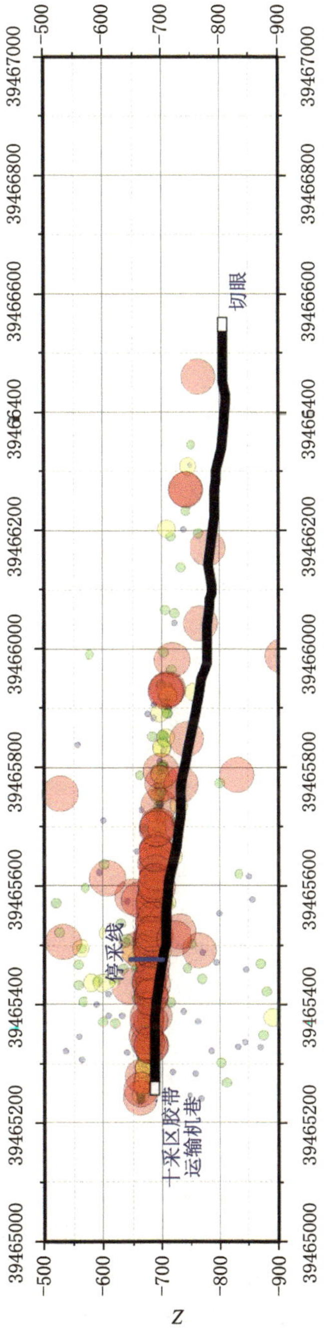

（h）2017.06—2017.08

图5-33 （续）

少。轨道巷南侧有十一采区($113_{下}05$、$113_{下}06$、$113_{下}07$、$113_{下}08$、$113_{下}09$、$113_{下}10$)六个采空区,上覆高位顶板垮落不充分,属不充分开采,而运输巷北侧均为未开采的实体煤,顶板活动较为稳定。因此,随 $103_{下}01$ 工作面开采扰动和采空区面积的增加,采空区覆岩形成的结构拱逐渐增大,容易引起顶板整体性运动,震动频次逐渐增高。

④ 与工作面顶板冒落相关的 10^4 J 以下的小能量震动主要分布于工作面后方,随开采范围不断扩大,工作面前方也出现较多 10^4 J 以上的震动,表明煤岩层在超前支承压力作用下已经开始出现大范围断裂或破坏。10^4 J 以上的强震动事件分布也由开采初期的采空区后方上覆岩层逐步向工作面前方支承压力区转移。

5.5.3.2　$103_{下}03$ 工作面微震空间特征

图 5-34～图 5-36 分别为 $103_{下}03$ 工作面开采不同阶段的微震震源定位平面图和剖面图。

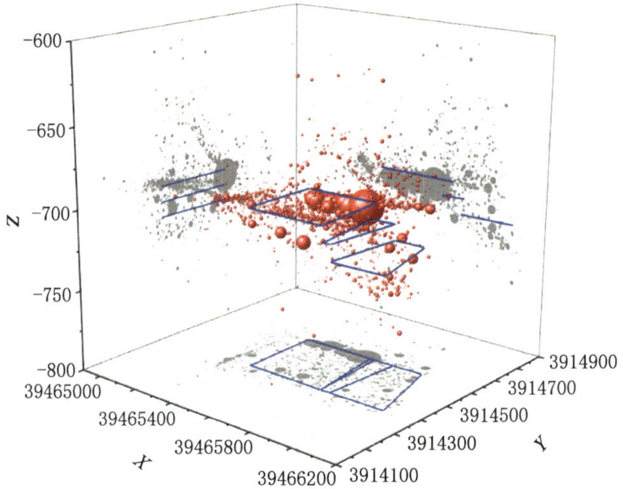

图 5-34　$103_{下}03$ 工作面微震事件空间分布

由图可知:

① 震源大部分位于煤层上方顶板 50 m 范围内,其中能量超过 10^4 J 的高能量事件分布于煤层上方顶板 10 m 范围内,能量低于 10^4 J 的中、低能量事件同时出现在高位岩层中,随着工作面的推进,逐步往前移动,表明开采诱发的高能量震动与采空区顶板冒落密切相关,同时高位顶板中的岩层移动、裂隙发育同样会诱发低能量震动。

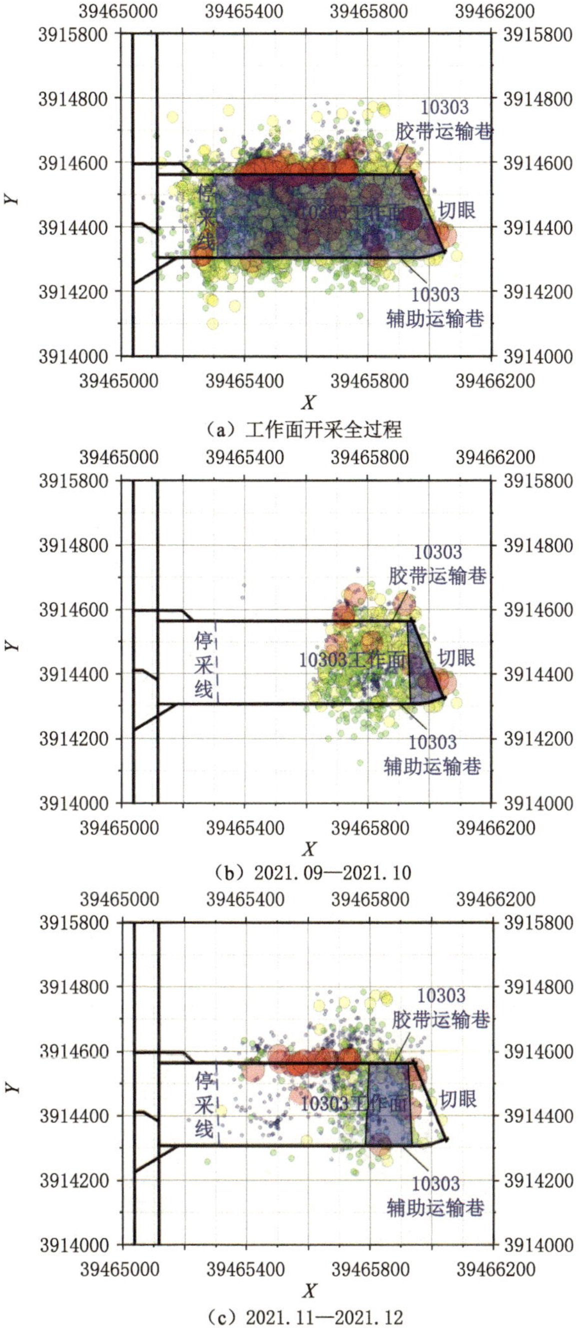

(a) 工作面开采全过程

(b) 2021.09—2021.10

(c) 2021.11—2021.12

图 5-35　$103_{下}03$ 工作面微震事件定位(水平剖面)

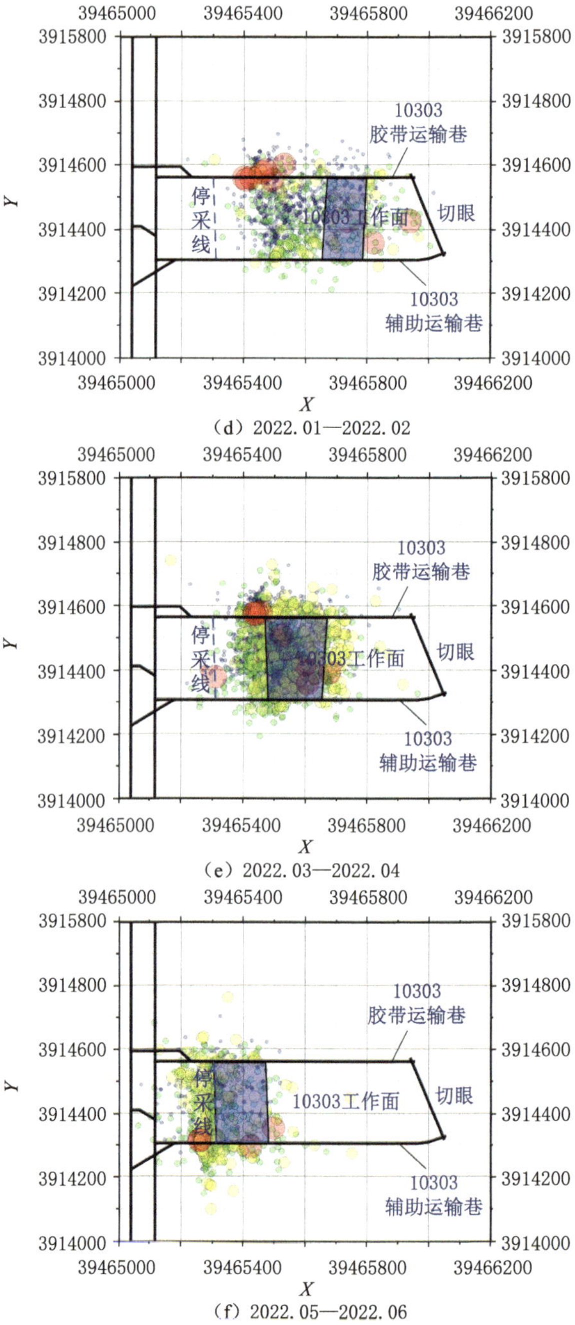

(d) 2022.01—2022.02

(e) 2022.03—2022.04

(f) 2022.05—2022.06

图 5-35 (续)

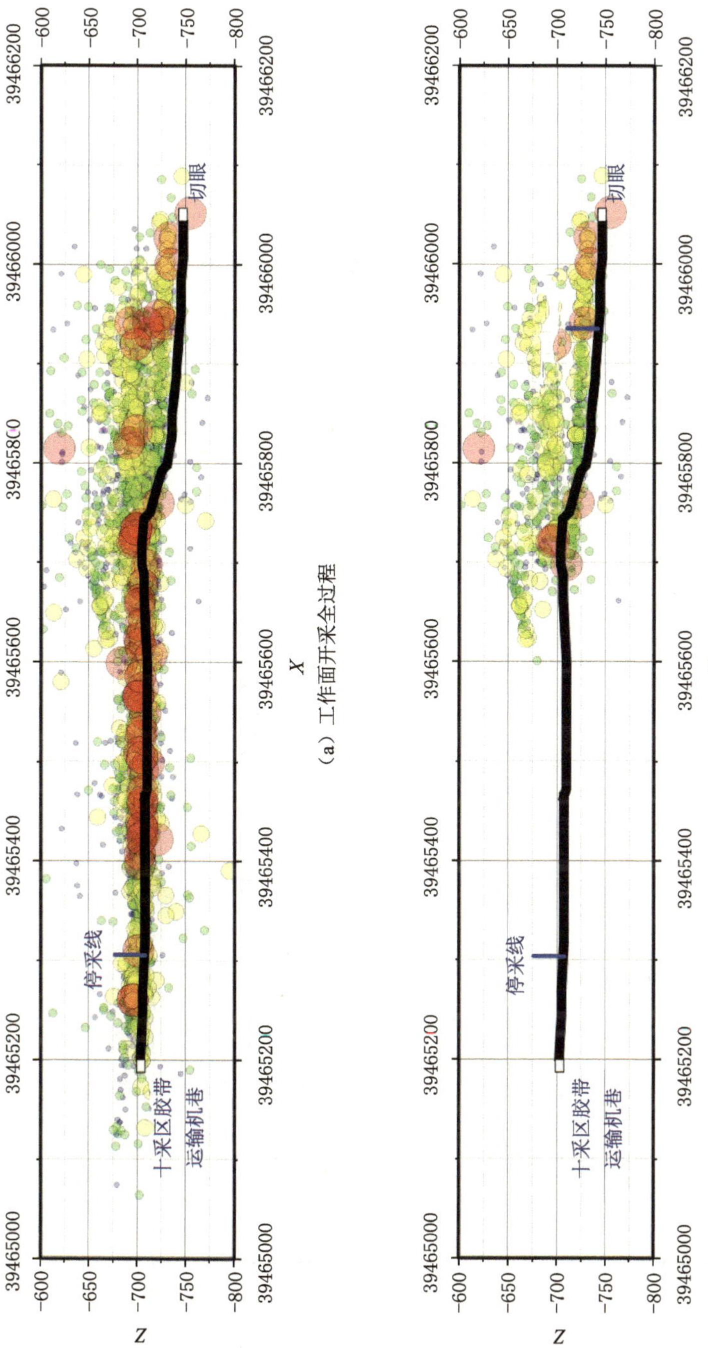

（a）工作面开采全过程

（b）2021.09—2021.10

图5-36　$103_{下}03$工作面微震事件定位（垂直剖面）

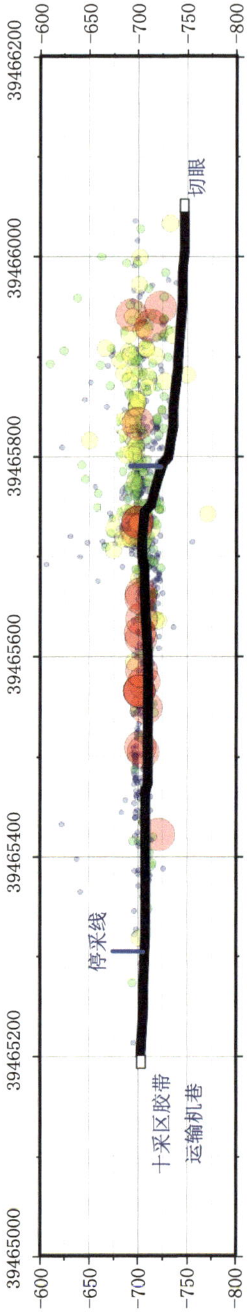

（c）2021.11—2021.12

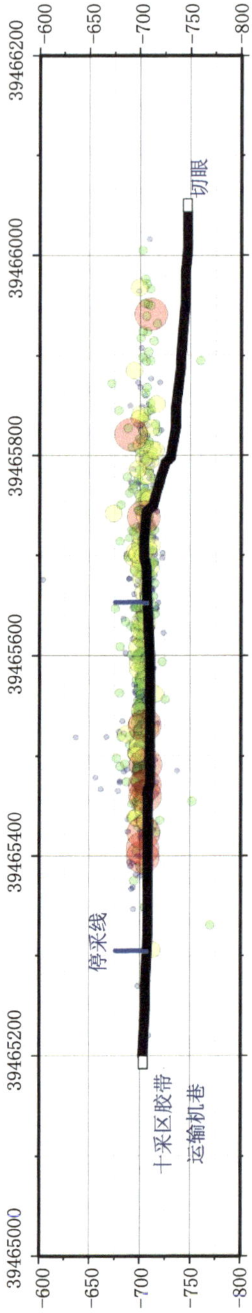

（d）2022.01—2022.02

图5-36 （续）

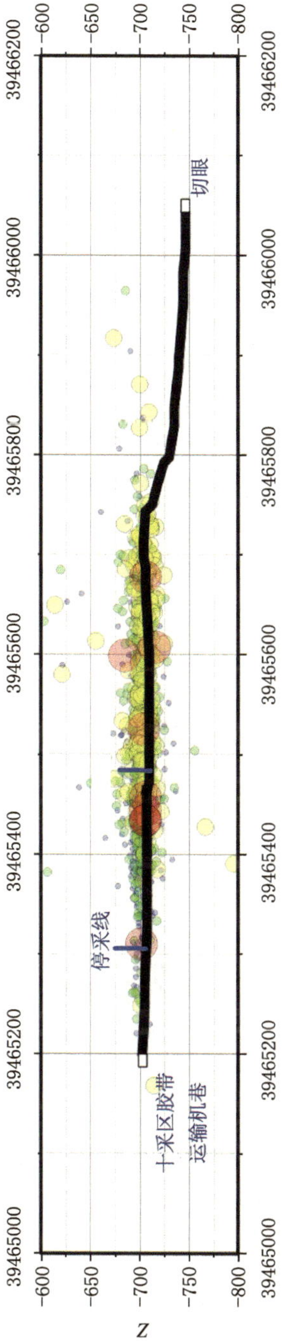

（e）2022.03—2022.04

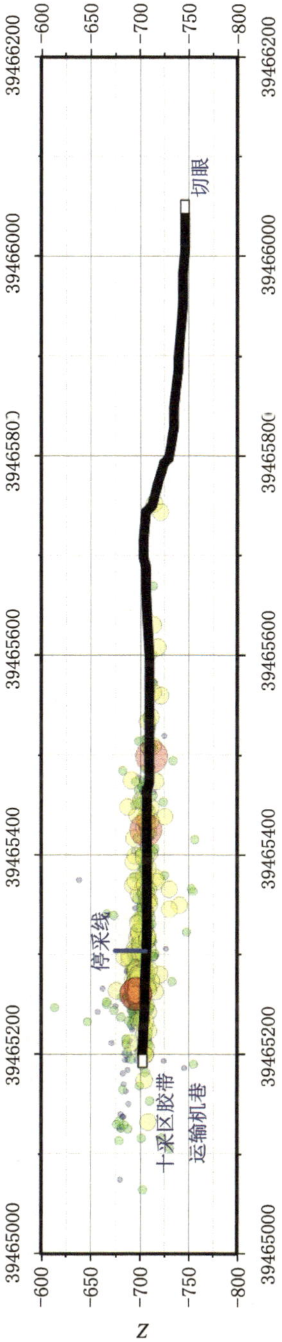

（f）2022.05—2022.06

图5-36（续）

② 工作面开采初期，在F103、F274断层附近出现了大量的微震事件，主要位于断层与切眼之间及上覆岩层中，表明由于断层的切割，$103_{下}03$工作面切眼附近上覆岩体受到明显的破坏，导致了顶板岩层的垮落。开采初期的几次强震动事件也主要分布在F274断层和切眼附近，表明工作面开采不仅引起了破碎岩层的不断冒落，还可能诱发断层附近岩层产生震动。

③ 同时，震动多集中在$103_{下}03$工作面胶带运输巷侧，在辅助运输巷侧的震动则较少。胶带运输巷北侧为设计开采的$103_{下}04$工作面，同时距八里铺断层较近，而辅助运输巷南侧均为未开采的实体煤，顶板活动较为稳定。因此，随$103_{下}03$工作面开采扰动和采空区面积的增加，容易引起顶板整体性运动，震动频次逐渐增高。

④ 与工作面顶板冒落相关的10^4 J以下的小能量震动主要分布于工作面后方和胶带运输巷侧超前位置，随开采范围不断扩大，辅助运输巷侧也开始出现少量10^4 J以上的震动，分布也由开采初期的采空区后方上覆岩层逐步向工作面前方支承压力区转移。

相比于$103_{下}01$工作面，$103_{下}03$工作面实施切眼和巷道预裂断顶施工后，顶板中的高能量震动明显减少，残存的高能量事件的发生层位也明显降低，向下方煤层直接顶靠拢，说明预裂断顶可有效减弱煤层高位顶板的破坏强度，使顶板中的能量通过直接顶垮落的形式释放出来，破坏强度明显降低，能量释放的可控程度大大增强。同时，在工作面走向上，顶板中的高能量事件由超前工作面向工作面后方转移，说明了预裂断顶可有效控制煤层顶板的超前断裂，转为在采空区顶板中发生，有效改善了工作面前方煤体和巷道中发生矿震的可能性，保障了井下施工人员和设备的安全性。

5.5.4 顶板预裂防冲效果多指标评价

为了充分对比十采区工作面实施顶板预裂前后的能量源调控效果，本小节建立顶板预裂调控效果微震多指标评价体系，从时域和空间多个维度评价不同工作面的微震监测数据。主要评价指标如下：

(1) 微震总频次C_t

微震总频次是从整体衡量工作面回采期间微震活动性的指标，计算公式为：

$$C_t = \sum_{i=1}^{n} C_i \tag{5-20}$$

式中　n——工作面回采总天数；

　　C_i——回采第i天中监测到的微震事件数。

（2）日平均微震频次 $\overline{C}_{\mathrm{d}}$

日平均微震频次是表征工作面回采期间平均活动性的指标，其意义为单位天数的微震频次，计算公式为：

$$\overline{C}_{\mathrm{d}}=\frac{\sum_{i=1}^{n}C_i}{n} \tag{5-21}$$

（3）日最大微震频次 $C_{\max}$

日最大微震频次表示工作面回采期间一个完整 24 h 工作日内监测到的微震事件总数，计算公式为：

$$C_{\max}=\max\{C_1,C_2,\cdots,C_n\} \tag{5-22}$$

（4）单位进尺微震频次 $\overline{C}_{\mathrm{f}}$

单位进尺微震频次表示工作面每推进 1 m 的距离平均出现的微震频次，计算公式为：

$$\overline{C}_{\mathrm{f}}=\frac{\sum_{i=1}^{n}\frac{C_i}{f_i}}{n} \tag{5-23}$$

式中　f_i——工作面回采第 i 天推进的距离。

（5）微震总能量 E_{t}

微震总能量是指工作面回采期间监测到的微震事件的能量累计求和，计算公式为：

$$E_{\mathrm{t}}=\sum_{j=1}^{C_{\mathrm{t}}}E_j \tag{5-24}$$

式中　E_j——工作面回采期间监测到的第 j 次微震事件的能量。

（6）微震事件平均能量 $\overline{E}_{\mathrm{a}}$

微震事件平均能量是指工作面回采期间监测到的微震事件的能量的平均值，计算公式为：

$$\overline{E}_{\mathrm{a}}=\frac{E_{\mathrm{t}}}{C_{\mathrm{t}}} \tag{5-25}$$

（7）微震事件最大能量 $E_{\max}$

微震事件最大能量是指工作面回采期间监测到的微震事件的能量的最大值，计算公式为：

$$E_{\max}=\max\{E_1,E_2,\cdots,E_{C_{\mathrm{t}}}\} \tag{5-26}$$

（8）高能量事件占比 S

高能量事件占比是指工作面回采期间监测到的微震事件中，能量超过 10^4 J

的事件数量占总微震频次的百分比,计算公式为:

$$S=\frac{C_1}{C_t} \tag{5-27}$$

式中 C_1——工作面回采期间监测到的能量超过 10^4 J 的微震事件数。

(9) 震源平均高程 H

震源平均高程是从整体上衡量工作面回采期间微震出现的空间位置的参数指标,表示震源位置超过正下方的煤层顶板的平均高程值,计算公式为:

$$H=\frac{\sum_{j=1}^{m} Z_j - Z_{cj}}{m} \tag{5-28}$$

式中 Z_j——第 j 次震源的高程值;

Z_{cj}——第 j 次震源正下方煤层顶板的高程值。

(10) 震源平均走向位置 L

震源平均走向位置表示在煤层走向上,震源超前工作面的平均距离,计算公式为:

$$L=\frac{\sum_{j=1}^{m} X_j - X_{fj}}{m} \tag{5-29}$$

式中 X_j——第 j 次震源的水平坐标;

X_{fj}——第 j 次震动时工作面的水平坐标。

基于本小节建立的十项评价微震数据的指标,计算$103_下01$工作面和$103_下03$工作面回采过程中各参数的取值,评价济宁二号煤矿十采区远场能量源调控效果。各指标值及降幅见表 5-7。

表 5-7　微震评价指标计算结果

指标	$103_下01$ 工作面	$103_下03$ 工作面	降幅
微震总频次 C_t/次	10 227	6 028	41.06%
日平均微震频次$\overline{C}_d$/次	16.26	20.23	−24.42%
日最大微震频次 C_{max}/次	59	66	−11.86%
单位进尺微震频次$\overline{C}_f$/次	9.64	9.07	5.91%
微震总能量 E_t/J	2.74×10^7	1.33×10^7	51.45%
微震事件平均能量$\overline{E}_a$/J	2 681.7	2 211.80	17.52%
微震事件最大能量 E_{max}/J	88 200.0	69 700.0	20.98%
高能量事件占比 S/%	5.74	0.09	98.43%

表 5-7(续)

指标	$103_下01$ 工作面	$103_下03$ 工作面	降幅
震源平均高程 H/m	+31.08	+8.78	71.75%
高能量震源平均高程 H_1/m	+34.77	+5.13	85.25%
震源平均走向位置 L/m	+102	+32	68.63%
高能量震源平均走向位置 L_1/m	+69	+44	36.23%

远场顶板能量源调控方法在 $103_下03$ 工作面应用后，除描述微震频次的两项指标存在小幅上升外，其余指标均降幅明显。其中，微震事件平均能量降低 17.52%，微震事件最大能量降低 20.95%，高能事件占比降低 98.43%，震源平均高程由煤层上方 31.08 m 降低至 8.78 m，震源走向位置由超前工作面 102 m 降低至超前工作面 32 m。

远场顶板能量源调控方法的应用，使工作面回采期间的微震能量大幅降低，震源位置下降明显，顶板中的能量通过直接顶垮落的形式释放出来，顶板中的高能量事件由超前工作面向工作面后方转移，远场能量源调控方法有效控制了煤层顶板的超前断裂释能，有效改善了工作面前方煤体和巷道中发生矿震的可能性，保障了井下施工人员和设备的安全性。

5.6 本章小结

本章设计并开展了不同预裂深度的岩梁三点弯曲试验，分析了预裂深度对岩梁力学特性和能量释放的影响，基于推导的预裂岩梁起裂和能量判据，提出了以预裂深度为变量的远场顶板能量源调控设计方法，根据济宁二号煤矿十采区工程条件设计了合理的调控参数范围，通过数值模拟分析了能量源调控对采场围岩应力场和变形场的调控效果，并通过济宁二号煤矿 $103_下01$ 和 $103_下03$ 工作面的微震监测数据验证了该方法的应用效果。主要结论如下：

① 相比于完整岩梁的瞬时断裂失稳，预制裂隙梁加载达到峰值荷载后表现出较缓和的裂纹扩展过程，失稳前的破坏模式也由单一的主裂纹演化为数量繁多的微裂纹，声发射也表现出了更明显的低能量、低信号强度、前兆性的特征，35 mm 预裂岩梁抗拉强度降低 32.4%，最大拉伸应变减小 33.1%，声发射 b 值增大 30.2%，预制裂隙的存在可以有效降低岩梁断裂的剧烈程度，随着预裂长度的增大明显降低了岩梁抵抗拉伸变形的能力，岩梁断裂时的能量集中效应有所衰减、突发失稳的可能性降低。

② 根据顶板能量源调控方法，针对 $103_{下}03$ 工作面条件设计的顶板预裂深度不小于 42.1 m，数值模拟结果表明该预裂方案下煤体应力峰值降低 7.9%，预裂对煤层及周围岩体的应力状态改善明显。

③ 相比于顶板未预裂的 $103_{下}01$ 工作面，$103_{下}03$ 工作面经过顶板预裂后，微震事件平均能量下降 17.52%，微震事件最大能量下降 20.95%，高能事件占比下降 98.43%，震源平均高程由煤层上方 31.08 m 降低至 8.78 m，顶板中的高能量震动明显减少，残存的高能量事件的发生层位明显降低，顶板中的高能量事件由超前工作面向工作面后方采空区转移，远场能量源调控方法可有效控制煤层顶板的超前断裂释能，改善了工作面前方煤体和巷道中发生矿震的可能性，保障了井下施工人员和设备的安全性。

第 6 章　结论与展望

6.1　主要研究结论

本书以远场顶板断裂为研究背景，围绕能量源释能机理及传递衰减机制开展研究，以理论分析、室内试验、数值模拟及工程试验为主要研究手段，探究了顶板能量源储能及释能特性、层状组合顶板结构破坏及能量演化机理、顶板断裂能量传递及衰减机制、远场能量源调控方法及应用效果等内容，主要研究结论如下：

① 开展了不同厚度和岩性的岩梁三点弯曲试验，厚度对三点弯曲岩梁力学和能量释放特性的影响主要体现在数值方面，峰值荷载和临界挠度与岩梁厚度呈正相关关系，抗拉强度和临界拉伸应变与岩梁厚度呈负相关关系；提出了表征岩梁岩性和尺寸的新指标，随着岩性指标和尺寸指标的增大，岩梁断裂前储存和断裂后释放的能量均相应增加；岩性的改变决定了岩梁的荷载-位移曲线的形态，岩性指标小的岩梁声发射发育阶段长，声发射以低振幅信号为主，声发射信号持续时间较短。

② 提出了表征岩梁断裂时能量释放能力的能量释放系数，通过建立能量释放系数与岩性指标的关系，确定其取值范围为 0.5～0.7，与岩梁的岩性指标呈正相关关系；基于能量释放系数建立了岩梁断裂释能量级预测方法，工程尺度下的最大误差为 9.91%、最小误差为 0.46%、平均误差为 5.17%。

③ 开展了不同岩性组合方式和厚度组合方式的组合顶板结构三点弯曲试验，组合顶板结构的层间变形模式包括中部离层和压紧两种形式，层间变形模式与两层岩梁的弹性模量相关，起裂点位置由两层岩梁中、低强度岩梁的层位决定；组合顶板结构中的厚硬层是决定结构断裂强度和释放能量的关键因素，厚硬层的存在使两层顶板具备“二次断裂”特征，轴向荷载-挠度曲线由“单峰值”演化为“双峰值”，断裂时由缓和型破坏演化为瞬时断裂型，断裂时释放的能量剧烈增

加，在顶板冲击地压防控时应重点关注。

④ 设计并开展了不同岩性的巴西劈裂、直接剪切和单轴压缩试验，三种试验中的荷载和声发射均表现出阶段性加剧特征，可同时通过声发射 b 值、活动度 S、峰值频率等信息反映出来，三种试验中主控裂纹占总裂纹数目的 65%～85%；相对于拉伸型裂纹，剪切型裂纹主导的岩石破裂声发射信号具有高幅值、高持续时间、高上升时间、高能量的特征；提出了反映相同破裂尺度下的声发射能量级的参数（能量幅值比），相同尺度下的剪切型裂纹释放的能量均大于拉伸型裂纹。

⑤ 模拟分析了不同类型的震动波在地层中的传播衰减规律，横波和纵波在岩层内部传播时表现出随距离的迅速衰减，岩层的分界面上均发生了波型转换，在断层附近波前出现了明显的"发散"现象，顶板断裂产生的震动波中仅部分能够传播到煤层中，其中位移峰值衰减为震源的 28%以下，应力峰值衰减为震源的 25%以下，能量密度衰减为震源的 9%以下，基于模拟结果建立了指数函数形式的震动波能量距离衰减方程，相关性系数为 0.975。

⑥ 开展了不同预裂深度的岩梁三点弯曲试验，相比于完整岩梁的迅速断裂失稳，预制裂隙梁加载达到峰值荷载后表现出较缓和的裂纹扩展过程，失稳前的破坏模式由单一的主裂纹演化为数量繁多的微裂纹，声发射也表现出了低能量、低信号强度、前兆性的特征，预裂长度 35 mm 使岩梁的抗拉强度降低 32.4%，最大拉伸应变减小 33.1%，声发射 b 值增大 30.2%，预制裂隙的存在可以有效降低岩梁断裂的剧烈程度，随着预裂长度的增大，岩梁抵抗拉伸变形的能力显著降低，岩梁断裂时的能量集中效应有所衰减、突发失稳的可能性降低。

⑦ 基于预裂岩梁三点弯曲试验结果建立了顶板岩梁的起裂判据和能量估算方法，提出了远场顶板能量源预裂调控设计流程，针对 $103_{下}03$ 工作面条件设计的顶板预裂深度不小于 42.1 m，经过顶板预裂施工后相比于同采区未预裂工作面微震事件平均能量下降 17.52%，微震事件最大能量下降 20.95%，高能事件占比下降 98.43%，震源平均高程由煤层上方 31.08 m 降低至 8.78 m，顶板中的高能量震动明显减少，由工作面前方向后方采空区转移。该方法可使煤层顶板断裂释放的能量降低，有效改善了工作面前方煤体和巷道中发生矿震的可能性，保障了井下施工人员和设备的安全性。

6.2 创新点

① 提出了表征岩梁岩性和尺寸特性的新指标，定量评估了岩性指标和尺寸指标对岩梁弯曲储能和断裂释能特性的影响作用，基于提出的表征岩梁断裂时

能量释放能力的参数，建立了顶板断裂释放能量的量级预测模型，为顶板断裂型能量源释能预测提供了新方法。

② 建立了层状组合顶板结构弯曲力学模型，推导了不同条件组合顶板结构的应力分布表达式和应变能计算公式，获取了组合顶板层间变形模式与组合方式的对应关系，揭示了层状组合顶板变形破坏机理，为顶板断裂型冲击地压防治提供理论基础。

③ 基于预裂岩梁三点弯曲试验结果，建立了顶板岩梁的起裂判据和能量估算方法，提出了远场厚层顶板预裂调控参数设计流程，并在济宁二号煤矿十采区 $3_下$煤层成功应用，为厚层坚硬顶板下煤层开采冲击地压防治提供了借鉴和参考。

6.3 展望

本书探究了顶板能量源储能及释能特性、层状组合顶板结构破坏及能量演化机理、顶板断裂能量传递及衰减机制、远场能量源调控方法及应用效果等内容，在顶板断裂型冲击地压储能、释能、传递、衰减、防治等方面取得了一些研究成果。但限于本人理论水平的不足，以下相关研究仍需深入开展：

① 本书开展了不同岩性的岩梁三点弯曲试验，探究了岩性对岩梁储能及释能特性的影响，但由于深部顶板取样困难，对于不同煤系地层中岩性差别较大的岩石，本书未做针对性研究，在今后的研究中可针对不同煤系地层开展系统性取样，进一步研究不同条件下顶板岩梁的储能及断裂释能特性。

② 本书开展了不同条件下的顶板岩梁三点弯曲试验，获取了典型Ⅰ型裂纹的演化过程及力学机理，对于地层中煤层顶板所处的真实地应力环境，本书未做深入考虑，在今后的研究中可针对这一问题，设计研发适用于三轴条件下的弯曲加载装置并开展相应试验，揭示地应力环境对顶板断裂特性的影响。

③ 本书提出了远场顶板能量源调控方法，并针对济宁二号煤矿实际条件进行了相应的工程设计与实践，在今后的研究中仍需推广到更多的煤矿现场，建立顶板能量源调控案例数据库，为顶板断裂型冲击地压防治提供更多借鉴和思考。

参考文献

[1] 国家能源局，科学技术部.关于印发《“十四五”能源领域科技创新规划》的通知［R/OL］.（2021-11-29）［2022-09-15］. https://www. gov. cn/zhengce/zhengceku/2022-04/03/content_5683361.htm.

[2] 王国法，刘峰，孟祥军，等.煤矿智能化（初级阶段）研究与实践[J].煤炭科学技术，2019，47(8)：1-36.

[3] 中华人民共和国自然资源部.中国矿产资源报告：2022[M].北京：地质出版社，2022.

[4] 国家统计局.中华人民共和国2021年国民经济和社会发展统计公报[R/OL].（2022-02-28）[2023-04-12]https://www.gov.cn/xinwen/2022-02/28/content_5676015.htm.

[5] 中华人民共和国自然资源部.中国矿产资源报告：2021[M].北京：地质出版社，2021.

[6] 陈结，高靖宽，蒲源源，等.冲击地压预测预警的机器学习方法[J].采矿与岩层控制工程学报，2021，3(1)：57-68.

[7] 国家矿山安全监察局. 2021年全国矿山安全生产事故情况[EB/OL].（2022-02-24）［2023-04-28］. http://www. mkaq. org/html/2022/02/24/615424.shtml.

[8] 孟远，谢东海，苏波，等.2010—2019年全国煤矿生产安全事故统计与现状分析[J].矿业工程研究，2020，35(4)：27-33.

[9] 周天墨，陈鹏飞，陈佳林，等.中国煤矿安全生产水平空间差异与影响因素[J].地理研究，2022，41(4)：1194-1211.

[10] 王笑然.煤岩裂纹震源机制定量反演及断裂行为研究[D].徐州：中国矿业大学，2021.

[11] 朱煜梁.山东省煤矿安全协同治理问题研究[D].济南：山东大学，2021.

[12] 山东省人民政府.山东省人民政府关于印发山东省能源发展“十四五”规划

的通知(鲁政字〔2021〕143 号)[EB/OL].[2021-08-09]. http://www.shandong.gov.cn/art/2021/8/19/art_107851_113859.html.

[13] 国务院安全生产委员会.国务院安全生产委员会关于进一步贯彻落实习近平总书记重要指示精神坚决防范遏制煤矿冲击地压事故的通知[EB/OL].[2020-08-10].https://www.gov.cn/zhengce/zhengceku/2020-08/14/content_5534763.htm.

[14] 何满潮,谢和平,彭苏萍,等.深部开采岩体力学研究[J].岩石力学与工程学报,2005,24(16):2803-2813.

[15] 谢和平,高峰,鞠杨.深部岩体力学研究与探索[J].岩石力学与工程学报,2015,34(11):2161-2178.

[16] 蓝航,陈东科,毛德兵.我国煤矿深部开采现状及灾害防治分析[J].煤炭科学技术,2016,44(1):39-46.

[17] 钱七虎.深部岩体工程响应的特征科学现象及"深部"的界定[J].东华理工学院学报,2004,27(1):1-5.

[18] 齐庆新,李一哲,善坤,等.我国煤矿冲击地压发展 70 年:理论与技术体系的建立与思考[J].煤炭科学技术,2019,47(9):1-40.

[19] COOK N G W,HOEK E,PRETORIUS J P G,et al.Rock mechanics applied to the study of rock bursts[J].Journal of the South African institute of mining and metallurgy,1966,66(10):436-528.

[20] BRADY B,BROWN E T.Energy changes and stability in underground mining:design application of boundary element methods[J].Transactions of the institution of mining and metallurgy,section A:mining technology,1981,90:61-68.

[21] 潘一山.冲击地压发生和破坏过程研究[D].北京:清华大学,1999.

[22] 齐庆新,窦林名.冲击地压理论与技术[M].徐州:中国矿业大学出版社,2008.

[23] 章梦涛.冲击矿压和突出的统一失稳理论[J].煤炭学报,1991,16(4):25-31.

[24] 齐庆新,潘一山,舒龙勇,等.煤矿深部开采煤岩动力灾害多尺度分源防控理论与技术架构[J].煤炭学报,2018,43(7):1801-1810.

[25] 易恩兵,曹建,张永将.综采工作面断层区域冲击机制及控制对策研究[J].矿业安全与环保,2016(6):84-87,91.

[26] 潘俊锋,宁宇,毛德兵,等.煤矿开采冲击地压启动理论[J].岩石力学与工程学报,2012,31(3):586-596.

[27] 许海亮,孙金斗,覃吉宁,等.考虑弹性核作用下的冲击地压形成机理模型

试验[J].中国地质灾害与防治学报,2020,31(1):120-126.
[28] 谭彦,郭伟耀,谭云亮,等.巷道近场围岩能量释放规律及诱冲机制[J].煤炭学报,2021,46(增刊2):609-620.
[29] 谭云亮,王子辉,刘学生,等.采动诱冲动能估算及冲击危险性评价[J].煤炭学报,2021,46(1):123-131.
[30] 于斌,高瑞,孟祥斌,等.大空间远近场结构失稳矿压作用与控制技术[J].岩石力学与工程学报,2018,37(5):1134-1145.
[31] 于斌,朱卫兵,李竹,等.特厚煤层开采远场覆岩结构失稳机理[J].煤炭学报,2018,43(9):2398-2407.
[32] 钱鸣高,缪协兴.采场上覆岩层结构的形态与受力分析[J].岩石力学与工程学报,1995,14(2):97-106.
[33] 宋振骐,郝建,石永奎,等."实用矿山压力控制理论"的内涵及发展综述[J].山东科技大学学报(自然科学版),2019,38(1):1-15.
[34] 黄庆享,钱鸣高,石平五.浅埋煤层采场老顶周期来压的结构分析[J].煤炭学报,1999,24(6):581-585.
[35] 钱鸣高,石平五.矿山压力与岩层控制[M].徐州:中国矿业大学出版社,2004.
[36] 康红普,徐刚,王彪谋,等.我国煤炭开采与岩层控制技术发展40 a及展望[J].煤矿开采,2019,1(2):1-33.
[37] 史红,姜福兴.采场上覆岩层结构理论及其新进展[J].山东科技大学学报(自然科学版),2005,24(1):21-25.
[38] HERWIG A,PISKOTY G,TERRASI G P.Modeling of the load-bearing behavior of a column-beam system in the frame of the investigations of a roof collapse[J].Beton-Und stahlbetonbau,2014,109(4):296-301.
[39] WANG X R,GUAN K,LIU J,et al.Instability and pillar burst mechanism in roof-pillar system with rock beam embedded in elastic foundation[J].Bulletin of engineering geology and the environment,2021,80(3):2447-2459.
[40] 谢生荣,陈冬冬,曾俊超,等.考虑两侧煤柱与弹性煤体基础的基本顶板初次破断特征[J].煤炭学报,2019,44(1):115-126.
[41] 李凤仪,王继仁,刘钦德.薄基岩梯度复合板模型与单一关键层解算[J].辽宁工程技术大学学报(自然科学版),2006,25(4):524-526.
[42] 陈冬冬.采场基本顶板结构破断及扰动规律研究与应用[D].北京:中国矿业大学(北京),2018.
[43] 霍丙杰,于斌,张宏伟,等.多层坚硬顶板采场覆岩"拱壳"大结构形成机理

研究[J].煤炭科学技术,2016,44(11):18-23.
[44] 谢生荣,郜明明,陈冬冬,等.充填开采采场球应力壳分布及演化规律研究[J].采矿与安全工程学报,2019,36(1):16-23.
[45] 钱鸣高,缪协兴,何富连.采场“砌体梁”结构的关键块分析[J].煤炭学报,1994(6):557-563.
[46] 钱鸣高,缪协兴.采场上覆岩层结构的形态与受力分析[J].岩石力学与工程学报,1995,14(2):97-106.
[47] 钱鸣高,缪协兴,许家林.岩层控制中的关键层理论研究[J].煤炭学报,1996(3):2-7.
[48] 宋振骐.采场上覆岩层运动的基本规律[J].山东科技大学学报(自然科学版),1979(1):64-77.
[49] 宋振骐,蒋金泉.煤矿岩层控制的研究重点与方向[J].岩石力学与工程学报,1996(2):33-39.
[50] 姜福兴,宋振骐,宋扬.老顶的基本结构形式[J].岩石力学与工程学报,1993,12(4):366-379.
[51] 姜福兴.岩层质量指数及其应用[J].岩石力学与工程学报,1994,13(3):270-278.
[52] 鞠金峰,许家林,王庆雄.大采高采场关键层“悬臂梁”结构运动型式及对矿压的影响[J].煤炭学报,2011,36(12):2115-2120.
[53] 黄庆享,张沛,董爱菊.浅埋煤层地表厚砂土层“拱梁”结构模型研究[J].岩土力学,2009,30(9):2722-2726.
[54] 梁运培,孙东玲.岩层移动的组合岩梁理论及其应用研究[J].岩石力学与工程学报,2002,21(5):654-657.
[55] 陈杰,杜计平,张卫松,等.矸石充填采煤覆岩移动的弹性地基梁模型分析[J].中国矿业大学学报,2012,41(1):14-19.
[56] 何峰,王来贵,于永江.采空区悬顶岩梁模型及其流变分析[J].矿山压力与顶板管理,2005,22(4):84-85.
[57] 李石林,冯涛,朱卓慧.胶结充填开采两端固定岩梁模型及梁式断裂分析[J].中南大学学报(自然科学版),2014,45(8):2793-2798.
[58] 于斌,朱卫兵,高瑞,等.特厚煤层综放开采大空间采场覆岩结构及作用机制[J].煤炭学报,2016,41(3):571-580.
[59] 何富连,何文瑞,陈冬冬,等.考虑煤体弹-塑性变形的基本顶板初次破断结构特征[J].煤炭学报,2020,45(8):2704-2717.
[60] 谢生荣,陈冬冬,曾俊超,等.基本顶板结构初次破断与全区域反弹时空关

系[J].煤炭学报,2019,44(9):2650-2663.

[61] 左建平,孙运江,钱鸣高.厚松散层覆岩移动机理及"类双曲线"模型[J].煤炭学报,2017,42(6):1372-1379.

[62] SUN Y J,ZUO J P,KARAKUS M,et al.A novel method for predicting movement and damage of overburden caused by shallow coal mining[J].Rock mechanics and rock engineering,2020,53(4):1545-1563.

[63] SUN Y J,ZUO J P,KARAKUS M,et al.A new theoretical method to predict strata movement and surface subsidence due to inclined coal seam mining[J].Rock mechanics and rock engineering,2021,54(6):2723-2740.

[64] 刘建功,赵家巍,李蒙蒙,等.煤矿充填开采连续曲形梁形成与岩层控制理论[J].煤炭学报,2016,41(2):383-391.

[65] 王拓,常聚才,张兵,等.综采面多层坚硬顶板破断特征及其安全控制研究[J].地下空间与工程学报,2017,13(增刊1):339-343.

[66] 王云广,郭文兵,白二虎,等.高强度开采覆岩运移特征与机理研究[J].煤炭学报,2018,43(增刊1):28-35.

[67] 黄庆享,赵萌烨,黄克军.浅埋煤层群开采顶板双关键层结构及支护阻力研究[J].中国矿业大学学报,2019,48(1):71-77.

[68] 汪锋,陈绍杰,任梦梓,等.松散层拱结构及其对采动覆岩稳定性的影响[J].中国矿业大学学报,2019,48(5):975-983.

[69] 汪锋,陈绍杰,许家林,等.基于松散层拱结构理论的岩层控制研究[J].煤炭科学技术,2020,48(9):130-138.

[70] 朱卫兵,于斌.大空间采场远场关键层破断形式及其对矿压显现的影响[J].煤炭科学技术,2018,46(1):99-104.

[71] 于斌,杨敬轩,刘长友,等.大空间采场覆岩结构特征及其矿压作用机理[J].煤炭学报,2019,44(11):3295-3307.

[72] 牵梦涛.冲击地压机理的探讨[J].辽宁工程技术大学学报,1985(增刊1):65-72.

[73] COOK N G W.The basic mechanics of rockburst[J].Journal of South African institute of mining and metallurgy,1963,64:71-81.

[74] COOK N.A note on rockbursts considered as a problem of stability[J].Journal of the Southern African institute of mining and metallurgy,1965,65(8):437-446.

[75] BIENIAWSKI Z T,DENKHAUS H G,VOGLER U W.Failure of fractured rock[J].International journal of rock mechanics and mining sciences

and geomechanics abstracts,1969,6(3):323-341.

[76] ROMASHOV A N,TSYGANKOV S S.Generalized model of rock bursts [J].Journal of mining science,1993,28(5):420-423.

[77] DEIST F H.A nonlinear continuum approach to the problem of fracture zones and rockbursts[J].Journal of the Southern African institute of mining and metallurgy,1965,65(10):502-522.

[78] CHEN Z H,TANG C A,HUANG R Q.A double rock sample model for rockbursts [J]. International journal of rock mechanics and mining sciences,1997,34(6):991-1000.

[79] SALAMON M D G,WAGNER H.Role of stability pillars in the alleviation of rockburst hazard in deep mines[J].International journal of rock mechanics and mining sciences,1979,2:561-566.

[80] 章梦涛.冲击地压失稳理论与数值模拟计算[J].岩石力学与工程学报,1987,6(3):197-204.

[81] 潘一山,章梦涛.冲击地压失稳理论的解析分析[J].岩石力学与工程学报,1996,15(S1):504-510.

[82] KIDYBINSKI A.Bursting liability indices of coal[J].International journal of rock mechanics and mining sciences and geomechanics abstracts,1981,18(4):295-304.

[83] SINGH S P.Classification of mine workings according to their rockburst proneness[J].Mining science and technology,1989,8(3):253-262.

[84] WANG J A,PARK H D.Comprehensive prediction of rockburst based on analysis of strain energy in rocks[J].Tunnelling and underground space technology,2001,16(1):49-57.

[85] 齐庆新,彭永伟,李宏艳,等.煤岩冲击倾向性研究[J].岩石力学与工程学报,2011,30(S1):2736-2742.

[86] 李玉生.冲击地压机理探讨[J].煤炭学报,1984,8(3):1-10.

[87] 李玉生.冲击地压机理及其初步应用[J].中国矿业大学学报,1985,14(3):37-43.

[88] 章梦涛,徐曾和,潘一山,等.冲击地压和突出的统一失稳理论[J].煤炭学报,1991,16(4):48-53.

[89] 齐庆新,刘天泉,史元伟,等.冲击地压的摩擦滑动失稳机理[J].矿山压力与顶板管理,1995(1):174-177.

[90] 齐庆新,史元伟,刘天泉.冲击地压粘滑失稳机理的实验研究[J].煤炭学报,

1997(2):34-38.
[91] 潘俊锋,宁宇,秦子晗,等.基于冲击启动理论的深孔区间爆破疏压技术[J].岩石力学与工程学报,2012,31(7):1414-1421.
[92] 潘俊锋.煤矿冲击地压启动理论及其成套技术体系研究[J].煤炭学报,2019,44(1):173-182.
[93] 潘一山.煤矿冲击地压扰动响应失稳理论及应用[J].煤炭学报,2018,43(8):2091-2098.
[94] 窦林名,何江,曹安业,等.煤矿冲击矿压动静载叠加原理及其防治[J].煤炭学报,2015,40(7):1469-1476.
[95] 窦林名,何学秋,REN T,等.动静载叠加诱发煤岩瓦斯动力灾害原理及防治技术[J].中国矿业大学学报,2018,47(1):48-59.
[96] 姜耀东,赵毅鑫,何满潮,等.冲击地压机制的细观实验研究[J].岩石力学与工程学报,2007,26(5):901-907.
[97] 赵毅鑫,姜耀东,祝捷,等.煤岩组合体变形破坏前兆信息的试验研究[J].岩石力学与工程学报,2008,27(2):339-346.
[98] 谭云亮,张明,徐强,等.坚硬顶板型冲击地压发生机理及监测预警研究[J].煤炭科学技术,2019,47(1):166-172.
[99] NING J G,LIU X S,TAN Y L.Mechanism of rock-burst prevention by synergizing pressure relief and reinforcement of surrounding rocks with zonal disintegration in deep coal roadway[J].Disaster advances,2012,5(4):1237-1242.
[100] 姜福兴,苗小虎,王存文,等.构造控制型冲击地压的微地震监测预警研究与实践[J].煤炭学报,2010,35(6):900-903.
[101] 邹德蕴,姜福兴.煤岩体中储存能量与冲击地压孕育机理及预测方法的研究[J].煤炭学报,2004,29(2):159-163.
[102] 赵同彬,郭伟耀,谭云亮,等.煤厚变异区开采冲击地压发生的力学机制[J].煤炭学报,2016,41(7):1659-1666.
[103] GOSZCZ A.Roof rock bursts and ways to combat them[J].Archiwum gornictwa,1991,36(3):239-261.
[104] NAWROCKI P.Rock burst initiation as an instability phenomenon[J].Archiwum gomictwa,1990,35(1):115-159.
[105] TAN Y L,ZHAO T B,XIAO Y X.Quantitative prop support estimation and remote monitor early warning for hard roof weighting at the Muchengjian Mine in China[J].Canadian geotechnical journal,2010,47

(9):947-954.

[106] 窦林名,刘贞堂,曹胜根,等.坚硬顶板对冲击地压危险的影响分析[J].煤炭开采,2003,8(2):58-60.

[107] BENDEZU M,ROMANEL C,ROEHL D.Finite element analysis of blast-induced fracture propagation in hard rocks[J].Computers and structures,2017,182:1-13.

[108] 牟宗龙,窦林名.坚硬顶板突然断裂过程中的突变模型[J].矿山压力与顶板管理,2004,21(4):90-92.

[109] 李强,王继仁,韩昌良.火成岩顶板对工作面冲击地压影响的理论分析[J].采矿与安全工程学报,2019,36(3):574-582.

[110] GONG F Q,YE H,LUO Y.The effect of high loading rate on the behaviour and mechanical properties of coal-rock combined body[J].Shock and vibration,2018,2018(1):1-9.

[111] 陈光波,李谭,杨磊,等.不同煤岩比例及组合方式的组合体力学特性及破坏机制[J].采矿与岩层控制工程学报,2021,3(2):84-94.

[112] 姜玉龙,梁卫国,李治刚,等.煤岩组合体跨界面压裂及声发射响应特征试验研究[J].岩石力学与工程学报,2019,38(5):875-887.

[113] 李鑫,李昊,杨桢,等.复合煤岩变形破裂温度-应力-电磁多场耦合机制[J].煤炭学报,2020,45(5):1764-1772.

[114] TANG Y J,LIU J,HAO T X,et al.Failure mechanics and infrared radiation characteristics of soft coal at various moisture contents[J].Geomatics,natural hazards and risk,2021,12(1):1371-1385.

[115] SONG H Q,ZUO J P,LIU H Y,et al.The strength characteristics and progressive failure mechanism of soft rock-coal combination samples with consideration given to interface effects[J].International journal of rock mechanics and mining sciences,2021,138:104593.

[116] 左建平,宋洪强.煤岩组合体的能量演化规律及差能失稳模型研究[J].煤炭学报,2022,47(8):3037-3051.

[117] 刘晓辉,薛洋,郑钰,等.冲击荷载下煤岩破碎过程能量释放研究[J].岩石力学与工程学报,2021,40(增刊2):3201-3211.

[118] 谭云亮,杨永杰.反弹的机理及工程意义[J].力学与实践,1996,18(2):21-23.

[119] PATYNSKA R,KABIESZ J.Scale of seismic and rock burst hazard in the Silesian companies in Poland[J].Mining science and technology,

2009,19(5):604-608.
[120] 姜福兴,刘懿,杨伟利,等.郓城煤矿冲击地压与载荷三带关系研究[J].采矿与安全工程学报,2017,34(3):405-410.
[121] LU C P,LIU G J,LIU Y,et al.Mechanisms of rockburst triggered by slip and fracture of coal-parting-coal structure discontinuities[J].Rock mechanics and rock engineering,2019,52(9):3279-3292.
[122] 李振雷,何学秋,窦林名.综放覆岩破断诱发冲击地压的防治方法与实践[J].中国矿业大学学报,2018,47(1):162-171.
[123] LU C P,LIU Y,LIU G J,et al.Stress evolution caused by hard roof fracturing and associated multi-parameter precursors[J].Tunnelling and underground space technology,2019,84:295-305.
[124] 韩刚,李旭东,曲晓成,等.采场覆岩空间破裂与采动应力场分布关联性研究[J].煤炭科学技术,2019,47(2):53-58.
[125] LIU Y,LU C P,ZHANG H.Mutation effect of acoustic and electromagnetic emissions of hard rock impact failure[J].International journal of distributed sensor networks,2019,15(1):155014771882447.
[126] 杜涛涛.矿震震动传播与响应规律[J].岩土工程学报,2018,40(3):418-425.
[127] 张飞,孟祥甜,李铸峰,等.震动波传播衰减特性模拟[J].辽宁工程技术大学学报(自然科学版),2014,33(8):1103-1107.
[128] LIU G J,KARAKUS M,MU Z L.Propagation and attenuation characteristics of rockburst-induced shock waves in coal-rock medium[J].Arabian journal of geosciences,2019,12(4):113.
[129] HACEFENDIOGLU K.Stochastic dynamic response of short-span highway bridges to spatial variation of blasting ground vibration[J].Applied mathematics and computation,2017,292:194-209.
[130] DONG Q,LI X P,HUANG J H.Model test study on cylindrical blasting stress wave propagation across jointed rock mass with different initial stresses[J].Advances in civil engineering,2020,2020(1):1-13.
[131] YU C,YUE H Z,LI H B,et al.Study on the attenuation parameters of blasting vibration velocity in jointed rock masses[J].Bulletin of engineering geology and the environment,2019,78(7):5357-5368.
[132] 王恩元,何学秋.煤岩变形破裂电磁辐射的实验研究[J].地球物理学报,2000,43(1):131-137.

[133] LI N,CHEN D,WANG E Y.Study on the characteristics of microseismic wave field of complex medium model in coal mine[J].Arabian journal of geosciences,2020,13(21):1111.

[134] 曹安业,LUO X,窦林名,等.采动煤岩体中冲击震动波传播的微震效应试验研究[J].采矿与安全工程学报,2011,28(4):530-535.

[135] CAO A Y,DOU L M,CHEN G X,et al.Focal mechanism caused by fracture or burst of a coal pillar[J].Journal of China University of Mining and Technology,2008,18(2):153-158.

[136] 叶根喜,姜福兴,郭延华,等.煤矿深部采场爆破地震波传播规律的微震原位试验研究[J].岩石力学与工程学报,2008,27(5):1053-1058.

[137] 高明仕,窦林名,张农,等.岩土介质中冲击震动波传播规律的微震试验研究[J].岩石力学与工程学报,2007,26(7):1365-1371.

[138] 高明仕,赵国栋,刘波涛,等.煤巷围岩冲击矿压震动效应的爆破类比试验研究[J].煤炭学报,2014,39(4):637-643.

[139] LI X L,LI Z H,WANG E Y,et al.Analysis of natural mineral earthquake and blast based on Hilbert-Huang transform (HHT)[J].Journal of applied geophysics,2016,128:79-86.

[140] 李术才,王雷,江贝,等.动压影响煤柱下方巷道微震特征及破坏机制[J].中国矿业大学学报,2019,48(2):247-257.

[141] XIAO Y X,FENG X T,HUDSON J A,et al.ISRM suggested method for in situ microseismic monitoring of the fracturing process in rock masses[J].Rock mechanics and rock engineering,2016,49(1):343-369.

[142] CHEN B R,FENG X T,LI Q P,et al.Rock burst intensity classification based on the radiated energy with damage intensity at Jinping Ⅱ hydropower station,China[J].Rock mechanics and rock engineering,2015,48(1):289-303.

[143] XIAO Y X,FENG X T,CHEN B R,et al.Excavation-induced microseismicity in the columnar jointed basalt of an underground hydropower station[J].International journal of rock mechanics and mining sciences,2017,97:99-109.

[144] ZHANG W,FENG X T,YAO Z B,et al.Development and occurrence mechanisms of fault-slip rockburst in a deep tunnel excavated by drilling and blasting:a case study[J].Rock mechanics and rock engineering,2022,55(9):5599-5618.

[145] FENG X T, YU Y, FENG G L, et al. Fractal behaviour of the microseismic energy associated with immediate rockbursts in deep, hard rock tunnels[J]. Tunnelling and underground space technology, 2016, 51: 98-107.

[146] WANG K K, TANG C A, MA K, et al. An automatic recognition method of microseismic signals based on S transformation and improved Gaussian mixture model[J]. Advances in civil engineering, 2020, 2020(1): 1-14.

[147] LIU X Z, TANG C A, LI L C, et al. Microseismic monitoring and 3D finite element analysis of the right bank slope, dagangshan hydropower station, during reservoir impounding[J]. Rock mechanics and rock engineering, 2017, 50(7): 1901-1917.

[148] MA K, TANG C A, LIANG Z Z, et al. Stability analysis and reinforcement evaluation of high-steep rock slope by microseismic monitoring[J]. Engineering geology, 2017, 218: 22-38.

[149] LIU X Z, TANG C A, LI L C, et al. Microseismic monitoring and stability analysis of the right bank slope at Dagangshan hydropower station after the initial impoundment[J]. International journal of rock mechanics and mining sciences, 2018, 108: 128-141.

[150] CAI W, DOU L M, ZHANG M, et al. A fuzzy comprehensive evaluation methodology for rock burst forecasting using microseismic monitoring [J]. Tunnelling and underground space technology, 2018, 80: 232-245.

[151] DOU L M, CAI W, CAO A Y, et al. Comprehensive early warning of rock burst utilizing microseismic multi-parameter indices[J]. International journal of mining science and technology, 2018, 28(5): 767-774.

[152] CAI W, DOU L M, SI G Y, et al. A new seismic-based strain energy methodology for coal burst forecasting in underground coal mines[J]. International journal of rock mechanics and mining sciences, 2019, 123: 104086.

[153] XIN C W, JIANG F X, JIN G D. Microseismic signal classification based on artificial neural networks[J]. Shock and vibration, 2021, 2021(1): 1-14.

[154] 姜福兴, XUN L. 微震监测技术在矿井岩层破裂监测中的应用[J]. 岩土工程学报, 2002, 24(2): 147-149.

[155] 姜福兴, XUN L, 杨淑华. 采场覆岩空间破裂与采动应力场的微震探测研

究[J].岩土工程学报,2003,25(1):23-25.
[156] 曹安业.采动煤岩冲击破裂的震动效应及其应用研究[J].煤炭学报,2011,36(1):177-178.
[157] 曹安业,窦林名,秦玉红,等.高应力区微震监测信号特征分析[J].采矿与安全工程学报,2007,24(2):146-149.
[158] LU C P,DOU L M,ZHANG N,et al.Microseismic frequency-spectrum evolutionary rule of rockburst triggered by roof fall[J].International journal of rock mechanics and mining sciences,2013,64:6-16.
[159] LU C P,LIU G J,LIU Y,et al.Microseismic multi-parameter characteristics of rockburst hazard induced by hard roof fall and high stress concentration[J].International journal of rock mechanics and mining sciences,2015,76:18-32.
[160] ZHU X H,CHEN B R,WANG X,et al.Time series segmentation clustering:a new method for S-phase picking in microseismic data[J].IEEE geoscience and remote sensing letters,2022,19:7504605.
[161] ZHAO H B,CHEN B R,ZHU C X.Decision tree model for rockburst prediction based on microseismic monitoring[J].Advances in civil engineering,2021,2021(1):1-14.
[162] COOK N G W.The failure of rock[J].International journal of rock mechanics and mining sciences and geomechanics abstracts,1965,2(4):389-403.
[163] 窦林名,白金正,李许伟,等.基于动静载叠加原理的冲击矿压灾害防治技术研究[J].煤炭科学技术,2018,46(10):1-8.
[164] HUANG R Q,WANG X N.Analysis of dynamic disturbance on rock burst[J].Bulletin of engineering geology and the environment,1999,57(3):281-284.
[165] 左宇军,李术才,秦泗凤,等.动力扰动诱发承压水底板关键层失稳的突变理论研究[J].岩土力学,2010,31(8):2361-2366.
[166] 于洋.特厚煤层坚硬顶板破断动载特征及巷道围岩控制研究[D].徐州:中国矿业大学,2015.
[167] 姜耀东,赵毅鑫,宋彦琦,等.放炮震动诱发煤矿巷道动力失稳机理分析[J].岩石力学与工程学报,2005,24(17):3131-3136.
[168] 王恩元,冯俊军,孔祥国,等.坚硬顶板断裂震源模型及应力波远场震动效应[J].采矿与安全工程学报,2018,35(4):787-794.

[169] 王恩元,李学龙,胡少斌,等.体元-区域-系统冲击地压模型及应用[J].中国矿业大学学报,2017,46(6):1188-1193.

[170] 杨风威,李海波,李建春,等.斜入射线弹性节理应力波传播特征的数值模拟[J].岩土力学,2013,34(3):901-907.

[171] LI X L,LI Z H,WANG E Y,et al.Pattern recognition of mine microseismic and blasting events based on wave fractal features[J].Fractals,2018,26(3):1850029.

[172] 邹银辉,文光才,胡千庭,等.岩体声发射传播衰减理论分析与试验研究[J].煤炭学报,2004,29(6):663-667.

[173] 鞠杨,李业学,谢和平,等.节理岩石的应力波动与能量耗散[J].岩石力学与工程学报,2006,25(12):2426-2434.

[174] 李娜娜,李建春,李海波,等.节理接触面对应力波传播影响的 SHPB 试验研究[J].岩石力学与工程学报,2015,34(10):1994-2000.

[175] LIU F,LI L H.Study on the propagation mechanism of stress wave in underground mining[J].Computers and concrete,2020,25(2):145-154.

[176] SHI Q M,QIN Y,LI J Q,et al.Simulation of the crack development in coal without confining stress under ultrasonic wave treatment[J].Fuel,2017,205:222-231.

[177] GE Z L,ZHANG D,LU Y Y,et al.Propagation of stress wave and fragmentation characteristics of gangue-containing coal subjected to water jets[J].Journal of natural gas science and engineering,2021,95:104137.

[178] LI F,BI M X,TIAN J,et al.The dynamic damage mechanisms and failure modes of coal-rock masses under the action of high order P-waves[J].Shock and vibration,2018,2018(1):1-11.

[179] 李淼,乔兰,周明,等.节理粗糙度对应力波传播的影响研究[J].岩石力学与工程学报,2019,38(增刊 1):2840-2847.

[180] 褚怀保,任志强,闫松,等.高压气体冲击作用下煤体内部应力波传播和衰减规律试验研究[J].河南理工大学学报(自然科学版),2022,41(4):1-6.

[181] 金解放,程昀,昌晓旭,等.轴向静载对红砂岩中应力波传播特性的影响试验研究[J].岩石力学与工程学报,2017,36(8):1939-1950.

[182] 秦超,牛雷雷,朱万成,等.不同龄期砂浆全长黏结锚杆中应力波传播的试验研究[J].实验力学,2021,36(6):725-734.

[183] 程昀,宋战平,金解放,等.应力卸载过程砂岩应力波传播及衰减特性试验研究[J].振动与冲击,2020,39(8):151-158.

[184] 金解放,王杰,郭钟群,等.围压对红砂岩应力波传播特性的影响[J].煤炭学报,2019,44(2):435-444.

[185] 鞠杨,杨永明,毛彦喆,等.孔隙介质中应力波传播机制的实验研究[J].中国科学,2009,39(5):904-918.

[186] 吴顺川,郭超,高永涛,等.岩体破裂震源定位问题探讨与展望[J].岩石力学与工程学报,2021,40(5):874-891.

[187] ZOU S Z,WANG L,WEN J M,et al.Experimental research on dynamic mechanical characteristics of layered composite coal-rock [J]. Latin American journal of solids and structures,2021,18(8):1-18.

[188] FENG J J,WANG E Y,CHEN L,et al.Experimental study of the stress effect on attenuation of normally incident P-wave through coal[J]. Journal of applied geophysics,2016,132:25-32.

[189] 杨仁树,许鹏,陈程.爆炸应力波与裂纹作用实验研究[J].爆炸与冲击,2019,39(8):27-37.

[190] YUE Z W,QIU P,YANG R S,et al.Stress analysis of the interaction of a running crack and blasting waves by caustics method[J].Engineering fracture mechanics,2017,184:339-351.

[191] 李成武,解北京,杨威,等.煤冲击破坏过程中的近距离瞬变磁场变化特征研究[J].岩石力学与工程学报,2012,31(5):973-981.

[192] JIANG Y D,ZHAO Y X,WANG H W,et al.A review of mechanism and prevention technologies of coal bumps in China[J].Journal of rock mechanics and geotechnical engineering,2017,9(1):180-194.

[193] ZHAO Y X,WANG H,LIU S M,et al.Dynamic failure risk of coal pillar formed by irregular shape longwall face:a case study[J].International journal of mining science and technology,2018,28(5):775-781.

[194] LI J W,LIU C Y,WANG W C,et al.Linkage-induced mechanism and control technology of pressure bump and surface geological damage in shallow coal seam mining of gully area[J].Arabian journal of geosciences,2019,12(11):349.

[195] 国家安全生产监督管理总局,国家煤矿安全监察局.煤矿安全规程:条文对比[M].北京:煤炭工业出版社,2016.

[196] KONICEK P,SOUCEK K,STAS L,et al.Long-hole destress blasting for rockburst control during deep underground coal mining[J].International journal of rock mechanics and mining sciences,2013,61:141-153.

[197] 何满潮，宋振骐，王安，等.长壁开采切顶短壁梁理论及其110工法：第三次矿业科学技术变革[J].煤炭科技，2017(1)：1-9.

[198] 张国锋，何满潮，俞学平，等.白皎矿保护层沿空切顶成巷无煤柱开采技术研究[J].采矿与安全工程学报，2011，28(4)：511-516.

[199] 孙晓明，刘鑫，梁广峰，等.薄煤层切顶卸压沿空留巷关键参数研究[J].岩石力学与工程学报，2014，33(7)：1449-1456.

[200] 高玉兵，杨军，张星宇，等.深井高应力巷道定向拉张爆破切顶卸压围岩控制技术研究[J].岩石力学与工程学报，2019，38(10)：2045-2056.

[201] 张传玖，杜涛涛，李红平，等.坚硬顶板工作面高静载型冲击地压防治研究[J].煤炭科学技术，2019，47(3)：112-119.

[202] ZHANG X Y，HU J Z，XUE H J，et al.Innovative approach based on roof cutting by energy-gathering blasting for protecting roadways in coal mines[J].Tunnelling and underground space technology，2020，99：103387.

[203] ZHANG W L，QU X C，LI C，et al.Fracture analysis of multi-hard roofs based on microseismic monitoring and control techniques for induced rock burst：a case study[J].Arabian journal of geosciences，2019，12(24)：784.

[204] ZHU Z J，WU Y L，HAN J，et al.Overburden failure and ground pressure behaviour of longwall top coal caving in hard multi-layered roof[J].Archives of mining sciences，2019，64(3)：575-590.

[205] 康红普，张晓，王东攀，等.无煤柱开采围岩控制技术及应用[J].煤炭学报，2022，47(1)：16-44.

[206] 康红普，冯彦军.煤矿井下水力压裂技术及在围岩控制中的应用[J].煤炭科学技术，2017，45(1)：1-9.

[207] 吴拥政，康红普.煤柱留巷定向水力压裂卸压机理及试验[J].煤炭学报，2017，42(5)：1131-1138.

[208] 吴拥政.回采工作面双巷布置留巷定向水力压裂卸压机理研究及应用[D].北京：煤炭科学研究总院，2018.

[209] 赵善坤，张广辉，柴海涛，等.深孔顶板定向水压致裂防冲机理及 多参量效果检验[J].采矿与安全工程学报，2019，36(6)：1247-1255.

[210] LI L W，WU W B.Directional hydraulic fracturing technology for prefabricated longitudinal guide seams in a coal mine tight sandstone roof[J].Energy exploration and exploitation，2022，40(1)：400-420.

[211] LIU J W，LIU C Y，YAO Q L，et al.The position of hydraulic fracturing to initiate vertical fractures in hard hanging roof for stress relief[J].In-

ternational journal of rock mechanics and mining sciences, 2020, 132:104328.

[212] 翁明月,郝英豪,解嘉豪.坚硬煤岩体"钻-切-压"一体化释能减冲技术研究[J].煤炭科学技术,2019,47(8):84-88.

[213] 潘俊锋,齐庆新,刘少虹,等.我国煤炭深部开采冲击地压特征、类型及分源防控技术[J].煤炭学报,2020,45(1):111-121.

[214] 潘俊锋,刘少虹,高家明,等.深部巷道冲击地压动静载分源防治理论与技术[J].煤炭学报,2020,45(5):1607-1613.

[215] 祁和刚.深部高应力巷道综合卸压技术研究与实践[J].采矿与安全工程学报,2016,33(6):1023-1029.

[216] 谭云亮,郭伟耀,赵同彬,等.深部煤巷帮部失稳诱冲机理及"卸-固"协同控制研究[J].煤炭学报,2020,45(1):66-81.

[217] 康红普,姜鹏飞,黄炳香,等.煤矿千米深井巷道围岩支护-改性-卸压协同控制技术[J].煤炭学报,2020,45(3):845-864.

[218] 吴拥政,付玉凯,何杰,等.深部冲击地压巷道"卸压-支护-防护"协同防控原理与技术[J].煤炭学报,2021,46(1):132-144.

[219] GUO W Y,YU F H,TAN Y L,et al.Experimental study on the failure mechanism of layer-crack structure[J].Energy science and engineering, 2019,7(6):2351-2372.

[220] ZHAO T B,XING M L,GUO W Y,et al.Anchoring effect and energy-absorbing support mechanism of large deformation bolt[J].Journal of Central South University,2021,28(2):572-581.

[221] DONG W,YANG D,ZHOU X,et al.Experimental and numerical investigations on fracture process zone of rock-concrete interface[J].Fatigue and fracture of engineering materials and structures,2017,40(5):820-835.

[222] DONG W,WU Z M,ZHOU X M.Fracture mechanisms of rock-concrete interface:experimental and numerical[J].Journal of engineering mechanics,2016,142(7):04016040.

[223] FAKHIMI A, HOSSEINI O, THEODORE R.Physical and numerical study of strain burst of mine pillars[J].Computers and geotechnics, 2016,74:36-44.

[224] JI S T,HE H,KARLOVŠEK J.Application of superposition method to study the mechanical behaviour of overlying strata in longwall mining [J].International journal of rock mechanics and mining sciences,2021,

146:104874.

[225] JU M H,WANG D P,SHI J C,et al.Physical and numerical investigations of bedding adhesion strength on stratified rock roof fracture with longwall coal mining[J].Geomechanics and geophysics for geo-energy and geo-resources,2021,7(1):24.

[226] 钱鸣高,缪协兴,许家林,等.岩层控制的关键层理论[M].徐州:中国矿业大学出版社,2000.

[227] 甘一雄,吴顺川,任义,等.基于声发射上升时间/振幅与平均频率值的花岗岩劈裂破坏评价指标研究[J].岩土力学,2020,41(7):2324-2332.

[228] OHNO K,OHTSU M.Crack classification in concrete based on acoustic emission [J]. Construction and building materials, 2010, 24 (12): 2339-2346.

[229] LIU X L,HAN M S,HE W,et al.A new b value estimation method in rock acoustic emission testing[J].Journal of geophysical research:solid earth,2020,125(12):2020JB019658.

[230] YANG J,MU Z L,YANG S Q.Experimental study of acoustic emission multi-parameter information characterizing rock crack development[J].Engineering fracture mechanics,2020,232:107045.

[231] ZHANG Z B,WANG E Y,ZHANG Y H,et al.Analysis on the time-frequency characteristics of ultrasonic waveform of coal under uniaxial loading[J].Fractals,2019,27(6):1950100.

[232] YANG J,MU Z L,YANG S Q,et al.Experimental investigation of microscopic crack development and damage characteristics of sandstone based on acoustic emission characteristic parameters[J].Geomechanics and geophysics for geo-energy and geo-resources,2022,8(2):51.

[233] ZHANG Z H,DENG J H.A new method for determining the crack classification criterion in acoustic emission parameter analysis[J].International journal of rock mechanics and mining sciences,2020,130:104323.

[234] DU K,LI X F,TAO M,et al.Experimental study on acoustic emission (AE) characteristics and crack classification during rock fracture in several basic lab tests[J].International journal of rock mechanics and mining sciences,2020,133:104411.

[235] ZHANG P F,GUO W Y,ZHAO T B,et al.Energy release characteristics and mechanism of rock beam fracture:a case study from laboratory tests

to field application[J].Arabian journal of geosciences,2022,15(3):304.

[236] HU F,LI J G,LIU Z J,et al.Sequence and sedimentary characteristics of Upper Cretaceous Sifangtai Formation in northern Songliao Baisn, Northeast China:implications for sandstone-type uranium mineralization [J].Ore geology reviews,2019,111:102927.

[237] SCHEFFLER F,OBERHÄNSLI R,POURTEAU A,et al.Sedimentologic to metamorphic processes recorded in the high-pressure/low-temperature Mesozoic Rosetta Marble of Anatolia[J].International journal of earth sciences, 2016,105(1):225-246.

[238] ZHAO T B,GUO W Y,TAN Y L,et al.Case studies of rock bursts under complicated geological conditions during multi-seam mining at a depth of 800 m[J].Rock mechanics and rock engineering,2018,51(5): 1539-1564.

[239] GUO W Y,QIU Y,ZHAO T B,et al.Influence of the variable stoping speed on the occurrence mechanism of rock burst[J].Geomatics,natural hazards and risk,2019,10(1):2094-2105.

[240] YANG Z Q,LIU C,ZHU H Z,et al.Mechanism of rock burst caused by fracture of key strata during irregular working face mining and its prevention methods[J].International journal of mining science and technology,2019,29(6):889-897.

[241] GAO F Q,KANG H P,LOU J F,et al.Evolution of local mine stiffness with mining process:insight from physical and numerical modeling[J]. Rock mechanics and rock engineering,2019,52(10):3947-3958.

[242] JIAO T,ZHOU Z,XIAO H.Investigation into coaxial cable Fabry-Perot interferometers for strain measurement and crack detection in RC structures[J].Measurement,2019,147:106873.

[243] HUANG J,LAN X W,ZHU W G,et al.Interferogram reconstruction of cascaded coaxial cable fabry-perot interferometers for distributed sensing application[J].IEEE sensors journal,2016,16(11):4495-4500.

[244] LIAO Z Y,ZHU J B,TANG C A.Numerical investigation of rock tensile strength determined by direct tension,Brazilian and three-point bending tests[J].International journal of rock mechanics and mining sciences, 2019,115:21-32.

[245] ZHAO T B,ZHANG P F,GUO W Y,et al.Research on mechanical

properties and acoustic emission characteristics of rock beams with different lithologies and thicknesses[J]. Latin American journal of solids and structures, 2021, 18(8): 414.

[246] GUINEA G V, PASTOR J Y, PLANAS J, et al. Stress Intensity factor, compliance and CMOD for a General Three-Point-Bend Beam[J]. International journal of fracture, 1998, 89(2): 103-116.

[247] WANG S M, ZHOU J, LI C Q, et al. Rockburst prediction in hard rock mines developing bagging and boosting tree-based ensemble techniques [J]. Journal of Central South University, 2021, 28(2): 527-542.

[248] 杨党委.厚层软岩顶板预裂充填沿空留巷围岩变形机理及应用[D].徐州：中国矿业大学，2018.